멋진 신세계와 판도라의 상자

멋진 신세계와 판도라의 상자
; 현대 과학 기술 낯설게 보기

초판 1쇄 발행 • 2009년 10월 29일
초판 9쇄 발행 • 2014년 8월 22일
지은이 • 연세 과학 기술과 사회 연구 포럼
엮은이 • 송기원
펴낸이 • 주일우
펴낸곳 • ㈜문학과지성사
등록번호 • 제1993-000098호
주소 • 121-894 서울 마포구 잔다리로7길 18(서교동 377-20)
전화 • 02)338-7224
팩스 • 02)323-4180(편집) 02)338-7221(영업)
전자우편 • moonji@moonji.com
홈페이지 • www.moonji.com

ISBN 978-89-320-2004-4

* '연세 과학 기술과 사회 연구 포럼'은 한국과학창의재단의
'2009 과학 문화 활동 지원 사업'으로부터 연구비를 일부 지원받았습니다.

멋진 신세계와 판도라의 상자

;현대 과학 기술 낯설게 보기

연세 과학 기술과 사회 연구 포럼 지음
송기원 엮음

문학과지성사
2009

과학 기술은 어디로 가야 하는가?

과학 기술과 세상의 바른 소통을 꿈꾸는 한 과학자의 고민

학기말, 비非전공학생들을 위한 '교양과학' 수업에서 질문을 던져보았다. "이 강의에서 가장 인상적이었던 것이 무엇이었죠?" 그랬더니 몇몇 학생들이 뜻밖의 대답을 했다. "과학자를 정말로 본 것이요." 물론 그들이 보았다는 과학자란 나를 가리키는 것이었다. 내 자신이 과학자라는 것을 자각하지 못하며 살던 나에게는 적잖이 당황스런 대답이었다. 학생들의 이런 대답은 그들이 과학자를 전혀 다른 세계에 살고 있는 존재로 인식해왔음을 보여준다. 왜 우리는 매일매일 과학과 기술의 부산물 속에 둘러싸여 살면서도 한편으로는 그 일에 종사하는 과학자를 멀게 느끼는 걸까? 그들의 눈에 비친

'나'라는 과학자는 대체 어떤 모습이었을까?

텔레비전을 보면 과학자는 머리는 좋지만 어딘가 엉뚱하고 사회성이 부족한 인물의 전형으로 등장한다. 그들은 때로 사고를 치지만 종국에는 훌륭한 발명품으로 문제를 해결해내는 인물로 그려지곤 했다. 과학자와 발명가는 혼용되는 경우가 많았는데, 십중팔구 그들은 흰 가운을 입거나 두터운 돋보기안경을 쓰고 등장한다. 물론 정상적인 생활인은 아니었고, 불철주야 연구에만 몰두하는 모습으로 그려졌다. 때때로 그들은 우주의 악당을 무찌르는 멋진 로봇을 발명하기도 했는데, 그 때문인지 몰라도 초등학교 때 장래 희망을 물어보면 '과학자'라고 대답하는 친구들이 제법 있었다. 그러나 중고등학생이 된 후로는 장래 희망을 과학자라고 이야기하는 친구들이 거의 눈에 띄지 않게 되었고, 어린 시절 동경의 대상이었던 '과학자'는 슬그머니 장래의 희망에서 자취를 감추고 말았다.

성장하면서 '과학'은 우리의 관심 영역에서 빠르게 벗어났고, 그 속도만큼이나 '과학자'는 보통 사람들과는 전혀 상관없는 직업군으로 여겨지는 게 일반적이었다. 그토록 많은 텔레비전 드라마에서 주인공이 '과학자'인 경우를 단 한 번도 본 적이 없는 것은 이런 사실을 대변하는 게 아닐까. 나는 심지어 어릴 때조차도 과학자가 되겠다는 생각을 해보지 않은 아이였다. 내 눈에 과학자는 사회성이 떨어짐에도 불구하고 그 필요성 때문에 어쩔 수 없이 존재를 인정받는 범주의 인간형이었다. 그런 내가 사춘기를 지나며 남과 다른 특이한 혈액형을 갖고 있다는 것을 알게 되었고, '겉모습이 유사한

데도 왜 인간은 생리적인 차이를 갖게 되는 것일까?'란 질문 때문에 생화학을 전공으로 택하고 과학자가 되었다.

물론 대학에서 과학을 공부하는 과정은 재미있었다. 무엇보다 지적 호기심이 왕성했던 학생 시절에 과학은 질문에 대한 답이 명료하며 질문을 찾아가는 과정 또한 논리적인 학문이라는 것이 큰 매력이었다. 그러나 대학 4년 내내 이공계 학생들은 필수 전공 학점이 너무 많아 그것을 다 채우기에도 벅찼고, 나 역시 예외가 아니었다. '과학의 내용'을 공부하는 전공과목을 따라가기에 급급했던 나는 '과학적인 연구가 세상과 어떻게 소통하는가' '과학은 사회의 변화와 어떻게 연결되어 있으며' '과학 발전은 역사적으로 어떻게 이루어져왔는가' 등 과학 자체에 대한 성찰적 지식을 배울 기회는 전혀 갖지 못했다. 과학적 지식이 높은 훌륭한 선생님들은 주위에 많았지만, 과학과 그 교육에 대해 근본적인 질문을 던지는 선생님들은 좀처럼 찾을 수 없었다.

대학 교육을 받으며 나는 '과학은 무엇이고, 왜 과학을 공부하는가'에 대한 대답에 항상 목말라 했던 듯하다. 그리고 그 과정을 거치면서 과학자가 되기 위한 교육이 도리어 과학을 세상과 격리시키고 있다는 것을 깊이 느낄 수 있었다. 그런데, 이런 상황은 십여 년이 지나 내가 대학의 선생이 된 후에도 별반 나아지지 않았다. 아니, 대학이 지식의 창출과 학문적 성찰이라는 대학 본연의 역할 대신 '세계 100대 대학'이니 '교육 인증'이니 하는 가시적인 경쟁의 장場이 되면서 상황은 더 심각해지고 있다. 이제 대학의 교육 프로그램에서 '왜' 또는 '어디로' 등의 근본적인 질문은 설 자리가 없어졌고, 지식의 창출은 수치로서 환산되는 목표만이 의미를 지니게 되었다. 상황이 이렇다 보니 실용적인 지식체계만을 전수하며 세상과의 담을 높여온 것이 이공계 교육의 현실이 되고 말았다.

과학 기술의 발전이 국가 경제 발전의 원동력이라고 굳게 믿던 군사정권 아래에서 모든 교육을 받았던 나는, 학문으로서의 과학에 대해 근본적인 질문을 던지는 대신 열심히 공부하는 것이 궁극적으로 나 자신과 내가 속한 사회에 선善을 가져다줄 것이라는 막연한 믿음을 갖고 학생으로서의 성실한 태도를 견지했다. 그리고 대학을 졸업한 뒤에는 대한민국 경제 발전의 상징으로 여겨지는 한 공기업의 장학생으로 선발되어 소위 아이비리그라는 미국의 명문대학으로 유학을 떠나게 되었다. 유학을 떠나기 전, 치열한 경쟁을 뚫고 선발된 장학생들은 '21세기의 간성干城'이라고 씌어진 플래카드 아래에서 기념사진을 찍었던 기억이 난다. 우리는 모두 상경商經계나 이공理工계였는데, 국민의 세금으로 공부하는 만큼 공부한 후에는 한국 경제의 미래를 이끄는 주역이 되어야 한다는 무언의 압력을 느꼈던 게 솔직한 심정이었다. 그때 이미 나는 깨달았다. 적어도 우리나라에서의 과학은 아직 잘 알려지지 않은 자연현상의 본질을 탐구하고 설명하는 순수한 지식체계가 아님을.

경제 발전이 가장 중요했던 후발 산업국인 대한민국에서 과학과 기술은 산업 발전을 위한 이데올로기였고, 경제적인 이익 창출에 도움이 될 수 있다면 그 내용을 떠나 모두가 선善이었다. 그러나 생명현상에 대한 호기심만으로 과학을 공부하기 시작했던 '순진/무지'한 나는 어렴풋이 과학적 지식에도 '가치'가 포함되어 있다는 것을 느끼기 시작했다. 그리고 자연에 옳고 그름이 없듯이 자연현상을 설명하는 지식체계인 과학 역시 선악善惡이 아닌 중립적인 가치를 지닌다고 생각했던 나는 혼란스러웠다. 가장 비과학적인 집단으로 생각했던 국가가 과학과 기술에 가치를 부여하는 주체라는 것이 말이다.

창의성이나 개인의 호기심이 존중되는 미국의 학풍 속에서 과학을 공부하던 대학원생 시절, 연구라는 것이 쉽지 않아 절망할 때도 많았지만, 나는 과학적 호기심에 대한 순진함 혹은 무지함을 그대로 유지했다. 경쟁은 치열했지만 나는 연구실에서 호기심에 따라 연구에만 전념할 수 있었다. 내가 수행하는 과학적 연구 내용에 가치가 끼어들 틈은 없었다. '사회에서 과학적 지식의 생산을 주도하는 집단 혹은 계층은 누구인가'에 대한 이해가 부족했던 나에게 미국 정부의 과학 기술 정책 방향은 내가 알아야 할 필요가 없는 관심 밖의 영역이었다. 또한 미국의 학계와 사회는 동기가 무엇이든 자연에 대한 인간의 새로운 지식 축적이라는 과학 자체에 대한 존경심을 갖고 있는 분위기였다.

그런데, 박사과정 대학원생이던 1990년, '과학의 가치'에 무지했던 나에게 사회에서 누가 어떻게 과학적 지식의 생산을 주도하는가를 이해하게 되는 계기가 생겼다. 미국 국립보건원NIH이 막대한 예산을 투입해 '인간 유전체 프로젝트Human genome project'를 시작한다고 발표했던 것이다. 인간 유전체 프로젝트는 인간의 유전정보인 DNA 염기서열을 모두 읽겠다는 것이었다. 미국 과학자들 간에는 이것이 인간의 질병 치료를 위해 꼭 필요한 기본 정보라는 찬성론과 투입되는 막대한 예산에 비해 그 결과가 인류에게 큰 도움이 되지 않을 것이며 차라리 그 예산을 에이즈 등 시급한 질병 연구와 치료에 투입해야 한다는 반대론이 첨예하게 대립했다. 당시 같은 학과 교수였던 몇몇 과학자들이 국회의원에게 편지를 보내고 상원에 탄원서 내는 것을 지켜보면서, 나는 내가 연구하는 과학의 내용이 사회와 긴밀하게 연결되어 있음을 심각하게 깨닫기 시작했다. 또한 과학적 지식의 발견을 위해 대학에서 나를 비롯한 대학원생들이 진행하고 있는 실험이 대부분 국민의 세금인 연구비로 운영된다는 것도 알게 되었다. 결국 인간 유전체 프로젝트는 상원에서 통과되어, 막대한 예산이 집행되기 시작했다. 국가의 예산은 정치적으로 결정되므로 결국 과학 기술의 연구 내용도 정치적으로 결정될 수 있다는 것은 나에게 놀라움이었다. 과학적 지식은 가치중립적이라고 암묵적인 교육을 받아왔고 막연히 별 의심 없이 받아들였던 내 가치관이 조금씩 무너지는 소리를 듣게 되었다. 또한 어떻게 미국의 대자본이 전 세계 과학 기술 발전의 방향을 선도하는가도 이해할 수 있게 되었다.

찬반 의견이 날카롭게 대립하는 가운데 진행되었던 인간 유전체 프로젝트를 지켜보며, 나는 미국의 대학에 '과학이나 기술' 자체에 대한 지식을 탐구하는 과학자나 기술자 이외에 '과학 기술과 사회의 관계'를 연구하는 학자들과 대학 및 대학원 전공 프로그램이 있다는 것도 알게 되었다. 이른바 '과학 기술과 사회STS, Science Technology and Society 또는 Science Technology Studies'는 과학과 기술의 지식을 사회·역사적 맥락에서 이해하고 과학적 지식 창출이 어떻게 가치 판단과 연관되는가를 공부하는 프로그램이었다. 이 STS 프로그램은 미국과 영국 등지의 유수 대학에서 과학 기술의 지식이 빠른 속도로 발전하던 1970년대 초반부터 이미 시작되었고, 올바른 과학 기술의 방향과 정책을 위한 학문적 기반을 제시하고 있었다. 이러한 프로그램은 인간 유전체 프로젝트가 시작되자 인간이 유전체 정보를 손에 넣었을 때의 문제점과 사회의 변화를 예측하고자 고민했다. 한국 대학과 과학 기술계의 실정을 잘 모르던 나 역시 미래 사회에는 과학 기술의 비중이 더욱 커질 것이므로 한국의 대학에서도 이공계열 학생들이나 인문사회계열 학생 모두에게 '과학 기술과 사회'의 관계성에 대한 지식을 함께 가르쳐야 하지 않을까, 막연하게 생각하게 되었다.

그러나 공부를 마치고 모교에 부임해 정량적 연구 압박에 시달리던 애송이 과학자인 나에게 '과학 기술과 사회'의 맥락을 고민할 여유는 주어지지 않았다. 오히려 내 자신의 실험실을 갖게 되면서 나는 처음으로 이 사회에서 '과학을 한다는 것이 무엇인지' 또는 '대한민국에서 과학자가 된다는 것이 무슨 의미인지'를 몸으로 겪을 수 있었다. 따라서 학문으로서의 '과학'의 정체성은 무엇인지,

그리고 내가 연구하는 과학과 내가 속한 세상이 어떻게 연결되는 것이 가장 올바른 것인지 깊이 생각하지 않을 수 없었다.

이런 고민들의 핵심에서 나를 가장 괴롭힌 현실적인 문제는 '연구비'였다. 지금까지는 학생이었기에 다른 과학자의 연구실에서 그 과학자가 정부나 기업체에서 받아온 연구비로 연구만 하면 되었으니 그 심각성이나 의미를 제대로 이해하지 못한 것일 수도 있다. 미국에서의 대학원 시절, 이론적으로는 정부 정책과 연구비 지원에 의해 과학적 연구 방향과 내용이 결정될 수 있다는 사실을 이해하게 되었지만, 연구의 방향과 연구비 문제는 내가 걱정해야 하는 문제가 아닌 '강 건너 불' 같은 사안이었다. 그런 내가 과학자로서 접한 현실은 좀 천박하게 표현하면 '과학은 돈이 없으면 절대로 할 수 없는 학문'이라는 것이었다. 즉 과학이라는 학문을 하려면 '연구비'라는 요소가 절대적으로 필요하다는 사실을 실감했던 것이다. 물론 수학처럼 머리로만 할 수 있는 과학이 있기는 하지만 대부분 과학이나 기술은 검증 가능한 방법인 실험을 바탕으로 얻어지는 지식체계이기 때문이다.

실험은 아주 간단한 것이라도 이를 위한 장비와 재료가 필요하다. 내가 한국에 돌아와 연구비가 없어 고전하면서 실험실을 만들던 1997년, 칼 세이건Carl E. Sagan의 소설 『콘택트*Contact*』가 영화화되었다. 칼 세이건은 『코스모스*Cosmos*』라는 책으로 전 세계 청소년 과학도들을 흥분시켰던 미국의 천문학자다. 그가 죽음을 앞두고 평생 고민했던 과학과 종교의 화해를 위해 집필한 『콘택트』를 보며 나는 울었다. 과학과 종교에 대한 칼 세이건의 철학에 감동한 때문은 아니었다. 단지 여주인공인 천문학자 엘리가 연구비를 신청할 때마다 매번 떨어지고, 연구비를 따기 위해 엄청난 어려움을 겪는 과정이 당시 내가 겪던 상황과 겹치면서 감정이 북받쳤기 때문이었다.

그렇다면 이런 과학이나 기술 개발 연구를 수행하는 연구비는 어디서 나오는 것일까? 과학이나 기술을 연구하는 과학자나 기술자의 연구비는 정부나 기업에서 나온다. 정부에서 나오는 재원은 국민의 세금이고, 기업에서 지원되는 재원은 투자다. 그렇기에 재원을 나누어주는 기업이나 정부의 의지에 따라 특정 연구를 지원하여 육성할 수 있고, 특정 방향으로 연구를 몰고 갈 수도 있다. 즉 자본주의 사회에 살고 있는 과학자와 기술자들은 연구 주제를 설정하는 데 자본과 권력의 논리에서 자유로울 수 없다는 것을 의미한다.

1970~80년대 한국 과학 기술의 발전을 견인했던 산업화 이데올로기는 1990년대 후반 IMF를 겪으며 급속하게 전 사회적으로 확산된 신자유주의 경제와 시장 논리로 바뀌었다. 즉 당장 돈이 되지 않는 과학이나 기술 지식은 필요 없다는 근시안적인 발상이 과학 기술 정책의 기본 아이디어가 되었고, 전 이공계 연구를 주도하게 되었다. 원래 기업 연구비는 빨리 산업화될 수 있는 응용 연구에 투자되고, 정부 연구비는 당장 가시적인 결과가 나오기는 힘들지만 국가 장래를 위해 필요한 다양한 기초 연구를 지원하는 것이 바른 방향이다. 그러나 우리의 현실은 '선택과 집중'이라는 경제 논리로 오히려 정부가 앞장서 빠른 시간에 가시적인 성과를 낼 수 있는 방

향을 예측하고 과학 기술의 발전 방향을 유도해왔다. 정부가 바뀔 때마다 '국가의 10대 성장 동력'이 발표되었고, 과학 기술계는 멀지 않은 미래에 대한민국을 먹여 살릴 수 있는 지식을 '빨리빨리' 만들어낼 것을 계속 강요받고 있다. 또한 꼭 연구비가 필요한 이공계의 특성과 연구 업적에 대한 과도한 경쟁으로 과학자들은, 과학 기술 연구의 내용과 방향에 대한 성찰 없이, 우선 자신의 연구 내용을 국가의 지원 사업으로 만들기에 급급했다. 과학자들은 정치적이 되어야 하고, 연구의 사회 경제적 파급효과를 부풀려야 하는 상황에 처했다. 이러한 현실에서 '황우석 사건' 같은 일은 예견된 것이었다. 그럼에도, 우리 사회의 일반 대중은 과학 기술의 경제적 효과에만 관심을 쏟을 뿐 그 지식 자체에 대해서는 무지하거나 전혀 관심이 없다. 따라서 우리 사회에서 과학적 사실을 왜곡하거나 비이성적으로 그 의미를 확대 해석하여 사회 문제가 되는 경우가 자주 일어났고, 언론은 많은 경우 그 중심에 있었다. '황우석 사건'이나 2008년 여름을 뒤흔들었던 '광우병 사건' 같은 것은 좋은 예가 되겠다. 신자유주의 경제 체제의 사회에서 과학과 기술은 어떤 방향으로 어떻게 진행되는 것이 옳은가에 대한 과학자로서의 나의 고민은 깊어갔다.

과학자로서의 나의 갈등이 깊어질 때, 전 지구적으로는 가속화된 산업화와 과학 기술의 발전으로 인한 폐해가 가시화되기 시작했다. 산업혁명 이후 오랫동안 화석연료를 기반으로 진행되어온 산업화와 과학 기술의 발전은 지구 온난화와 기상 이변을 초래해, 쓰나

미·엘리뇨 등 자연재해가 빈번해졌다. 지구의 원시림 개발이 촉진되면서 인간은 이전에는 접해보지 못한 새로운 유형의 병균과 바이러스에 노출되고, 세계화에 따라 전 인류는 이들로부터 쉽게 공격받을 수 있는 매우 취약한 조건에 처하게 되었다. 한편 서서히 고갈되어가는 화석연료를 확보하여 현재의 경제 발전 속도를 유지하려는 인간의 욕심은 여러 국제 분쟁의 원인이 되고 있다. 전 세계적으로 환경 문제는 심각해졌으나 경제적 이익과 상충되면 항상 경제적 이익이 우선시되어, 생태계는 위험에 처했다.

생명과학의 발전은 인간의 수명을 연장하고 건강을 증진시켰으며 먹을거리의 증산을 가져왔지만 인류에게 많은 윤리적 문제를 제시하고 있다. 그러나 과학 기술의 발전과 직접적으로 연관된 이러한 전 인류적 문제에 대해 대부분의 정책 결정자들은 자국의 경제적 이익에만 눈이 멀어 이렇다 할 해결책을 제시하지 못하고 있다. 그럼에도 대부분의 시민들은 이것이 평소 높은 담에 가려져 있던 과학 기술과 연관된 문제이기에 무지해도 좋다거나, 과학 기술이 더 발전하면 이러한 문제들도 자연스레 해결되리라는 근거 없는 낙관론 속에 살고 있는 것이 사실이다.

과학자이기 이전에 학교 선생인 나에게 과학 기술이 처한 현실적 고민의 해답을 찾아가는 궁극적인 길은 한 가지, 교육밖에 없어 보였다. 우리가 다음 세대에게 빠른 속도로 발전하고 있는 과학 기술의 지식을 정확하고 쉽게 전달하고 사회에서 과학 기술의 지식 생산이 어떻게 이루어지는가에 대한 사회적·역사적 통찰력을 키워

줄 수 있다면, 이들이 과학자가 되고 정책 결정자가 되고 시민이 되는 미래에는 변화를 기대할 수 있지 않을까, 학생들과 가치중립적이거나 경제적인 논리가 아닌 인류의 공존을 위한 과학 기술의 가능성에 대한 가치관을 나눌 수 있다면, 과학 기술의 지식 탐구는 바른 방향을 찾아갈 수 있지 않을까 하는 간절한 바람이었다. 그러나 지금처럼 학과로 단절된 교육의 틀과 내용 속에서는 그 해답을 찾을 수 없었다. 현대사회에서 과학 기술의 문제는 과학 기술뿐 아니라 산업, 경제, 정책, 가치관, 윤리 등과 긴밀하게 연결되어 있기 때문이었다.

2007년 여름, 이러한 문제의식을 공유했던 연세대학교의 다양한 전공 교수들이 모여 앞에서 언급했던 '과학 기술과 사회STS 연구포럼'을 시작했다. 선진국에서는 이미 중요한 학문 분야로 자리매김한 '과학 기술과 사회'를 정식으로 공부한 사람은 없었지만, 각기 자신의 분야에서 고민했던 과학 기술과 관련된 사회, 정책, 윤리, 경제 문제를 함께 고민하며 공부했다. 그리고 미흡하지만 그 내용들을 학부 학생들과 나누고자 2008년에는 '과학 기술 그리고 사회'라는 과목을 개설하기도 했다.

이 책에는 그동안 우리가 학생들과 함께 나누고자 했던 각 전공 분야의 문제 제기가 함께 들어 있다. 우리는 과학 기술의 속도전이 전개되고 있는 신자유주의 경제 체제에서 인류가 당면한 현실을 역사적인 맥락에서 생각해보고, 그 해결 방안을 모색하고자 했다. 또한 현대사회에서 빠른 속도로 발전하고 있는 생명과학과 정보과학 등 과학 기술의 발전 내용과 이들이 갖는 사회적 의미를 고민했고, 환경 문제와 화석연료 및 기후 문제 등 과학 기술의 발전이 갖고 온 우리의 현실을 함께 직시하고 그 윤리적 해결 가능성에 대해 논의하고자 했다. 한편, 자본주의 경제 체제 안에서 과학 기술의 정책 결정 과정과 언론의 역할 및 경제와 과학 기술의 상호 관계를 이해하고자 했다. 미흡하지만 우리의 이러한 고민과 희망이 단 한 사람의 독자에게라도 과학 기술과 사회에 관련된 여러 각도의 문제의식을 일깨우고 마음을 움직일 수 있다면, 이는 우리 모두의 보람이겠다.

아주 작은 시작이지만, 우리가 '과학 기술과 사회 연구 포럼'을 무리 없이 시작할 수 있었던 것은 같은 학교에 봉직하고 있었기 때문이다. 만약 다른 대학에 재직하고 있었더라면 이토록 다양한 전공의 선생들이 동일한 문제의식을 공유할 수 있는 기회는 만들어지기 어려웠을 것이다. 무엇보다 연세대학교에 감사한다. 학제적 연구 모임을 물심으로 지원해주신 전·현 연세대학교 총장님, '바른 과학기술사회 실현을 위한 국민연합' 대표이자 연세대학교 대학원장이신 민경찬 교수님, '과학 기술 그리고 사회' 과목 개설을 도와준 학부대학, 그리고 우리 연구 포럼을 지원해주신 '한국과학창의재단'에 감사드린다. 또한 처음이라 의욕이 앞섰지만 부족한 부분도 많았던 '과학 기술 그리고 사회' 과목을 선택하고 열심히 질문과 토론에 참여하여 강의하는 우리를 격려해준 학생들에게도 깊은 고마움을 전한다.

우리 '과학 기술 그리고 사회' 강의계획서를 보고 책으로 낼 것을 먼저 제안해주신 문학과지성사 김수영 대표님과 책의 편집 방향에 대해 비판적인 충고를 주신 문지문화원 사이의 주일우 실장님에게도 감사의 마음을 전한다. 또한 많은 저자들의 다양한 글쓰기 스타일을 다듬고 편집하신 문지 편집부의 원종국 씨에게도 감사의 인사를 드린다.

2009년 가을
송기원

차례 Contents

| 제1부 |

과학 기술과 사회

조한혜정 | 김도형 | 이삼열 | 김희진 | 노정녀

| 제1장 |

인류는 어떤 미래로 가고 있나?

– 시장근본주의와 과학기술주의가 만났을 때

| 조한혜정 |

자업자득의 상황을 초래한 인류 문명

토종 거북 남생이가 힘겹게 도로변을 걸어가는 장면에서 시작하는 다큐멘터리 「어느 날 그 길에서」에는 고속도로에서 죽어간 수많은 야생동물의 주검이 등장한다. 2년여 간 지리산을 맴돌며 '로드킬Road Kill' 현상을 다큐멘터리로 만들어낸 황윤 감독은 야생동물의 터전을 포위해버린 고속도로 지역이 야생동물들의 출생지이자 그들의 생활 공간임을 상기시킨다. 어느 날 갑자기 나타난 낯선 침입자, 낯선 도로로 인해 평화롭던 그들의 일상은 한 순간에 절단나버렸다. 이와 함께 등장한 것은 바로 자동차들 — 뻰쩍거리는 헤드라

우리는 이곳을 길이라 부르고
이들은 이곳을 집이라 부른다
바퀴자국의 상처, 야생동물들과의 짧고 아픈 이별
어느날 그 길에서
황윤 감독 다큐멘터리 2편 동시개봉 프로젝트
새끼 호랑이의 눈으로 바라본 동물원 이야기
작별
"길에서 만난 너… 넌 누구지?"
2008년 3월 27일 개봉
www.OneDayontheRoad.com

갓길에는 쓰레기만 버려지는 것이 아니다. 황윤 감독의 「어느 날 그 길에서」는 국내 최초로 체계적인 로드킬(야생동물 교통사고)을 조사하여 찍은 다큐멘터리 영화다.

이트 눈을 가진 재빠른 '기계동물'— 이다. 야생동물들은 그 기이한 괴물을 피해가며 힘겹게 먹이를 구해야 하고, 애인을 만나러 이동해야 하며, 멀리까지 산책 나간 새끼를 찾으러 길을 헤매야 한다. 그들의 목숨이 항시 위험에 노출되어 있음은 물론이다. 황 감독은 로드 킬의 현장을 그들의 눈높이에서 보여주면서 우리로 하여금 질문을 던지게 한다.

시속 80킬로미터 이상을 넘어서면 아무리 브레이크를 밟아도 운전자가 제어할 수 없다는 자동차. 그런 기계를 만들어낸 인간은

'만물의 영장'일까, 아니면 자신들의 편의를 위해 다른 생명체를 '죽일' 권리를 가진 존재일까. 우리는 여기서 인간이 스스로를 '만물의 영장'이라고 부름으로써 동료 생물체에 가하는 엄청난 잠재적 폭력을 생각하지 않을 수 없다. 사실 인간은, 때로는 야생동물이 건너다닐 통로를 따로 마련할 줄 아는 배려의 능력도 갖추고 있다. 그런데 지리산 고속도로를 만든 한국의 토건 사업자들은 왜 그런 배려의 능력을 갖지 못하였을까. 궁금증은 꼬리를 물고 이어진다. 황 감독이 이 다큐멘터리를 통해 진정 하고 싶었던 말은 무엇이었을까. 서구처럼 우리나라도 '불쌍한' 야생동물을 위해 생태 통로를 만들라는 말을 하고 싶어서 이 영화를 만들었을까?

나는 이 다큐멘터리를 극장에서 보았는데, 작품이 상영되는 80여 분 동안 이곳저곳서 흘러나오는 흐느낌을 들을 수 있었다. 그것은 그간 야생동물을 너무 홀대한 것에 대한 '만물의 영장' 다운 반성의 울음이었을까? 물론 그런 동정심에서 눈물을 흘린 관객도 있었으리라. 그러나 나를 포함한 많은 이들의 눈물이 단지 그것을 의미하는 것만은 아니었다고 생각한다. 무수한 생명을 바람결의 먼지로 만들어버리는 현 인류 문명의 폭풍은 인간에게도 예외 없이 부는 바람이라는 것, '경쟁과 돈에 온몸을 던지라'는 시장의 냉혹한 질서 속에서 온갖 위험에 노출된 채 살아가는 인간의 삶이 사실은 고속도로에서 날마다 위험에 노출되는 야생동물의 그것과 크게 다르지 않다는 것, 따라서 우리는 한 순간에 내팽개쳐질 수 있는 바로 그런 존재로 살아가고 있다는 인식 때문이었으리라고 생각한다. 불과 얼마 전까지만 해도 곧 평등하고 풍요로운 시대가 올 것처럼 희망적인 이야기가 나돌고 있었는데, 왜 갑자기 이런 상황을 맞이하게 된 것일까? 왜 갈수록 경쟁은 심해지고 비빌 언덕은 없어지며 살아갈 동기를 갖기가 힘들어지는 것일까?

인류는 우리가 어릴 때 배운 것처럼 '진보'하는 것이 아니라 쇠망해가고 있다. 2009년 3월 12일, 덴마크 코펜하겐 기후 변화 회의에서는 온난화가 이대로 가속화될 경우 2020년에는 양서류가 멸종하고 2080년에는 생명 대부분이 멸종할 것이라는 예측이 나왔다. 기후 변화가 경제에 미치는 영향에 관한 '스턴' 보고서를 작성했던 니콜라스 스턴 경Sir Nicholas Stern은 2006년 당시 자신이 했던 말 — "지금 당장 대책을 마련하자면 전 세계 총생산의 1%가 필요하지만, 이를 방치할 경우 소요 비용은 전 세계 총생산의 20%에 이를 것이다" — 을 번복하며, 실제 비용은 이를 훨씬 웃도는 50% 이상이 될 것이라고 말했다고 한다.[1] 일찍이 막스 베버Max Weber나 칼 마르크스Karl Marx 등은 이런 상황이 올 것을 감지하고 그 대안을 제시한 바 있다. 그들의 우려는 이제 현실이 되어, 인간이 자신들의 행복을 위해 만들어낸 제도와 이념이 인간의 생사 관리권을 쥔 거대한 권력기구로 군림하며 인류 역사를 종말로 치몰아가고 있다. 과학 기술 또는 과학기술자들은 이 과정에서 상당히 중요한 역할을 했다.

1 원세일 기자, "최악의 환경 재앙 시나리오 진행중," 조선일보, 2009년 3월 14일 국제면 A12.

그렇다면 인간의 행복을 위해 존재했던 과학 기술이 어떻게 인간을 궁지에 몰아넣는 결과를 초래하게 되었을까? 그리고 후발 자본주의 국가들이 서구보다 더욱 과학 기술을 신봉하면서 인간이나 생명 존중에 대한 감각은 갖추지 못하는 까닭은 무엇일까? 이러한 질문에 답하기 위해 우리는 인간의 지나온 역사를 살펴보지 않을 수 없다.

신적 질서의 붕괴와 세속적 과학기술주의의 등장

지금 우리의 삶을 지배하는 '근대'의 틀은 서유럽에서 시작된 것이다. 중세 유럽은 기독교적 권위를 부여받은 교회와 절대적 정치 지배권을 행사하는 봉건 영주의 지배로 구성된 체제였는데, 이 체제는 십자군 원정 이후 서서히 해체되기 시작한다. 기근과 전염병이 발생하고 사회 도덕은 무너지며 생산성은 떨어지는 가운데 국민들은 새로운 질서를 원하게 되었고, 기존 영주들 간의 암투와 전쟁이 치열해졌다.

이런 급변기에는 새로운 형태의 지배계층이 등장하게 되는데, 가장 먼저 강력한 움직임이 일어난 곳은 스페인과 포르투갈이었다. 이 국가들의 절대왕권은 상인들의 자유로운 시장 활동을 보장하고자 기존의 중세적 규제를 해제했고 새로운 사회를 만들어내기 위한 다양한 시도를 허용했다. 이로 인해 콜럼버스는 신대륙을 발견했고, 식민주의적 팽창에 근거한 자본주의화의 틀이 마련되었다. 비슷한 시점에 영국에서도 신적 질서가 약해지고 세속화와 핵가족화가 진행되었는데, 국왕체제가 일찍이 정착된 영국에서는 농업혁명과 대규모 토지 소유화가 위기를 타개하는 시도로 진행되었다. 농업혁명은 산업혁명으로 이어져 영국은 전 지구적 산업자본주의화의 길을 열게 되었다. 프랑스에서는 새 질서를 만들어내는 움직임이 정치적 혁명의 형태로 나타났다. 프랑스의 젊은 정치혁명가 집단은 절대왕정을 확립하려 했던 국왕을 단두대로 보내고 민주공화국을 건설하는 데 성공했다. 만민이 주인이 되는 의회 민주주의를 지향하는 '국민국가'의 시대는 바로 이렇게 시작되었다. 현재 지구상의 모든 주민들은 어느 나라에 속하는지에 따라 아주 풍요한 삶을 살거나 아주 빈곤한 삶을 살아가고 있는데, 이것은 서유럽에서 시작된 이 거대한 근대적 체제의 기반에서 비롯된 것이라 할 수 있다.

상업화, 식민주의적 근대화, 산업혁명에 기반한 과학기술주의적 공업화, 그리고 근대적 국민국가 형태는 그 결합을 통해 인류의 삶에 커다란 지각 변동을 일으키게 되었다. 이를 추동하는 가장 핵심적인 힘은 바로 과학 기술이었다. 세계가 신에 의해 움직여진다고 전제했던 신적 질서관은 무신론적 과학기술주의로 대체되었고, 인간을 '만물의 영장'이라고 천명하는 새로운 세계관이 등장했다. 명실 공히 인간은 '신'의 자리를 차지하고자 했으며, 결국은 과학적 사고가 모든 사유를 압도하는 세속적 시대가 열리게 된다. 이는 과학이 신의 자리를 대체하여 종교 수준의 신성성을 갖게 되었다는 의미이기도 하다. '신'의 이름으로 유지되던 중세적 권력체제가 자체 모순에 의해 붕괴되자 일반 민중들은 불행과 도탄 속에서 각각의 방식으로 탈출을 꾀했고 새로운 질서를 갈구했다. 특히 신적 질서를 거부하고 합리적인 시선으로 지상에 유토피아를 건설하고 싶어 하는 이들이 늘어났는데, 이들의 노력에 의해 중세 봉건체제는 무너졌다. 정치적으로는 '백성이 주인'이라는 '민주공화국' 형태의 통치체제, 경제적으로는 시장의 원활한 활동을 보장하는 시장사회의 기틀을 마련했고, 지식적으로는 현상을 있는 그대로 관찰하면서 새로운 발견과 발명을 적극 장려하는 과학 기술의 시대가 열리게 된 것이다.

민주주의, 자유로운 시장 활동, 그리고 과학적 사유로 요약되는 근대사회는 합리적 개인의 개념에 바탕을 둔 사회체제를 만들어내었고, 개개 사회 구성원들에게 중세적 신분제로부터 벗어나 자신이 타고난 것을 십분 발휘하면서 행복을 추구하고 돈을 벌고 그 돈을 좋은 일에 쓰라고 명하였다. 유명한 사회학자 막스 베버의 『프로테스탄트 윤리와 자본주의』는 바로 이러한 종교개혁과 시장 활동 활성화의 관계를 다룬 것이다.

그런데 한때 중세적 질곡에서 사람들을 해방시킨 세속적 '근대 자본주의'는 이후 붕괴의 시점을 맞이하게 되었다. 왜일까? 왜 한때 해방적이었던 자본주의가 인류를 멸망의 길로 몰고 간다는 비난을 받게 되었을까. 나는 여기에서 19세기 이후 세계를 지배했던 서유럽과 20세기 후반 세계의 '제국'으로 등장한 미국의 세계자본주의에 대한 간단한 스케치를 통해 근대화와 세속화, 그리고 과학기술주의에 대한 이해를 도우려 한다.

지구상에서 가장 먼저 중세 질서를 깨뜨리고 새로운 근대적 질서로 전환한 서유럽 지역은 1880년대에 본격적인 시장사회, 곧 '자본주의적 인간'이 주축이 되는 사회를 만들게 되었다. 특히 시장의 확장을 위해 소비가 미덕이 되는 '소비자본주의' 단계로 진입하면서 새로운 중산계층과 자본가 계급이 만들어졌다. 이 시점에 들어서면서 지식인들은 돈 주도의 사회가 초래할 위험성에 대해 경고하기 시작했다. 우리에게 잘 알려진 막스 베버, 마르크스, 엥겔스, 뒤르켐과 같은 학자들이 바로 그들이다. 이들은 자본주의 체제가 극히 개인적이고 경쟁적인 '욕망의 존재들'을 만들어내는 것을 보면서 위기감을 느꼈고, 시장이 신처럼 군림하게 될 체제의 종말을 고려하여 대안적 정치경제 체제에 대한 토론을 시작했다.

그중 마르크스의 이론을 바탕으로 프롤레타리아 혁명을 시도한 레닌과 스탈린의 소비에트 혁명(1917)이 성공했고, 시장이 압도하는 사회의 방향을 바꾸어내는 시도가 꾸준히 이어졌다. 특히 1929년 경제 대공황을 겪으면서, 사회 전반에 걸쳐 자본주의의 모순을 인식하고 사회주의적 체제

Tip
마르크스는 자본가들이 생산력을 늘려 잉여가치를 높이는 데만 신경을 쓰고, 노동자들과 이윤을 나누거나 기술력 향상 연구에 투자하지 않음을 비판해왔다. 그러나 기업에서는 필요에 따라 생산력 향상을 위한 기술 개발에 많은 투자를 해왔다. 마르크스 이후의 사회분석가들은 그 기술투자 자체의 진화를 보다 구체적으로 분석해내기 시작했는데, 기업이 기술 개발을 통해 특별잉여가치를 높이고 상품가를 낮추어 결과적으로 자본이 적은 타 기업과의 경쟁에서 우위를 취해왔다는 점에 주목한다. 치열한 경쟁 속에서 기업들은 사실 지속적으로 생산기술을 향상시킬 수밖에 없고, 그로 인해 낮아진 상품 가격은 노동자들의 노동 대가를 낮추는 결과로 이어진다. 특히 기술력 향상과 자동화로 인해 일자리가 없어지는 문제는 후기자본주의 상황에서 아주 심각한 사회적 문제로 떠오르게 된다. 이른바 선진국에서 고실업문제, 특히 청년 실업문제는 기업들이 싼 노동력을 찾아서 다른 국가로 공장을 이동하기 때문에 발생하는 사회 현상이다. 노동자의 일자리나 '사회'를 전혀 고려하지 않고 이윤 극대화에 모든 것을 맞추는 기업의 투자 원리는 사람보다 기술 발전을 우위에 두는 결과를 낳았고, 이런 근시안적 경쟁이 가져올 파탄에 대해서는 무지하거나 외면하는 사회 분위기를 형성하게 되었다.

를 건설하자는 모종의 합의가 이루어지기도 했는데, 안타깝게도 유럽의 실제 역사는 그 방향으로 가지 못했다. 이 틈을 파고든 것은 제국주의적 식민지 쟁탈전과 국가 간 암투로, 유럽은 1939년부터 약 6년에 걸쳐 파시즘 전쟁을 치르게 되었다. 전쟁이 끝나면서 유럽은 사회민주주의라는 자본주의의 대안을 마련하고 대안적 역사의 방향을 찾고자 했지만, 이미 자본주의 진영의 주도권은 미국으로 넘어간 다음이었고, 유럽은 지구의 한 지역으로 자리할 뿐이었다. 자본주의의 본산지인 서유럽에서 자본주의가 소비사회, 그리고 금융자본주의로 발전했을 때의 모습을 상상할 수 있게 된 것은 다행한 일이지만, 그런 성찰을 바탕으로 자본주의에 수정을 가하려는 유럽의 시도는 유럽만의 국지적 과제로 남게 된 것이다.

유럽에서 비껴나 전쟁을 겪지 않은 미국은 그런 성찰의 시간을 생략한 채 팽창적 자본주의 발전에 박차를 가했다. 영국의 체제에서 벗어나고자 했던 이상주의자들과 여러 이유로 자기의 고향을 떠나온 이주민들을 중심으로 형성된 미국은 1880년경부터 본격적으로 자본주의화를 실천했고, 유럽이 1·2차 세계대전을 통해 초토화되는 과정을 틈타 부국강병을 누리게 되었다. 특히 제2차 세계대전 이후 미국은 사회주의를 선택한 소련 및 동유럽과 대치하면서, 자본주의 제2장의 주인공으로서

Tip

유럽과 무관한 지역을 무력으로 식민지화하여 자신들의 산업자본주의 발전을 위해 이용한 유럽의 제국주의적 침략은 아직까지도 아프리카와 신대륙 곳곳에서 재난과 재앙으로 불거지는 비극으로 남아 있고, 그 '죄과'는 지울 수 없는 기록으로 남겨진 것도 사실이다. 그러나 유럽은 성찰을 통해 '얼굴 없는 시장'에 무조건 힘을 실어주는 역사적 방향에 거부권을 행사하면서 사회민주주의로 방향 선회를 시도하였고, 그 결과 유럽연합을 형성하여 다양한 시도를 지속해나가고 있다. 오늘날 자본주의 국가 중에서 그마나 북유럽 지역의 삶이 안정적이고 대안적인 면모를 띠는 것은 유럽이 전쟁과 고통의 시기를 경험하면서 자본주의 체제가 안고 있는 자체 내 경쟁과 폭력의 기제를 간파하여 집단적인 성찰의 시간을 거쳤기 때문이다. 그러나 세계사적으로 볼 때, 불행하게도 이런 성찰적 거리를 갖게 된 유럽이 아닌 미국이 세계 자본주의의 발전을 주도하고야 말았다.

'냉전 자본주의Cold War Capitalism' 시대를 열어가게 된다.

이 미국 중심의 자본주의는 유럽식 자본주의와 두 가지 면에서 차이를 보인다. 첫번째 차이는 개인의 자유를 무엇보다 우위에 두는 미국의 자유주의 건국이념에서 찾을 수 있다. 자유에 대한 절대적 신봉은 건국이념과도 상통하면서 홀홀단신 서부 황무지 개척을 해냈던 '카우보이들' 및 그 후예들의 생존방식과도 맞아떨어진다. 개인의 자유의지로 이민을 온 사람들을 주축으로, 개인주의를 신봉하는 교과서적 근대국가가 만들어진 것이다. 결국 미국의 자본주의는 공동체에 대한 고려보다 개인의 자유의지에 바탕을 두어 발전했으며, 상인들의 조합이 막강한 힘을 발휘하는 체제라는 특성을 갖게 되었다. 이런 과정에서 미국은 '성공과 돈'을 가진 사람들이 '명예와 존경'을 중시하는 사람들을 압도하는 시장형 사회를 만들어냈다.

두번째로 미국의 자본주의는 미소 냉전체제 속에서 진행된 만큼 상당히 패권주의적이고 경쟁·적대적인 성격을 지닌다. 이는 미국이 유럽에 비해 매우 이분법적이고 대립적인 구도 속에서 발전했다는 것을 의미한다. 유럽 역시 19세기와 20세기 전반에 가열된 식민주의 쟁탈전 속에서 경쟁과 패권주의의 시대를 거쳤지만, 유럽이 프랑스, 영국, 스페인, 스웨덴, 독일 등 여러 나라들이 각축전을 벌이는 역사를 경험했던 반면, 미국은 공산주의 대 자본주의(자유주의)라는 양자 대립 구도 안에서 자본주의를 발전시켰다는 점에서 차이를 지닌다. 냉전체제는 군사력과 무기 과학을 중심에 둔 과학기술과 밀접한 관련을 맺고 있었고, 이러한 맥락에서 과학 기술의 발달이 미국 자본주의 발전의 핵심이었음은 더 말할 나위가 없다. 유럽의 세계 제패 당시 제왕으로 군림했던 영국이 '세계의 지성/양심'을 천명했다면 미국은 '세계의 경찰'로서 자부하고 있다는 점도 바로 이러한 역사적 과정과 결부하여 이해해야 할 것이다.

알다시피, 컴퓨터나 인터넷과 같은 신기술은 모두 미 국방부에서 탄생했다. 세계적인 학문적 경향이 세속적이고 실증주의적인 방향으로 흐르게 된 것이나, 기존의 문文·사史·철哲 중심의 대학이 엔지니어링과 경영학 분야 중심으로 재편되고 효율성과 실용성을 강요받게 된 것도 미국이 세상을 주도하면서 생긴 현상이다.[Tip] 미국 자본주의 사회에서는 '전통'이라거나 기존의 권위에 대한 존경이 덜하다. 보이지 않는 것은 존재하지 않는다는 실증주의, 효능이 없으면 필요가 없다는 실용주의, 목적 달성이 중요하다는 도구적 합리주의가 주도하면서 미국은 효율성과 생산성의 사회를 만들어냈다. 1980년대 동유럽의 사회주의권이 자체 붕괴돼 그나마의 '우방'이나 견제 세력도 없어지면서 미국이 주도하는 세계는 글로벌 자본이 지배하는 체제로 나아가게 되었다. 미국의 자본주의는 포디즘Fordism, 곧 대량생산 대량소비 시대를 선도하다가 1970년대 석유 파동을 거치면서 신자유주의 체제로 이어졌다. 1980년대에 대처주의와 레거노믹스는 정부나 NGO비정부기구 영역의 시장화와 시

Tip

미국 자본주의의 특징은 미국이 새로운 땅을 찾아 고향을 두고 떠난 이민자들의 나라라는 점과 관련성이 크다. 미국의 주요 구성원들은 기존의 공동체를 떠나 홀홀단신 신천지를 찾은 사람들이다. 자기만의 새집을 짓고 사업을 일으키고 성공을 하려는 사람들이 만든 나라라는 것이다. 그들의 삶은 사회적으로는 개개인이 철저하게 독립하는 것을 이상으로 삼으며, 실제로는 두 남녀의 낭만적 사랑을 통해 맺어진 부부 중심 핵가족이 다른 어떤 사회적 관계에 우선했다. 미국식 낭만적 사랑은 할리우드 영화를 통해 전 세계로 수출되어 문화적으로 지대한 영향력을 행사했다. 정치적으로 보안관제와 배심원제, 그리고 정당과 의회 민주주의, 경제적으로는 효율성과 생산성을 바탕으로 한 극히 계산적인(합리적인) 개인주의적 대중사회를 만들어냈다.

장적 원리의 사회적 확장에 영향을 끼쳤는데, 1990년대 '제국'의 자리를 차지하게 된 미국은 이런 시장근본주의적 자본주의 체제를 세계은행World Bank, 국제통화기금IMF 등 새로 생긴 국제 금융기구나 여타 활동을 통해 한층 강화시켜갔다. 그러한 미국적 자본주의의 정점에서 바로 '돈이 돈을 버는' '파생상품'들이 만들어졌다. 미국의 월가를 중심으로 만들어진 갖가지 파생상품이 전 세계로 퍼지면서 수많은 사람들이 투기 자본주의의 성원으로 거듭났다. 2008년 전 세계를 강타한 '서브 프라임 모기지 사건'은 바로 이처럼 돈이 돈을 만드는 파생상품과 그 확산에서 비롯된 것이다.

사실상, 미국에서 회사의 최고 경영자가 받는 연봉과 노동자가 받는 연봉 격차는 엄청나다. 뉴욕 월가의 금융 트레이너가 버는 돈은 또 얼마인가? 어쩌면 이런 격차는 미국과 같은 극단적 개인주의 사회에서나 가능한 일일 것이다. 미국식 자본주의의 절정을 장식한 이들은 바로 수학의 귀재들로 이들이 파생상품을 만든 장본인들이고, 여기에는 아시아에서 이민 간 수학 천재들도 상당히 포함되어 있다. 돈만 벌면 명예와 권력이 따르는 체제가 정착하면서 많은 과학자와 변호사들도 사회의 공동선을 위한 일보다 '돈이 돈을 버는' 게임에 편승하여 해악이 되는 일에 종사하게 되었는데, 이런 현상을 두고 '전문가 범죄white collar crime'라는 용어가 등장하기에 이르렀다. 한편, 과학 신봉자들은 그 상당수가 과학기술관료technocrat로서 국가에 봉사하게 되는데, 이 과정에서 과학이 인간 사회에 잘못 적용되는 엄청난 재난들이 발생하게 되었다. 그것은 바로 과학기술자들이 가치와 윤리의 차원에서 그들이 봉사하는 국가의 성격, 그리고 자신들이 하는 일에 대한 진지한 질문들을 생략하고 일을 처리해갔기 때문이다.

그러면 한국의 자본주의화는 어떤 성격을 띠며 과학 기술은 그런 국민국가 형성과 경제 발전 과정에서 어떤 자리를 차지해왔는지 살펴보자. 1960년 4·19 민주 봉기를 통해 이승만 부패 정권이 붕괴된 후 들어선 장면 정권은 건국 이후 십여 년간 교육받은 인재들을 중심으로 거국적 발전기획을 세우기 시작했다. 그러나 국군 소장 박정희가 쿠데타를 일으켜 국가통치권을 쥐면서 일사불란한 '군사주의적 자본주의화'가 진행되었다.

박정희는 미국과 일본의 우산 아래 자본 유치에 성공했는데, 그것은 선진국에서 이동한 집약 노동 산업—예를 들어 봉재, 신발 제조업 내지 하청업체—을 일구는 자본이었다. 박정희 정권은 기술공학 중심의 경제발전계획을 세우고 해외 과학자들을 유치하는 한편, 경부고속도로를 짓는 등 거대한 토건 사업을 통해 산업자본주의화의 인프라를 짧은 시간 안에 구축했다. 또한, 과학 기술 개발을 위한 연구소와 대학들을 세우고 과학 기술 인재들을 최대한 우대하는 등 집중 투자를 아끼지 않았다. 단기간에 초고속 경제 발전을 이룩한 한국은 경제 기적을 일으킨 국가로서 세

Tip
당시 세워진 '경제 3개년 계획'에는 장준하 씨 등이 중심이 되어 미국과 서양 자문단의 자문도 받으며 청년들을 '하방' 시키는 안 등도 포함되었는데, 이런 역사에 대해서는 아직 정확한 연구가 이루어지지 않았다. 이 기획에 대해서는 당시 서울대 공대를 막 졸업하고 그 기획에 선발된 조경목 씨 등의 증언을 통해 알게 되었다. 근대국가 형성과 국가 발전에 대한 새로운 조명은 향후 심층 면접을 통해 대대적으로 이루어져야 할 것이다.

계적 모델로 떠올라 베트남 등 동남아시아 국가들이 본받고 싶어 하는 나라로 부상하기도 했다. 한국은 초고속 압축 성장의 대표적 국가로 떠올랐고, 경제협력개발기구OECD에 가입하고 G20 국가에 진입하는 등 '강한 국가'로 거듭났다.

군사주의적 근대 자본주의화가 일사불란하게 진행되었던 한국의 국민은 그 어느 나라 국민보다 과학 기술을 신봉해왔다. 이른바 '테크노 민족주의techno nationalism'라는 단어가 나올 정도로 한국의 경제 발전은 국가주의와 과학기술주의의 결합 위에서 이루어졌다. 2000년대 한국은 미국 못지않은 효율지상주의, 생산지상주의적 사회가 되었고, '부자 되세요'가 인사가 된 '돈 주도의 사회'가 되었다.

Tip
OECD 보고서에 따르면 한국은 가장 노동 시간이 길고, 임금은 최하위권이며, 여성 자살률이 가장 높고, 출산율이 최하위권을 기록하는 국가다.

그런데 한국은 초고속 성장을 한 후발 국가이자 식민지였던 경우로서, 미국과는 상당히 다른 점을 보인다. '선진국 따라잡기'에 급급하면서 성찰성과 방향 감각, 그리고 자체적 윤리강령을 만들어내지 못했다는 점에서 특히 그러하다. 한국의 '토건적/사대주의적 자본주의화'는 시대 변화를 읽어내고 사회적 동의를 얻어내는 과정을 생략하면서 진행되었으며, 이는 과학 기술과 돈이 독주하는 환경을 만들어냈다.

하드웨어와 소프트웨어의 극심한 불균형 현상, 단기적 생산성은 높일 수 있지만 고부가가치 상품 생산이나 지속 가능한 산업을 키우기는 힘든 토양의 형성. 이에 대해서는 정치계도 책임이 있지만 또한 '식민지적 베끼기'에 길들여진 과학계도 그 책임으로부터 자유로울 수 없다. '식민지적 대학'에서 자란 과학도들은 진정한 과학자가 되고 싶을 때 선진국으로 가버리게 된다. 대신 식민지적 하청 생산을 하는 곳에는 시키는 일만 잘하는 기술자들technician만 남게 된다. 자신들이 하는 연구의 사회적 의미나 효과에 대해서는 질문을 해보지도 않고 성과 내기에만 급급해한다면, 그 일은 결국 생산성도 나지 않을뿐더러 그들이 해내는 업적들은 세계사적으로 전문가 범죄white collar crime에 속하는 일로 판명될 가능성이 높다.

창의적인 작업, 사회에 필요한 작업을 해낼 충분한 시간을 주지 않고 조급히 성과를 내도록 강요하는 현 한국 과학 기술계의 비극은 논문 편수 맞추는 데 급급한 대학 사회뿐만 아니라 첨단 산업계에서도 그대로 나타나고 있다. 한 예를 들어보자. 1997년 갑자기 들이닥친 아시아 경제위기를 거치면서 한국은 인터넷 산업을 크게 일으킬 기회를 갖게 되었다. '산업화에는 뒤졌지만 정보화에는 앞장서자'는 슬로건을 내걸고 정부와 국민, 특히 청년들이 열심히 뛰었고, 그 결과 세계 최고를 자랑하는 몇 가지 영역들이 생겨나기도 했다. 그런데 어느 지점에서부턴가 더 이상의 진전이 어려워졌고, 여전히 첨단기술은 서구에서 만들어지고 있다. 돈을 벌기 위해 벤처에 뛰어든 인재들, 삶을 위한 과학기술자를 기르기보다 돈벌이를 위한 회사원들을 만들어내기에 급급했던 한국의 과학 기술계가 낳은 결과라 할 수 있다. 젊은 과학도 중에는 이와 같은 상황에 환멸을 느끼고 '과학도'로서 살아갈 수 있는 조건을 찾아 '선진국'으로 떠난 이들도 꽤 있다. 인프라를 마련하지 않은 채 그저 선진국 쫓아가기에 급급한 후발국이 피하기 힘든 문제일 것이다.

그나마 미국에는 개개인을 보호하는 보호막 시스템이 작동하고 있다. 하지만 한국은 시스템과 개인 차원 모두에서 적나라한 '승자독식'의 원리를 따르며 엄청난 경쟁과 적대의 상황으로 치닫고 있다. 치열한 입시 전쟁과 가열된 사교육 시장, 유아 때부터 아이를 관리하는 '매니징 마마'들의 활약, 대학에 입학한 후에도 '이기지 않으면 죽는다'는 강박 속에 벌어지는 '스펙specification' 경쟁은 이러한 현실을 아주 잘 드러내준다. 대학들이 발전을 꾀한다면서 결국 외국 신문사나 『타임』지가 만든 평가 기준에만 급급해하는 것, '객관적' 수치에만 집착하느라 각 대학이 해결해야 할 문제를 간과한 나머지 더욱 '후진'을 면할 수 없는 것이 바로 이런 상황이 빚어내는 비극이다.

그러나 바로 그런 파탄의 지점에 서 있기에 가질 수 있는 가능성도 있다. 한국과 같이 어떤 보호막 없이 위기를 그대로 보게 되는 경우, 사회 구성원들이 위기의 상황을 보다 분명하게 분석하고 대처할 가능성도 없지 않다. 특히 초고속 자본주의화를 경험한 한국의 경우, 다수의 구성원들이 여전히 공동체적 감각과 욕구를 강하게 내면화하고 있을 것이라고 전제한다면 오히려 후발 자본주의 사회에서 새로운 가능성이 출현할 가능성도 배제해서는 안 된다. 이런 사회 인문학적 논의는 그래서 더욱 소구력을 갖는다.

이제, 한국을 포함한 세계의 모든 국가는 전 지구적 자본주의 체제에 편입되었고, 한국은 그 어느 나라보다 돈이 주도하는 신자유주의 자본주의적 사회의 전형으로서 그 양상을 드러내고 있다. 전통사회가 붕괴하고 근대적 실험의 시대를 거쳐 돈이 지배하는 투기적 금융자본주의 체제는 이제 본격적으로 전 세계 인구를 하나의 공동 운명의 장 안으로 몰아넣고 있다. 이런 상황에서, 한국에 사는 우리, 특히 젊은 세대는 이제 그간의 역사를 되돌아보고 새 길을 논하지 않으면 안 되게 되었다. 미국의 뒤를 이어 자본주의의 세번째 국면을 만들어가는 중국과 인도, 브라질도 이제 본격적으로 이 체제에 돌입하여 엄청난 변화의 소용돌이를 일으키기 시작했다. 중국이 사회주의 전통을 살려 자본주의의 대안을 찾아낼 수 있을 것인지, 아니면 더욱 개별화된 경쟁을 부추기면서 더욱 적나라한 황금만능의 문명을 만들어내서 전 지구적 파멸을 앞당길 것인지는 현재로서 알 수 없는 일이다. 그러나 한 가지 분명한 것은 전 세계의 지성과 양심, 그리고 공통의 감각들이 새롭게 지혜를 모으지 않는 한, 변화는 오지 않을 것이라는 점이다.

2008년 봄에 전 지구적 자본주의와 환경 문제에 관해 한 중국 교수와 인터뷰를 가졌다. 그는 오늘날 중국의 근대화 속도는 분명 반생태적이고 전 세계적으로 커다란 재앙을 가져올 가능성이 있는 것이지만, 그렇다고 그것을 중단할 수는 없다고 말했다. 이른바 서구 선진국, 그리고 미국이 별 성찰 없이 지금과 같은 방식으로 나아간다면 설사 중국이 변화를 말하더라도 세상이 바뀌지 않을 것이기 때문이라는 것이다. 분명한 것은 중국과 인도 등에 의한 세번째 국면의 자본주의화는 단지 중국이나 인도의 지도자나 주민들의 결단이 아니라 전 세계 주민들이 함께하는 어떤 결단에 의해 정해지는 것이라는 점이다. 한국과 같은 후발 경제 성장 국가들이 '따라잡기'에만 급급하고, 국가 단위로 경제 발전을 해낼 전망이 없는 나라의 주민들이 전 세계 밑바닥 노동시장을 떠도는 파편화된 이주 노동자로 살아가게 된다면, 지구촌의 미래는 암울할 뿐이다. '지구촌'이 우리가 늘 꿈꾸어왔던 세계 평화와 문화적 연대를 통한 아름다운 모습이 아니라, 자본에 의해 하나 되는 세상, 그래서 정치와 과학 기술이 모두 돈 권력에 종속되는 디스토피아로 종말을 맞게 될 가능성이 높다.

신자유주의·글로벌 자본주의 체제의 과학기술자들

인류 역사상 부의 축적이 목적이 된 사회는 없었다. 부의 축적을 장려하는 제도는 어디에나 있었지만 그렇게 축적된 부는 항상 사회적 존경과 명예로 환원되었다. 돈과 과학 기술은 사회 전체의 재생산을 위해 존재하는 영역이었고, 좋은 사회란 그런 기제가 마련된 사회였다. 물신주의 사회에서는 돈과 권력을 가지면 무엇이든 가능하다는 식의 인식으로 인해 한 사회의 장기적 존속을 가능케 하는 '권위와 존경'의 체계가 붕괴된다. '좋은 사회'와 행복한 삶, 또는 행복한 죽음에 대한 근본적 질문들을 생략하고 마구 굴러가는 거대한 체제에 충성하는 이들이 권위와 존경을 얻게 되는 체제가 마련되면 과학 기술은 '악한 것'이 될 수밖에 없다.

오늘날 자본과 기업은 막강한 권력으로 과학 기술과 생활세계를 지배하고, '돈 권력'은 전체 사회의 장기적 재생산에는 별 관심이 없이 단기적 축적만을 목적으로 굴러가고 있다. '돈 권력'에 종속된 과학 기술계에서 일어나고 있는 사례를 살펴보고 어떠한 성찰이 요구되는지에 관해 생각해보도록 하자. 일단 의료산업을 중심으로 백영경과 박연규 씨가 쓰고 엮은 『프랑켄슈타인의 일상: 생명공학 시대의 건강과 의료』라는 책에서 언급된 문제들을 중심으로 이야기를 해보려 한다.

먼저, 우리가 항시 신경을 쓰고 있는 의료 정기검진에 대해 생각해보자. 페트리샤 카우퍼트Patricia Kaufert는 "검진 프로그램이 기업이나 상업적인 이해관계, 건강보다는 이윤을 추구하는 동기에 의해 좌우되지 않느냐"는 질문을 제기하면서 감시 테크놀로지로서의 정기검진의 성격을 간파하라고 말한다.[2] 그는 데이비스 암스트롱Davis Amstrong이 분류한 근대 의학의 세 단계, 곧 환자 침상의 의료, 병원 의료, 그리고 감시 의료를 소개하면서, 감시 의료의 단계에 오면 수단과 목적이 전도되는 현상이 일어나게 된다는 것을 유방암 검진 사례를 통해 드러내고 있다. 그에 따르면 의사들은 있는 질병을 발

2 페트리샤 카우퍼트, 「감시 테크놀로지로서 정기 검진」, 『프랑켄슈타인의 일상』, 160~95쪽, 도서출판 밈, 2008.

견하지 못한 채 지나치는 경우가 없어야 한다는 강박증으로 자주 검진을 받게 만들며, 일반인들을 질병염려증 환자로 만들고 있다. 검진 횟수가 많아질수록 잘못된 양성 판정과 불필요한 치료도 늘어난다. 효과가 불확실한 검진이 거듭됨에 따라 사회 전반에 걸쳐 불안이 가중되며, 재정 소모의 문제라는 사회적 비용도 발생하게 된다. 급격한 감시 의료 시대로 접어든 한국에서도 엄청나게 비싼 의료비와 정기검진 프로그램들이 등장하고 있다. 국민의료보험으로 정기검진이 가능한데도 종합병원에서는 60만 원, 100만 원짜리 정기검진 프로그램을 따로 만들어 일반인들의 불안감을 가중시키고 있다. 평균 수명이 늘어나면서 점점 더 장애와 질병의 기운을 느끼며 살아갈 사람이 많아질 것인데 정기검진 등 검사로 확인받기 전까지는 누구도 안전하다고 느낄 수 없는 사회적 분위기가 형성된다면, 의료 정기검진이라는 새 산업은 계속 번성할 것이고 사람들은 건강염려증에 걸린 준환자로 살아갈 가능성이 높아질 것이다.

페트리샤는 유방암 검진과 수술을 둘러싼 사례 연구를 통해 소수의 이상을 발견하고 통제하기 위해서 다수의 몸과 정신에 간섭하게 되는 정기검진 제도가 바람직한 것인지, 또 검진 받는 것을 특권이며 미덕으로 여기게 하면서 검진을 받지 않으면 죽음과 용모 손상이라는 처벌을 받는다는 식의 협박을 은연중에 받게 되는 것은 괜찮은지, 그 무엇보다 질병 검진이 지나친 권위로 군림하면서 몸과 자아에 대한 감각을 바꾸고 공포감을 증폭시키는 문제를 어떻게 할 것인지 꼼꼼이 되짚어보자고 제안한다. 정기 건강검진은 의료행위 차원을 넘어서 어떤 삶을 더 가치 있게 여기고 살아갈 것인지에 대한 판단을 유도하는 윤리적이고 정치적인 영역이 되어버린 지 오래다. 한국의 대형 종합병원들이 점점 더 '환자'가 아니라 '고객'을 대상으로 하는 다양한 정기검진 서비스에 주력하는 상황이 이를 반증한다.

다음으로는 2000년 들어서서 한국을 떠들썩하게 만들었던 복제 연구와 난자 기부에 대해 살펴보자. 사라 섹스턴Sarah Sexton은 생명과학 기술 연구에 인간이 함부로 이용되고 있는 것에 대해 문제를 제기한다.[3] 난자 매매, 장기 매매, 대리모는 모두 새로운 과학 기술이 초래한 충격적인 현실로, 우리가 미처 그것의 사회적 의미를 가늠하기도 전에 현실 안으로 바싹 들어와버렸다. 이 책에 실린 백영경의 글 「생명 윤리를 넘어서」와 손봉희의 「'난자 소동'에 이르기까지: 줄기세포 연구와 여성인권」은 세계적인 과학 프로젝트로 한때 각광을 받다가 사기극처럼 끝나버린 황우석 사태를 다루고 있다. 실험용 난자를 제공하고 후유증을 앓고 있는 여성들의 경우와 마찬가지로 혈액, 장기와 난자 등 몸의 일부가 매매되는 현실과 인간 실험 문제는 이제 본격적으로 논의되어야 한다. 이런 논의가 제대로 이루어지지 않은 채 이 행위가 '타인에게 새 삶을 찾아준 아름다운 기증'이라는 식으로 신비화되는 것은 문제다. 이타적인 기증이 분

3 사라 섹스턴, 「문제는 바이오 경제: 윤리냐 경제냐? 건강이냐 부냐?」, 『프랑켄슈타인의 일상』, 268~309쪽, 도서출판 밈, 2008.

명 착한 마음에서 나온 것이지만, 우리는 전체 시스템 차원에서 생각해볼 때 전혀 의도하지 않은 결과를 초래할 가능성이 높은 사회에 살고 있기 때문이다. 음성·양성적으로 인간의 몸의 일부 조직을 팔고 사는 행위는 두 가지 요인에서 여전히 자행되고 있는데, 하나는 돈을 벌기만 하면 된다는 세계관이고, 다른 하나는 글로벌 시장이 형성된 상황에서 일국 단위에서 규제를 하더라도 전 지구적으로 이미 수요와 공급 시장이 마련되어버린 현실에 있다.

최근 김수환 추기경이 안구를 기증해 한국에서 또 한 번 장기 기증에 대한 열망을 드높인 적이 있는데, 이는 생명과학 시대의 삶과 기술에 대한 근본적인 질문과 이어지는 지점의 일이다. 장기 기증과 매매에 대한 존 해리스John Harris의 글을 읽어보자. "한 사람이 죽으면서 장기를 기증하면 그것으로 여러 사람의 목숨을 구할 수 있다. 신장이 필요한 사람에게는 신장을, 심장이 필요한 사람에게는 심장을, 간이 필요한 사람에게는 간을, 실명한 사람에게는 각막을…… 그렇다면 한 사람을 죽여서 여러 사람의 생명을 구하는 건 어떨까? 생사람을 죽이는 것이 죄라고? 그러면 살릴 수 있는 방법이 있는데도 죽게 내버려두는 것은 죄가 아닐까?" 실제로 요즘에는 생체 실험이 가능해지면서 세계 규모의 암시장을 통해 난자나 장기 매매가 공공연히 일어나고, 그 와중에 사람을 죽이는 일도 일어나고 있다. 돈을 많이 주는 사람을 살리기 위해 산 사람을 죽이는 일도 일어나고 있다는 것인데, 돈을 버는 것 이상의 목적이 합의되지 않은 사회가 되면 이런 일은 더욱 비일비재하게 될 것이다.

해리스는 이를 두고 국가가 사실상 살인을 허용하고 방조하는 형태로 가고 있는 현실이라고 표현하면서, 그런 상황에서 주민들은 매일 제비뽑기를 하면서 살고 있는 것이나 마찬가지라고 말한다. 타인의 목숨을 자기 목숨처럼 여기는 도덕성 높은 사회를 만들지 않으면 사회 구성원들은 불안한 '생존 제비뽑기'를 통해 생명을 사고팔면서 살아가게 된다는 것이다.

그렇다면 해법은 어디에 있을까? 기존의 사유 방식과 의료 체계 안에서 해법을 찾기는 힘들 것이다. 불임부부의 고통도 외면할 수 없고, 그렇다고 생명 윤리의 문제를 외면할 수도 없는 딜레마 상황에 대해서 백영경과 박연규[4]는 '불임'은 치료가 필요한 '질병'이고 대리모를 가능케 하는 재생산 기술은 이에 대한 '해결책'이라는 편협한 의학적 세계관이 변해야 하며, 궁극적으로는 아이가 없으면 온전한 삶이 아니라는 식의 기존의 규범이 변해야 한다고 지적한다.

이런 많은 행태의 근간에 자리를 잡고 있는 것은 막대한 돈을 버는 제약회사와 특허다. 의료사회학자나 의료인류학자들은 그래서 거대 제약회사들의 기업 전략을 자세히 연구하고 있다. 사라 섹스턴은 우선 소비자가 제품을 반복해서 구입할 정도로 충분히 아프지만 일을 계속할 정도로는 건강한 상태일 때 제약회사가 가장 많은 매상을 올린다는 것, 따라서 결국 가장 좋은 고객은 아픈 사람이 아

4 백영경·박연규, 「생명윤리에서 일상의 윤리로: 바이오 테크놀로지와 페미니즘의 대화」, 『프랑켄슈타인의 일상』, 7~35쪽, 도서출판 밈, 2008.

니라 꽤 건강한 사람들임을 알기 때문에 그들을 타깃으로 삼아 약을 만들어낸다는 점을 발견했다. 그에 따르면 재생산 기술, 유전학 기술, 제약 기술은 의료적 용도라는 명목으로 약이나 치료법에 대한 공적인 인정을 받아내고 때로는 국가의 공적 기금까지 받아낸 후, 실제로는 비의료적 용도로 판매하는 식으로 확산되고 있다. 다시 말해서 신약은 일차적으로 아픈 사람들을 위해 개발되고 승인되지만 실은 건강한 이들에 의해 소비될 경우 더 높은 시장가치를 갖는 약이라는 것이다. 심장병 치료제로 시작한 비아그라가 성기능 장애를 가진 사람들을 위한 약이 된 것이 바로 그 예다. 또 호르몬이 충분치 못한 아이들을 위해 승인된 성장 호르몬이 인터넷에서 의사의 처방 없이 체지방·콜레스테롤·불면증을 감소시키고, 근육량·성기능·주의력·피부와 머리카락·신경 기능과 장 기능을 향상시킨다는 광고로 판매되기도 한다. 물론 그 약을 장기간 복용하면 당뇨병, 관절염, 고혈압과 울혈성 심부전을 유발할 수 있다는 경고는 광고 문구에 넣지 않는다. 여성의 골수에서 뽑아낸 줄기세포를 이용하여 유방 확대술을 시도해보려는 과학자들은 이것이 유방 절제술을 받았던 암 환자들에게 큰 도움이 될 것이라고 말하고 있지만, 실제는 유방이나 입술을 크게 만들고 싶은 여성들 사이에서 더 큰 시장을 형성하게 될 것이라고 사라 섹스턴은 말한다.

이처럼 의료 과학 기술은 생명을 다루는 공공적인 프로젝트인 듯 보이지만 실제로는 시장을 위해 존재하고 있다. 때로는 그 분야에 국가나 공적 지원이 몰리는 것을 볼 수 있는데, 그 역시 국민의 의료복지를 향상시키기 위해서라기보다 경제를 활성화하려는 의도가 크게 작용한 결과로, 정작 환자나 국민을 위한다고 보기는 힘들다는 것이 전문가들의 지적이다. 이는 마치 금융산업의 해결책으로 연금을 민영화하는 것과 유사한데, 이런 결정은 연금을 운용하는 회사들로 하여금 세계 주식시장에 수백만 달러를 투자하여 이익을 얻게 할 수는 있을지 몰라도, 사회 구성원들에게 더 나은 연금이나 노년기의 안정성을 부여해줄 가능성은 적다는 것이다. 킨 버치Kean Birch는 "생명과학은 정작 때가 오면 달성할 필요가 없는 전망에 기대어 단기적인 가치(주식이나 벤처 자본환수 등)를 생산해내는 미래지향적인 시장에 의존하고 있다"고 했는데,[5] 이는 곧 금융계와 마찬가지로, 의학계나 제약회사 역시 미래를 걸고 투기하고 미래를 식민화하며 확실하게 돌려주지도 못할 보상에 대한 전망을 내놓고 있음을 일러주고 있다. 다행히 2008년 미국의 월가가 해온 거대한 투기 노름에 대해 전 세계가 알게 되고 금융자본주의의 투기성과 위험에 대한 경각심이 일고 있지만 아직 이런 자각은 시작에 불과하다.

자, 이런 세상에서 과학기술자는 어떤 일을 하는 사람일까? 그는 좋은 사람일까, 나쁜 사람일까? 좋은 의사가 된다는 것은 결코 쉬운 일이 아닐 것이며, 제약회사에 근무하면서 좋은 생물학자로서 자부심을 유지하기는 쉽지 않을지도 모른다. 그간 오로지 입시 공

5 Kean Birch, "The Genetics Ideology Age: The Bio-science Industry as Self-perpetuating Ideology," Sarah Sexton, 2008에서 재인용, 299쪽.

부만 하느라고 바빠서 그렇게 '돈'을 '중심'으로 굴러온 지구화의 현실은 극소수의 선각자들이 이제야 깨달은 현실이 아니라, 이미 일상적 지식으로, 그리고 대중 영화로도 다루어진 사실이다. 미국에서 의사는 더 많은 돈을 벌기 위해 환자를 돌보기보다 환자들을 신약 실험에 등록시키는 데 혈안이 되어 있고, 환자 돌보기는 소홀히 한 채 특허 낼 생각에만 매달린 나머지 많은 소송에 휘말린다는 뉴스가 들려온다. 벤처 마인드를 갖게 된 의사들이 의료계를 주도함에 따라, 의료 과학 기술의 전문지식과 인품을 가진 인재는 줄어들고 이재에 밝은 사람들만 늘어, 의료 분야 자체가 시장 바닥이 되었다는 것은 이미 상식에 속한다. 의과대학의 학비가 너무 비싸 대부분 은행 대출을 받은 상태인데다가 병원을 차리는 데도 큰돈이 들기 때문에, 이들이 사실상 돈의 노예가 될 충분한 조건을 갖추고 있다는 것 또한 알 만한 사람은 다 안다. 돈을 좋아하기 때문에 타락하는 것이 아니라 돈을 좋아하고 돈을 만지지 않으면 안 되도록 사회 시스템이 짜여 있는 것이다.

돈이 '신'의 자리에 올라앉은 신자유주의 시대가 만들어낸 전 지구적 재앙을 다룬 영화들도 십여 년 전부터 만들어져서 이 시대에 대한 경각심을 불러일으킨 지 오래다. 기후 온난화 위기(앨 고어의 「불편한 진실」)에 대한 영화로부터 무기상이나 다이아몬드 기업이 테러를 불사하며 정치에도 개입해 있는 상황(니콜라스 케이지의 「로드 오브 워」, 에드워드 즈윅의 「블러드 다이아몬드」), 수학의 천재들이 참여한 돈놀이 게임이 세계 금융계를 좌지우지하는 주식 스캔들

왼쪽부터 앨 고어의 「불편한 진실」, 폴커 슐렌도르프의 「핸드메이즈」, 앤드류 니콜의 「가타카」 영화 포스터.

(올리버 스톤의 「월 스트리트」), 유전자 조작을 통해 제품을 만드는 다국적 생명공학 회사를 중심으로 일어나는 '전문가 범죄white collar crime'를 보여주는 영화(조지 클루니의 「마이클 클레이튼」), 그리고 환경오염으로 더 이상 임신이 어려워져 선택된 인간만이 살아갈 수 있게 된 상황을 그린 영화(폴커 슐렌도르프의 「핸드메이즈」와 앤드류 니콜의 「가타카」)는 모두 이런 시대를 탁월하게 그린 영화들이다. 물론 파생상품을 생각해내거나 청부살인을 부탁하는 사람들은 권력과 돈의 흐름만을 주시하는 경영인들이었겠지만 이 거대한 체제를 지원하고 실현해낸 사람들은 이공계 출신의 고용인들, 특히 귀재들이고 의사고 변호사들이었다. 과학기술자들이 더 이상 중립을 지키는 것이 불가능한 시대가 온 것이다. 그렇다면, 이제 어떻게 할 것인가?

"과학 기술은 '객관성' '보편성'이라는 스스로의 추동력을 가지고 있어서 그 외의 다른 용어를 생각해내려 하지 않는다"는 말을 생각해보자. 과학 기술은 보다 객관적이고 보편적인 법칙과 진리를 추구하는 방법론이지만, 그 자신이 스스로를 객관적이고 보편적이라고 고집하는 순간부터 그것은 이데올로기가 된다. 과학기술자들이 성찰 없이 '보편성'을 고집하는 순간부터, 그는 지배권력의 하수인이 될 위험을 피하기 어렵다는 것이다. 과학자들이 가치 있게 생각하는 합리성은 사실상 매우 제한적인 합리성이다. 하버마스는 합리성을 '도구적 합리성'과 '소통 합리성'으로 나누었는데, 과학기술자들의 합리주의는 주로 전자에 속한다. 실증주의적이고 실험 가능한 세상을 말하는 것으로, 달성할 목적이 있고 그것을 추구해가는 과정에서의 합리성을 말한다. 그러나 소통 합리성이란 궁극적으로 상호 이해와 공존이 목적이다.

이 두 가지 합리성은 상호 보완적이다. 나는 '도구적 합리성'을 '사냥꾼의 합리성' 및 '과학 기술의 근간이 되는 행동양식/지식체계'와 연결시켜 인식하는 반면, '소통 합리성'은 다음 세대들과 함께 살아가는 생활세계의 근간이 되는 지혜로움의 체계라고 생각한다. 현 인류가 당면한 위기는 '사냥꾼의 합리성'이 과도하게 강조되고 그것을 앞세운 사람들이 과도하게 권력을 가진 반면 생활세계는 심하게 위축된 불균형에서 오는 것이다. 이 불균형의 상황은 돈을 극대화하면 권력과 사회적 권위 모두를 얻게 되는 시장근본주의자들에 의해 지속되고 있다.

거대한 고도관리적 자본주의 체제는 사회 구성원들을 원자화시키고 개별적 생존을 위해 끝없이 경쟁하는 시스템을 만들어낸다. 사람들이 더 이상 안심하고 먹을 수가 없는 상황, 또 안심하고 아이를 낳아 기를 수 없는 상황이 오고 있다. 그래서 돈 있는 사람들은 그들끼리 '요새 주택'을 지어서 살려 하고, 이를 위해 과학기술자들이 대거 동원되고 있다. 비싼 가격으로 유기농산물을 사 먹을 수 없는 이들은 사료를 잔뜩 먹인 음식들이 무슨 병을 유발할지 모른 채 살아가야 한다. 이대로 세상이 얼마나 더 지속될 수 있을까? 사실상 사람들은 이제 움직이기 시작했다.

아주 가까운 곳에서 일어난 예를 들어보자. 2008년 봄 미국 쇠고기 수입과 관련해 한국에서 일었던 '미친 소 수입 반대' 촛불시위가 바로 그런 사례다. 이 평화시위는 현재 매우 정치적 사건화한 면도 있지만, 실은 '먹거리'가 더 이상 안전하지 않음을 알아차린 일반 주부, 학생, 그리고 미래를 걱정하는 시민들이 일으킨 시위라 할 수 있다. 인터넷에 올라 있는 미트릭스 UCCwww.themeatrix.com를 보면 몇 십만 명의 군중을 불러 모은 촛불시위의 배경에 대해 쉽게 이해할 수 있을 것이다.

미트릭스 UCC의 주인공은 리오라는 귀여운 돼지인데, 어느 날 그에게 무피우스라는 존재가 찾아와서 환상 속에 머물고 싶으면 파란 약을, 진실을 알고 싶으면 빨간 약을 먹으라고 한다. 빨간 약을 먹은 리오는 공장식 축산농장을 보게 된다. 돼지나 닭과 같은 가축들이 전통적인 가족농장에서 자라던 것과는 전혀 다르게 아주 좁은 축사에서 태어나자마자 사료만 먹으며 사는 곳이다. 그들은 물론 사료만 먹고 자란다. 해도 못 보고 땅도 못 밟아보고 신선한 공기도 마실 수가 없다. 오로지 빨리 살 쪄서 사람들이 먹을 수 있게 되기만 하면 된다. 스트레스를 받아 서로를 쪼아대는 등 적대적 행위를 하는 닭들이 생기자 공장장은 닭 부리를 잘라버리기도 한다. 그런 상황에서 전염병이라도 돌면 속수무책이기 때문에 동물 사료에는 면역력을 키울 항생제가 포함되어 있다. 오래 항생제를 복용한 이 동물들의 몸은 병에 내성을 가진 또 다른 병균을 생성하기도 한다.

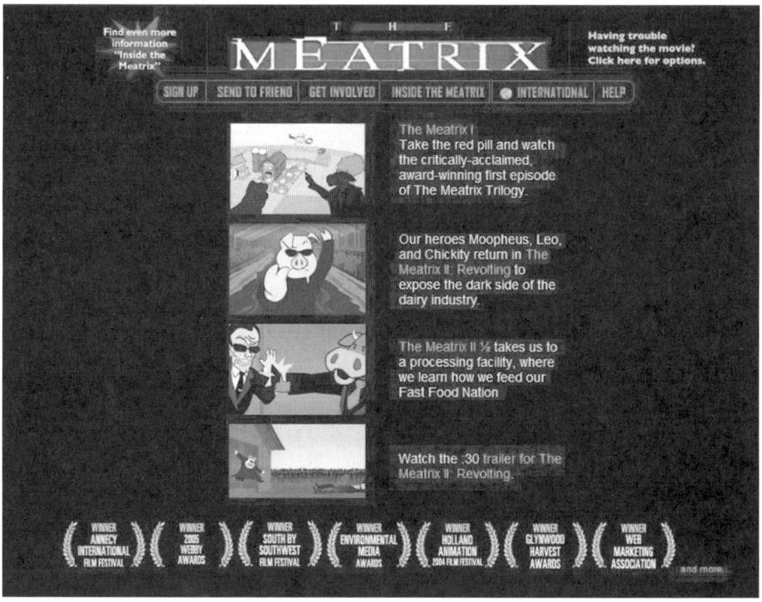

미트릭스 UCC(www.thematrix.com) 홈페이지. 우리의 먹을거리들이 어떻게 기업화되었는지, 왜 우리의 건강을 위협하게 되었는지를 알려준다.

이들이 배설하는 엄청난 양의 배설물 역시 공기와 물을 심각하게 오염시키고 있다.

아주 싼 값으로 축산 식품을 제공할 수 있게 된 이런 공장형 축산기업은 자연스럽게 가족형 축산농가들을 파산시켰다. 인간에게나 자연에게 전혀 이로울 것이 없는 위험한 기업임에도 불구하고 '돈을 많이 벌수록 좋고, 돈이 많을수록 권력을 갖게 되는 체제'에서는 그런 기업만이 살아남게 된다. 시장근본주의 사회는 인간 사회를 '합리'와 '효율'의 원리로 관리할 수 있다고 생각하는 고도 관리사회가 되고, 그런 방향에 과학기술자들이 동조하는 만큼 세상은 디스토피아가 되어버리는 것이다.

푸코M. Foucault는 근대 이전의 군주의 권력이 (소수의) 사람을 '죽게 만들고,' 다수를 '살게 내버려두는' 권력이었다면, 19세기 이후 새롭게 정착된 근대적 권력 메커니즘은 소수의 사람을 '살게 만들고' 다수를 '죽게 내버려두는' 것이라고 말했다. 중세보다 지금의 신자유주의 시대가 더 행복한 시대일까 불행한 시대일까? 사실 이런 질문은 어리석은 질문이다. 모든 사람들이 행복한 시대는 인류 사회에 존재하지 않았을 것이다. 중요한 것은 사회 구성원들이 주인이 되어 그 상황을 고쳐나가기 위해 노력하는 방향으로 가게 하는 사회인가 아닌가이다. 한 사회의 지속 가능성은 결국 사회 구성원들의 자구적 노력에 좌우된다. 사회는 하나의 유기체로서 끊임없이 진화하는데, 그 진화의 주인은 제도가 아니라 사회 구성원인 사람이다. 유기체의 생존에는 늘 위기가 따르는 법이다. 위기 때마다 유기체의 구성원들은 위기 극복을 위해 꿈틀거린다. 앤서니 윌러스는 그것을 '재활력화 운동'이라고 불렀다.

인류가 이제껏 지구상에서 살아온 것은 바로 어려운 위기 상황을 간파한 사람들이 모여서 지혜를 짜내는 운동을 벌였기 때문이다. 개별적으로 살아남으려 안간힘을 쓸수록 상황은 더 나빠질 가능성이 높다. 호모 사피엔스는 집단적으로 지혜를 모을 줄 아는 존재이기에 지금까지 지구상에서 살아남을 수 있었다. 서로에게 의미 있는 존재로서 상부상조하면서 살아가는 것, 공통의 운명과 감각을 확인하면서 단골과 품앗이 관계 안에서 살아가는 것, 이것이 지금까지 인류가 취해온 주요 적응 방법이었다. 이제 과학기술자들은 바로 이 맥락에서 질문을 던지기 시작해야 한다.

그간 '편리한 사회'를 만드는 것이 자신들이 할 일이라고 생각했다면, 이제는 먼저 좋은 사회란 어떤 사회인지를 물어야 한다. 효율성과 생산성, 그리고 성과에 집착하기 전에 좋은 과학기술자가 된다는 것이 어떤 것인지를 물어야 한다. 한 시민으로, 국민으로, 또 지구인으로 잘산다는 것이 무엇인지, 아이를 갖는다는 것이 무슨 의미인지, 행복한 삶을 담아낼 집이란 어떤 것이며 사람은 어떻게 죽어야 하는지를 진지하게 묻기 시작해야 한다. 또한 타워 팰리스와 같은 '요새 주택'에 사는 것이 행복인지, 마을 주민들이 모여서 상부상조하면서 살아가는 성미산 마을 같은 곳에 사는 것이 행복한 삶일지 비교해볼 수 있는 안목을 가져야 하고 자신들이 전 생을 바쳐 몰두해서 내놓은 성과물이 누구를 위해 어떻게 쓰이는지, 연구 자금은 어디서 나오며 그 출처 회사는 건강한 회사인지도 알아야 할 것이다.

인공적 보조기구들로 생명을 연장해가는 노인과 더 이상 아이를 낳기 힘들다고 판단한 청년들이 몸으로 말하고 있듯이, '도구적 합리성'이 추동해온 현대 문명은 이제 한계에 도달했다. 죽음으로 치닫는 과학계의 패러다임은 삶의 시대를 열어가기 위해 방향을 틀어야 하는 것이다. 인공호흡기를 달고 죽은 목숨이라도 오래 사는 것이 좋은 것인가, 제대로 산다는 것은 무엇인가, 질문을 던지면서 과학기술자는 이제 자신도 한 사회의 성원임을 확실하게 알아야 한다. 과학 기술 분야의 전문가들은 '보편성'과 '객관성'을 가장한 잘못된 과학이 지금 어떤 결과들을 초래하고 있는지를 직시하면서 보편성 못지않게 특수성을 중요하게 여기고, 추상성 못지않게 구체성을 중시하며, 지금 이곳의 현실을 알아가야 할 것이다.

'간주관성'에서 나오는 지혜와 협동의 차원을 재인식할 때가 되었다. (도구적) 합리성의 신화를 넘어선 소통과 공존을 위한 '합리/공존/공감대의 세계'를 만들어가야 할 것이다. 그러기 위해 답을 찾기에 급급한 '식민화된 몸' 자체를 바꾸어내야 할 것이다. 과학은 인간이 절대적 사유에서 벗어나 새로운 질문을 하는 자유를 얻게 되면서 발전한 것이고, 앞으로도 그러할 것이다. 과학자들은 이제 자신이 하는 과학이 어떤 과학인지, 왜 그런 것을 하는지 묻기 시작해야 할 것이다. 과학을 신봉하는 자가 되거나 자본이 원하는 인재가 아니라 참된 과학을 해내는 사람이 되어야 할 것이다. 그러기 위해서는 지금 우리가 가진 생각을 다시 고쳐 하고 바꾸어내야 할 것이고, 생각만이 아니라 감정, 몸 자체를 바꾸어내면서 삶의 조건을 바꾸어낼 차비를 해야 한다.

나는 대학이 이런 변화에 앞장서야 한다고 생각한다. 자연과학자가 될 대학생들이 입학할 때부터 전공수업으로 쫓기는 삶을 살아야 한다면 그들은 기술자밖에 될 수 없다. 인간의 삶과 인류사에 대한 이해를 가진 지혜로운 사람 교육이 선행되어야 하고, 그들이 주체적인 사회 성원으로서의 인식을 갖고 과학을 하게 될 때, 과학은 다시 그 원래의 자리에서 인류의 멸망을 막는 일을 하게 될 것이다.

생각해볼문제

Question

1 '인간은 만물의 영장'이라는 말은 어디서 나왔을까? 그리고 인간은 정말 만물의 영장일까? 그런 전제에 근거해서 이루어진 행위가 초래한 가장 심각한 결과가 바로 기후 온난화 문제일 것이다. 이 문제에 대해 연구해보자.

2 한 개의 알약을 먹고 식사를 하지 않아도 되는 고도의 과학 기술 시대를 '선진적' 상태로 즐겁게 상상하던 때가 있었다. 병원에서 출산하고 산후 조리도 조리원에서 하며 태아 감별을 할 수 있게 된 것을 '세상이 좋아졌기 때문'이라고 생각하기도 한다. 정말 그럴까? 요즘 고액 연봉을 받는 청년들을 만나 인터뷰를 해보면 자신들이 '소모성 건전지'처럼 느껴질 때가 많다고 한다. 인간 사회는 나날이 진보할 것이라고 믿었지만 정말 그런가? 사람은 무엇으로 사는 존재이며, 행복한 삶이란 어떤 삶을 말하는가?

3 뇌세포의 기억작용을 촉진하는 효소와 이 효소의 활동을 억제하는 물질을 이용해 '기억의 편집'이 가능해질 것 같다거나 세포의 노화를 막는 연구가 성공적으로 진행되고 있다는 소식을 뉴스를 통해서 접하게 된다. 인간 사회의 미래에 아주 중대한 영향력을 행사할 이런저런 실험을 수행하는 과학자들이 연구를 하기 전에 얼마나 그 연구의 사회적 의미에 대해 생각하는지 알아보자. 혹 그들은 그런 질문을 미처 묻지도 못한 채 연구비를 많이 타내기 위해, 가장 인기 있는 최신 과제이기 때문에, 연구 논문을 많이 써내기 위해 굴러가는 거대한 시스템 안에서 무작정 연구에 몰입하는 연구자들은 없을까?

4 '소수'를 살리기 위해 엄청난 돈과 권력을 사용하면서 '다수'를 죽게 내버려두는 미국의 상황을 마이클 무어는 「식코」라는 영화에서 의료보험을 사례로 잘 보여주고 있다. 자본과 전문가 이익집단에 의해 주도되는 시스템을 바꾸어내는 사회적 움직임에는 어떤 것들이 있는가? 인류의 삶이 지속 가능하도록 만드는 합의 체제는 어떻게 이루어지고 있는가? 세계에서 이런 운동이 가장 활발한 곳은 어디일까? 대안적 과학기술운동의 사례들을 찾아보자.

읽어볼 책들과 참고문헌

백영경 · 박연규, 『프랑켄슈타인의 일상: 생명공학시대의 건강과 의료』, 도서출판 밈, 2008.

막스 베버, 김상희 옮김, 『프로테스탄트 윤리와 자본주의 정신: 금욕과 탐욕 속에 숨겨진 역사적 진실』, 풀빛, 2006.

우석훈, 『괴물의 탄생』, 개마고원, 2008.

위르겐 하버마스, 장춘익 옮김, 『의사소통 행위이론』, 나남, 2006.

미셸 푸코, 이규현 옮김, 『성의 역사1: 앎의 의지』, 나남, 2004.

John Harris, "The Survival Lottery" in *Bioethics: An Anthology* (Peter Singer and Helga Kuhse eds.), Oxford: Blackwell, 1999.

| 제2장 |

과학 기술은 인류의 역사를 어떻게 변화시켰나?

– 역사와 과학 기술의 발전

| 김도형 |

역사 변화와 과학 기술

인류의 출현 이후, 역사는 급격하게 변해왔고, 지금도 변하고 있다. 수많은 역사학자들이 그러한 역사 변화의 원리를 찾기 위해 힘을 기울였다. 과거의 역사 속에서 찾은 원리이지만, 이는 역사학자가 살고 있는 현실에서 당면한 역사적 과제를 풀기 위한 길잡이가 되고, 또한 인류가 새롭게 만들어갈 역사의 방향을 제시한다.

역사가 변하는 원리는 무엇일까? 역사학자와 철학자들이 분석한 원리는 매우 다양했다. 그것은 시대에 따라 달랐고, 또한 국가나 민족, 계층에 따라서도 서로 달랐다. 역사를 통해 해결하려던 과제가 다르고, 또 역사를 바라보는 사람들의 생각이 달랐기 때문이다. 정복전쟁이 사회 정의로 간주되던 고대사회에서는 전쟁을 잘하는 영웅을 역사 변화의 주역으로 보았고, 종교가 사회의 절대적 지도 이념이 된 시기에는 신神이나 초월자의 섭리를 역사 변화의 원리라고 생각했다. 또 시민혁명과 산업혁명 이후의 근대사회에서는 자유와 평등을 얻기 위한 일반 대중의 활동을 변화의 동력이라고 보기도 했으며, 경제적 생산력生產力이 인류 역사를 변화·발전시켜왔다고 인식하기도 했다.

그런데 역사 변화의 원리는 자연계를 보는 인간의 자연관 및 세계관의 일부였다. 이런 점에서 자연계의 운행 원리에서 나온 과학 기술도 역사 변화와 깊은 관련이 있다고 할 것이다. 과학 기술의 발달은 생산력의 증대를 가져와 사회를 더 높은 수준으로 변화시키기도 했고, 자연을 인식하는 사유체계의 변화를 초래하기도 했다.

과학혁명과 서양의 근대사회

인류가 동물계와 다른 점은 도구를 만들어 생산에 사용한 점이라고 한다. 생산 도구를 만들고, 이를 활용하여 생산력을 발전시키면서 인류의 역사가 발전되었다는 것이다. 인류의 역사가 시작된 이후, 그 역사를 흔히 생산 도구에 따라 구석기, 신석기, 청동기, 철기로 구분하는 것도 이런 인식이 반영된 것이다.

생산 도구의 소재나 용도가 점차 개량된 것은 과학 기술 발전의 결과였다. 금속문명의 출현은 이를 제작하는 기술, 가령 높은 온도에서 금속을 제련하는 기술과 합금의 기술 등이 없었으면 불가능했을 것이다. 철기와 같이 단단한 금속의 출현으로 인류의 역사는 크게 달라질 수 있었다. 철제 농기구로 인해 농법에 변화가 생기고 농업 생산력이 증대되었으며, 또 다른 면에서는 철제 무기가 정복전쟁의 승패를 좌우하게 되었다. 원시사회에서 고대사회로 발전하고, 고대 왕조국가가 성립한 근본적인 요인은 금속문명이었던 것이다. 철기를 생산하는 기술의 발전은 중세사회에서는 물론, 산업혁명 이후 자본주의 사회의 산업기술에서도 중요한 사회 변화의 원리가 되었다.

우리는 산업혁명, 부르주아 혁명 이후의 자본주의 사회, 시민사회를 근대사회라고 부른다. 근대사회의 성립과 발전은 각종 과학기술의 축적 위에서 가능했다. 서양의 근대사회는 오랜 기간의 과도기, 즉 초기 근대사회를 거쳤다. 그 과정에서 일어난 르네상스와 종교개혁은 근대사회가 형성될 수 있는 밑거름이 되었는데, 사실상 '과학혁명'이 이를 탄생시켰다고 해도 과언이 아니다.

15, 16세기에 들어 자연계를 보는 인식이 바뀌기 시작했다. 특히 신이 지배하던 중세 유럽의 사유체계를 뿌리째 바꿀 수많은 혁명적인 과학이론들이 제기되었다. 우주를 보는 시각이 달라지면서 과학의 모든 분야에 영향을 끼쳤으며, 심지어 사회 속의 인간의 역할에 대한 철학 등도 다르게 규정했다. 신에 예속된 인간이 아니라, 인간을 본위로 보게 된 것은 획기적인 변화였다. 르네상스는 이런

코페르니쿠스(1473~1543). 폴란드의 천문학자로, 그가 지동설을 착안하고 그것을 확신한 시기는 확실하지 않지만, 그의 저서 『천체의 회전에 관하여』는 1525~30년 사이에 집필된 것으로 추측된다.

변화 속에서 꽃필 수 있었다.

르네상스 이후에 인쇄술, 생물학(식물·동물학), 의학(해부학), 물리, 화학, 수학 등에서 많은 변화가 나타났다. 그 가운데서도 가장 획기적인 것은 '코페르니쿠스적 전회'였다. 중세시대까지 우주의 중심은 지구였다. 종교적으로도 여호와가 인류를 창조하고, '친아들 예수'를 보내 구원하려고 했던 것도 지구의 인류였다. 그런데 신의 섭리로만 보았던 자연현상을 과학적인 시각으로 보게 되면서 종교적 세계관에도 변화가 생겨 교회의 권위가 무너지고 사상의 자유가 생기게 되었다. 지동설地動說이 제기되고 지구가 도는 원리를 규명하면서 고전역학이 등장했고, 고전역학이 과학 분야에 응용되면서 물리학, 광학, 열역학 등이 발전하게 되었다.

17, 18세기는 과학혁명이 급속하게 확산된 시기였다. 뉴턴은 자연현상과 그 변화를 모두 과학적 원리로 설명했다. 가령 '만유인력'은 종래 신의 섭리에 의한 것으로 인식했던 자연계 현상을 근본적으로 변화시키는 것이었다. 또한 과학은 유럽 세력이 비유럽 지역을 정복하는 데 필요한 각종 기술로 발전했다. 이른바 '지리상의 발견'은 나침반과 항해술, 천문학, 그리고 조선업의 발달이 없었으면 불가능했을 것이다. 포르투갈, 스페인, 네덜란드, 영국 등과 같이 바다를 지배하는 해양 강국이 차례로 등장했다. 이들은 원거리 무역을 통해 부를 축적하고, '신대륙'을 포함한 비유럽 지역에서 원료를 공급받아 생산을 하고, 이를 다시 상품으로 판매했다. 상업자본이 축적되고 자본주의 체제가 형성되었던 것이다.

물론 이런 해양 강국의 등장은 무기(대포)의 생산으로 가능해질 수 있었다. 대포의 제작은 화약을 다루는 기술과 함께 발전했다. 아시아에서 전래된 화약은 유럽에서 개량되어 전쟁의 필수품이 되었는데, 무기를 만들기 위해서는 대량의 철이 필요했다. 철광석을 채굴하는 과정부터 용광로의 사용, 주철 과정에서도 많은 기술적 발전이 이루어졌다. 철을 녹이기 위해서는 많은 양의 목재가 필요했는데, 이로 인해 16세기에는 목재 부족 현상이 일어났고, 마침내 목재 대신 석탄을 사용하게 되었다. 또한 석탄이 중요한 열원으로 등장하면서 석탄 채굴장이 산업의 중심지가 되었는데, 400년 이상 영국이 전 세계 산업을 주도할 수 있었던 요인이기도 했다. 석탄의 사용은 산업혁명의 서곡이 되었다.

18, 19세기의 유럽 사회는 '혁명의 시기'였다. 산업혁명과 시민혁명을 거치면서 근대사회가 형성, 발전되던 시기였다. 과학, 기술, 정치, 경제가 서로 얽혀 복잡한 문화적 변혁을 이루어갔다. 기존 사회 구조가 확연하게 바뀌었다는 점에서 이를 '혁명'이라는 말 외에는 달리 표현할 수가 없다. 모든 사회의 혁명적 변화의 근저에 과학기술의 발전이 있었다.

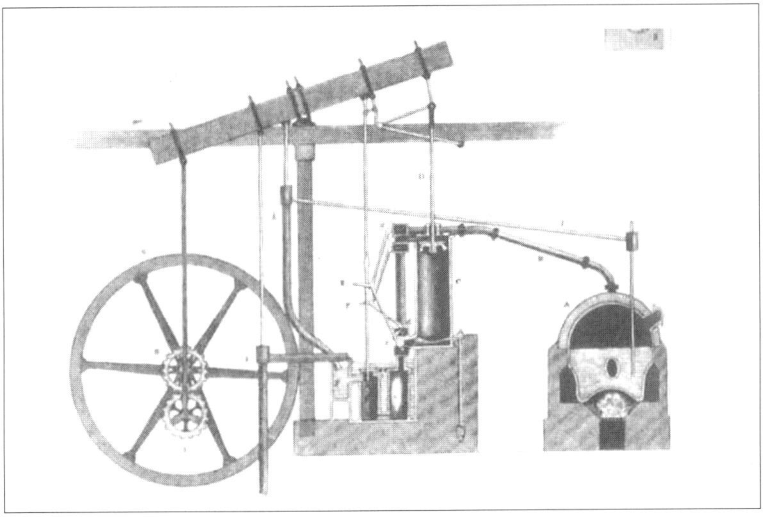

와트의 증기기관. 증기기관을 동력으로 한 산업혁명은 종래의 수공업을 공장제 기계공업 중심으로 바꾸었고, 이는 대량생산으로 이어져 생산력이 비약적으로 발전하게 되었다.

산업혁명은 종래의 가내 수공업 또는 공장제 수공업을 공장제 기계공업으로 바꾼 것이었다. 대량생산이 이루어지면서 생산력이 비약적으로 발전했는데, 이러한 대량생산은 기계를 움직이는 동력의 획기적인 발전이 없었으면 불가능했을 것이다. 그러나 증기기관이 이를 담당했다. 영국에서 처음으로, 석탄을 사용하여 철광석을 녹이고, 생산된 철로 기계를 만들어 이를 증기의 힘으로 돌렸다. 이러한 산업혁명은 섬유공업에서 시작되었는데, 영국의 경우 1766년에서 1787년 사이에 면제품의 생산고가 5배 증가했다.

이후 과학의 발달로 산업의 모든 분야에서 생산력이 증대되었다. 자본주의의 동맥을 이루는 철도는 강철을 만들 수 있는 기술에서 가능했고, 전기·화학 등 산업과 관련된 모든 분야에서의 기술적 향상이 이루어져 사회 전 분야의 변화를 초래했다.

이런 산업 분야 외에 기존의 사유 체계를 뒤집는 새로운 과학 이

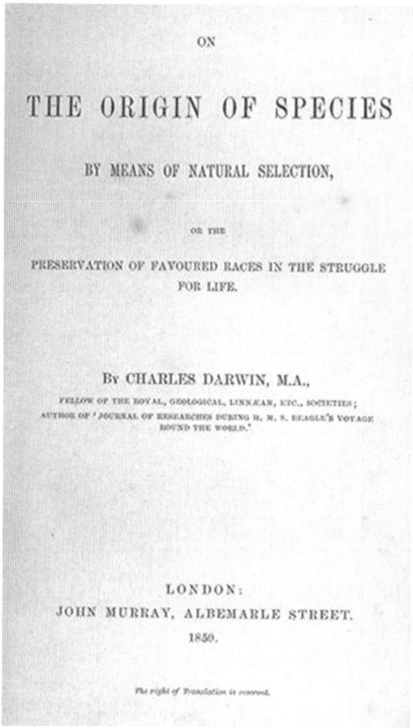
ON

THE ORIGIN OF SPECIES

BY MEANS OF NATURAL SELECTION,

OR THE

PRESERVATION OF FAVOURED RACES IN THE STRUGGLE FOR LIFE.

BY CHARLES DARWIN, M.A.,

FELLOW OF THE ROYAL, GEOLOGICAL, LINNÆAN, ETC., SOCIETIES;
AUTHOR OF 'JOURNAL OF RESEARCHES DURING H. M. S. BEAGLE'S VOYAGE ROUND THE WORLD.'

LONDON:
JOHN MURRAY, ALBEMARLE STREET.
1859.

The right of Translation is reserved.

찰스 다윈의 『종의 기원』 표지. 다윈은 변화하는 환경 내에서 가장 적합한 종들만 살아남는다는 '자연선택'을 주장해 기독교의 사유체계를 반박했다.

론도 제기되었다. 찰스 다윈Charles R. Darwin의 진화론이 그러했다. 그는 『종의 기원On the Origin of Species by Means of Natural Selection』에서 변화하는 환경 내에서 가장 적합한 종들만 살아남는다는 '자연선택natural selection'을 주장했다. 진화론은 또다시 기독교의 종교적 사유체계에 정면으로 도전한 것이었다. 다윈은 뉴턴이 물리과학에서 했던 일을 생물학 분야에서 한 셈이었다. 그리고 생물학적 진화론은 인간 사회의 변화에도 적용되었다. 이른바 '사회진화론Social Darwinism'이 그것이다. '적자생존' '약육강식'의 자연계 변화의 원리가 개인과 개인 사이, 국가와 국가 사이에도 적용된다는 것이었다. 이 논리는 산업혁명 이후 새롭게 형성된 부르주아 세력의 사회 지배를 정당화해주었고, 나아가서는 강대국이 약소국을 지배하는 제국주의 침탈을 옹호하는 논리가 되었다.

그리하여 과학 기술은 강대국과 약소국을 나누는 기준이 되었다. 과학 기술은 '문명과 야만'을 구분하는 잣대가 되었다. 과학 기술에 기반을 두고 만들어진 막강한 경제력으로 자본주의 국가, 제국주의 국가가 탄생했다. 강대국은 과학 기술로 획득된 군사력으로 약소국을 식민지로 지배해갔다. 19~20세기는 바로 이런 시기였다. 이런 성격의 세계 질서는 '세계화'라는 이름으로 현대사회에서도 계속되고 있는데, 과학을 비롯한 각종 기술이 이런 체제를 유지하고 있다고 해도 과언이 아니다.

중국 · 한국의 전통 과학과 역사

중국을 비롯한 동양의 과학 기술은 서양에 뒤지지 않는 수준이었다. 그러나 자연과 인간의 관계를 보는 관점이 서양과 달랐기 때문에 자연계의 운행 원리에서 비롯된 과학론이 서로 달랐다. 또 구체적인 역사 문화의 성격이 달랐던 점에서 과학의 사회적 기능도 다른 점이 많았다. 동양에서는 우주 · 자연 · 인간을 유기체적인 관점에서 파악하고, 자연의 운행을 주관하는 절대적인 인격신이 존재하지 않는다고 생각했다. 그리하여 인간 사회의 변화도 자연계의 변화처럼 자연스럽게 이루어진다고 생각하고, 이를 '변통變通의 원리'로 파악했다.

중국은 오랫동안 자신을 세계의 중심이라고 자부하며 이른바 '화이華夷체제'를 고수해왔다. 이런 체제를 유지할 수 있었던 사상적 원리는 '화이론華夷論'이라는 이데올로기였지만, 이 논리는 중국의 높은 문화, 그리고 과학 기술에서 비롯된 무력武力으로 유지될 수 있었다. 주변의 약소민족은 이 체제에서 이탈하지 않는다는 증거로 '종주국'에 일 년에 몇 차례씩 조공朝貢 사행을 행해야만 했다. 주변국들이 이 체제에 반기를 들면 중국은 즉각 무력으로 응징했다. 간혹 주변 민족이 중국 땅을 점령하여 왕조를 건국한 적도 있었지만, 그런 종족도 결국에는 자신의 정체성을 잃고 중국 문명에 동화되어 버렸다.

우리는 흔히 세계적으로 평가받는 중국의 발명품으로 화약, 나침반, 인쇄술, 종이 등을 든다. 중국이 동양의 절대 강자로 군림할 수 있었던 원천도 여기에 있었다. 화약은 철기와 더불어 무력의 근원이었고, 인쇄술과 종이는 문화의 힘을 유지시켜주었다. 그리고 이 발명품들은 유럽에 전래되어 유럽 국가들이 강대국이 되고 제국주의 국가로 성장할 수 있는 원천 기술이 되었다.

한국의 역사 발전에도 과학 기술이 많은 영향을 주었다. 중국 문명이 아시아 전역에 영향력을 끼치기 전인 고대 초기에 우리 민족은 한반도와 만주 지역을 중심으로 독자적인 문명을 형성하고 있었다. 그러나 중국으로부터 철기문화와 유교를 비롯한 종교와 문화가 전래된 이후 오랜 기간 정치적 · 문화적으로 중국의 영향 아래에 있었다. 자연스럽게 중국 문명을 최고로 여기고, 과학 기술을 포함한 종교와 사상, 문화까지 받아들였다. 하지만 우리의 자연적 조건과 역사 문화적 전통이 달랐기 때문에 중국 문명을 수용하되 이를 창조적으로 변용했다.

전근대사회에서 '하늘'의 존재는 동서양을 막론하고 매우 중요했다. 하늘은 종교와 사상, 그리고 일반 사람의 생활과도 밀접하게 관련이 있었다. 중국에서는 일찍부터 하늘을 관측하는 기술과 계산법이 발달했다. 하늘을 관측하는 것은 단순하게 시간을 알기 위한 것만이 아니었다. 여기에는 정치적·사회적 차원의 필요성이 있었던 것이다. 모든 정치 지배세력은 국가의 권위, 지배 계급의 우월성을 하늘에서 유래된 것으로 자부했다. 하늘은 언제나 신비롭고, 따라서 권위적인 존재였기 때문일 것이다. 대부분의 고대국가의 시조는 하늘에서 내려왔고, 하늘의 명을 받아 인간 사회를 다스린다는 관념이 '신화神話'가 되어 확립되었다. 하늘의 변화를 통해서 인간 사회의 운명을 예견하는 점성술占星術이 발달하고, 국가 차원에서는 하늘을 관측하는 관직을 설치했다. 하늘에 제사를 드릴 수 있는 권한도 천자天子에 한정되었다. 대부분의 역사서에는 태양과 달의 운동은 물론이거니와 각종 천문 현상—가령 일식, 월식, 행성 · 혜성의 출현 등—도 기록했다. 또 하늘을 관측하여 천문도를 제작하기도 했는데, 하늘을 관측하고 천문도를 작성하기 위해서는 과학의 발달이 선행될 수밖에 없었다.

그런데 해와 달, 별자리는 관측하는 지점에 따라 다를 수밖에 없다. 우리나라에서는 중국의 관측 기술과 천문도 제작술을 배워오면서도, 중국의 그것을 그대로 사용하지 않았다. 그래서 독자적으로 천문도를 만들게 되었는데, 그럴 경우 전통적으로 전래되는 천문도와 관측 기술을 바탕으로 하였다. 조선 초기에 고구려의 천문도를 바탕으로 「천상열차분야지도天象列次分野之圖」를 제작한 것도 그러하였다. 이와 같은 독자적인 천문도에는 조선 나름의 정치적인 목적도 개입되어 있었다. 천문도의 발문跋文에는 "예부터 제왕의 하늘을 받드는 정치는 천문과 시간을 관측하고 알리는 것보다 앞서는 것이 없습니다. 〔……〕 전하께서도 이와 같은 마음을 두시어 위로는 하늘을 공경하고 아래로는 백성의 일에 힘쓰면 그 공이 성대하게 빛나서 요와 순처럼 융성하게 될 것입니다"라고 했는데, 국왕의 정치가 하늘을 받들어야 한다는 점을 강조하였던 것이다. 과학적으로

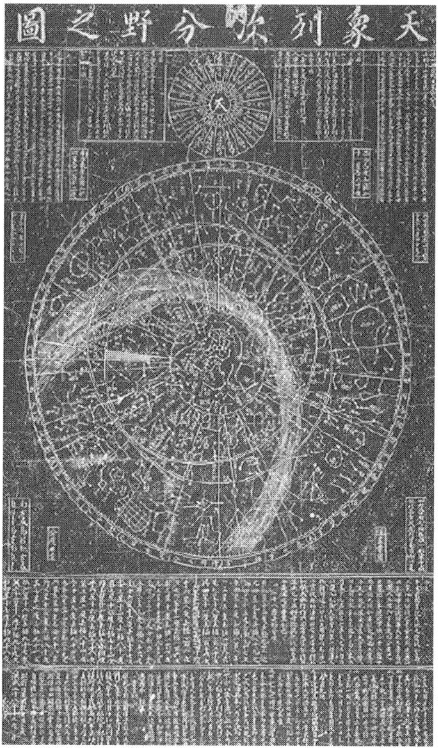

「천상열차분야지도(天象列次分野之圖)」. 고구려의 천문도를 바탕으로 조선 초기에 제작되었다. 우리나라는 중국으로부터 관측 기술과 천문도 제작술을 배워오기는 했지만 독자적이고 진일보한 천문도를 만들어냈다.

하늘을 관측하면서 정치의 원리로 유교적 '천명天命사상'과 '천인합일天人合一 사상' 등이 자리를 잡게 되었던 것이다.

또한 해와 달의 움직임을 관찰하여 「책력冊曆」을 만들어 사용했다. 여기에도 정치 문화적 의미가 있었다. 독자적인 역曆과 연호를 쓴다는 것은 그 국가의 세계관과 천하관이 따로 존재한다는 것을 의미했다. 한국사에서 광개토대왕이 독자적으로 '영락永樂'이라는 연호를 사용했다고 강조하는 것은 이런 점 때문이다. 그런데 중국은 화이체제를 유지하기 위해 그들이 만든 책력을 주변국에서도 사용하도록 강요했다. 같은 달력을 사용해야 일 년에 몇 차례 행하는 사행使行의 날짜를 맞출 수 있기 때문이었다. 중국의 힘과 영향이 강할 때 우리는 부득이 중국의 달력을 사용했다. 조선의 경우에도 초기부터 명明의 연호를 썼고, 명이 망하고 청淸이 선 이후에도 오랫동안 '의리론'을 이유로 명의 연호를 사용했다. 그 뒤 청의 연호를 사용하기도 했으며, 1894년 갑오개혁에서 개국기원開國紀元, 곧 조선이 건국한 1392년을 기점으로 삼을 때가 되어서야 독자적인 연호를 사용할 수 있었다.

물론 중국의 역법曆法을 사용한다 해도 중국과 우리나라의 경위經緯에 차이가 있기 때문에 우리가 사용하기 위해서는 일정한 보정 작업을 해야 했다. 이 보정 작업은 역법 자체의 원리와 계산법을 완전하게 이해하지 않으면 불가능했다. 조선 세종 때 만든 『칠정산七政算』이 그런 것으로, 서울을 기준으로 각종 천문 계산법을 정리한 자주적인 천문역법이었다. 해와 달, 그리고 다섯 행성(수성, 금성, 화성, 목성, 토성)을 뜻하는 것이 칠정七政으로, 당시 관측되던 천체의 운행 법칙을 체계화한 것이었다. 여기에도 또한 천명天命을 제대로 파악하기 위한 정치적 목적이 있었다.

또 한국의 인쇄술은 세계사적으로 인정받고 있다. 물론 인쇄술 및 활자를 처음 만들어낸 것은 중국이다. 그러나 한국에서는 이를 한층 발전시키고 실용화하여 다양한 기록문화를 만들었다. 현존하

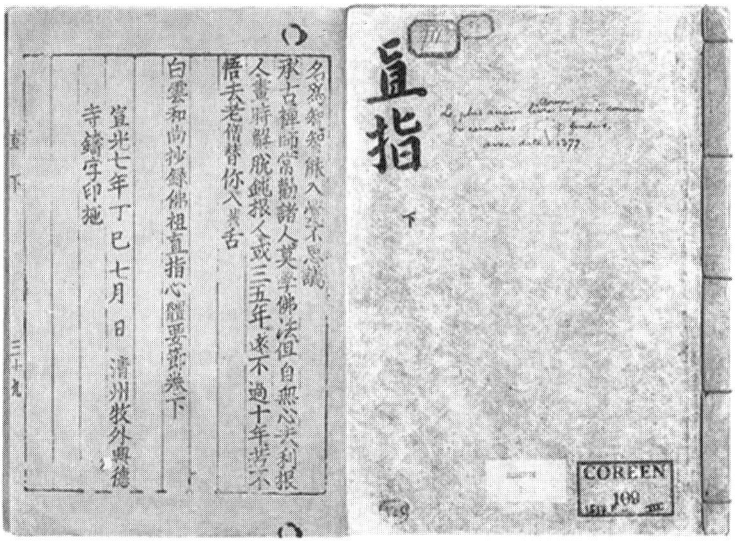

『직지(直指)』. 세계 최고(最古)의 금속활자 인쇄본으로 1377년 청주의 흥덕사에서 만들어졌다. 독일 구텐베르크의 인쇄술보다 70여 년 앞선 것으로, 현재 프랑스 국립도서관 동양문헌실에 보관 중이다.

는 최고最古의 목판인쇄본으로 추정되는 『무구정광대다라니경無垢淨光大陀羅尼經』이나, 최고의 금속활자 인쇄본인 『직지直指』 등을 보면 알 수 있다. 『직지』는 "1377년 청주목 교외 흥덕사에서 활자를 만들어 인쇄하다"라는 책 끝 부분의 기록에 의해 독일 구텐베르크의 인쇄보다 70여 년이나 앞선 것으로 인정된다.

인쇄술은 한국 중세사회의 문화 발전에 기여했다. 인쇄술은 국가적인 차원에서는 국가 경영을 위해 필요한 것이었다. 무엇보다도 국가의 통치 이데올로기나 국가 운영의 원칙을 널리 알리기 위한 도구가 되었다. 국교國敎인 불교나 유교의 이념을 보급하기 위한 경전, 국가 통치의 전범典範이 되는 법전류, 국가 통치의 역사 기록, 그리고 일반 백성을 대상으로 한 각종 교화서 등을 간행했다. 물론 통치상 필요한 서적 외에도 실제적으로 백성들의 생활을 향상시킬 수 있는 의약, 농업 등의 서적까지 간행, 보급했다. 인쇄술은 조선시대에 한층 발전되었고, 이를 바탕으로 조선은 세련된 유교국가로 발전할 수 있었다. 조선 전기, 특히 세종 대에 과학 기술이 발달하고, 동시에 훈민정음이 창제되면서 이것이 인쇄술과 결합하여 성숙된 유교 문화를 꽃피울 수 있었던 것이다.

그러나 한국이 금속 활자를 이용한 인쇄술에서 유럽보다 앞선 것은 사실이지만, 역사적 기능은 서로 달랐다. 서양에서 『성경』을 간행하고, 또 종교개혁가의 사상을 담은 소책자 등을 간행하여 중세사회를 변혁하는 데 기여했다면, 조선에서의 인쇄술은 왕조의 안정적 정착과 새로운 유교 문화의 형성을 위한 기술로만 이용되었던 것이다.

한국의 근대화와 과학 기술

한국을 비롯한 동양 사회의 근대화는 서양의 근대문명이 수용되는 과정이었다. 서양 문명이 강력한 힘을 배경으로 세계를 지배하게 되면서, 서양 문화와 과학 기술은 동양 국가들이 지향해야 할 표준과 목표가 되었다. 그러나 서양 문명의 수용 과정은 단순하게 이루어진 것이 아니었다. 때로는 서로 배척하기도 하고, 때로는 서로 결합하기도 하면서 동양적인 근대문명을 새롭게 만들어갔다.

서양 문명이 전래된 초기, 동양에서는 성격이 판이한 서양 문명에 대해서 부정적이었다. 전통적인 주자학朱子學에 의하면, '서양의 종교洋敎나 물건洋物은 사람의 마음性情을 현혹시키는 사악한 것'이었다. 따라서 유교의 도리를 지키기 위해서는 이를 물리쳐야 한다고 주장했다. 그러나 시대의 변화에 따라 서양의 물건과 기술도 수용할 수 있다는 여론이 확산되었다. 조선에서는 대개 18세기 후반에서 19세기 전반에 걸쳐 '서양 기술은 중국에서 연유한 것'이라는 근거에 따라 이를 수용하는 것에 반대하지 않았다. 오히려 실제 생활에서 편리하다는 '이용후생利用厚生'을 이유로 적극적으로 수용해야 한다는 주장도 제기되었다.

서양의 과학 기술이나 '서학西學'이 전래되면서 유교 사회였던 조선에서도 변화의 조짐이 나타났다. 양란(임진왜란과 병자호란) 이후의 조선 사회는 급격한 사회 변화가 일어나고 있었다. 농업 생산력의 발전에서 시작되어, 기존의 신분제적 사회질서가 해체되고, 또한 유교 이념의 절대성이 약화되기 시작했다. 특히 사상계에서는 새로운 학문인 '실학實學'이 등장했다. 우리는 이런 현상을 흔히 근대사회로 나아가는 '싹'들이 나타났다고 한다. 이런 변화와 더불어 새로운 과학적 인식이 제기되었는데, 이는 서학西學, 즉 서양의 과학 기술이 전해지면서 나타난 것이었다. 실학자들은 전통적인 우주관과 서양의 그것을 회통會通하려고 했다. 홍대용洪大容, 김석문金錫文을 비롯한 많은 학자들이 지전설地轉說과 지구구형설地球球形說을 제기했으며, 최한기崔漢綺는 이를 종래의 유교적인 자연관 속에서 기氣의 움직임으로 설명하는 기륜설氣輪說로 정리했다. 정약용丁若鏞은 「기예론

技藝論」에서 과학 기술의 중요성을 역설했다. 그러나 이와 같은 과학 기술에 대한 새로운 움직임이 중세사회를 근본적으로 극복하고 새로운 사회를 이루어가는 동력이 되지는 못했다.

서양 기술의 수용은 개항 이후에 적극적으로 모색되었다. 1880년대에 들면서 정부는 외교통상을 위해 이를 담당하는 새로운 정치기구를 정비하고, 신식 군대인 '별기군'도 만들었다. 서양 기술의 수용을 위해 중국이나 일본에 시찰단(영선사, 조사시찰단, 수신사 등)을 파견했으며, 유학생을 파견하고 기술을 가르치는 교육기관을 만들었다.

정부에서 서양 기술 도입을 통해 부국강병을 목표로 한 개화정책을 추진한 것은 당시 제국주의적 국제질서에 대응하기 위한 것이기도 했다. 개항은 비非서구 지역이 세계 자본주의 체제 속에 흡수되는 계기였다. 이후 자본주의와 제국주의의 논리가 모든 지역이나 국가에 관철되었다. 따라서 중국이나 조선에서는 서양의 발달된 기술문명, 특히 군사적 기술을 수용하여 제국주의의 침탈에 대응하려고 했던 것이다. 물론 기술 문명의 수용이라는 소극적인 근대화 방안에 동의하지 않고 서양의 정치체제와 종교까지 수용해야 한다는 논리〔개화사상〕도 대두되었는데, 이 두 방안은 정치적으로 대립하기도 했다〔갑신정변〕. 그러나 그 어느 방안이나 모두 서양의 과학 기술을 받아들여 근대화를 추진한 점에서는 동일했다.

서양의 과학 기술을 본격적으로 도입한 시기는 대한제국 때였다. 청일전쟁에서 일본이 승리하자, 당시 신문 등에서는 그 원인이 일본의 적극적인 서양 문명 수용에 있다고 판단했다. 이런 여론 속에서 대한제국은 광무개혁光武改革을 추진했으며, 개혁의 원칙을 '구본신참舊本新參'으로 설정했다. 국왕을 중심으로 구래의 정치와 사상적 체제는 유지하되 새로운 서양의 문물, 특히 기술과 관련된 것을 수용한다는 원칙을 세웠던 것이다.

이때 기차, 전차, 전기 등의 기반 시설이 만들어졌으며, 기계를 구비한 직물 공장도 세워졌다. 특히 전기 가설과 전차 운행은 당시 서울 시민의 생활을 근본적으로 바꾸는 것이었다. 전차가 행인을 치어 사망하는 사고가 일어나 시민들이 전차를 불태우는 사건이 일어나기도 했지만, 도보로만 이동하던 생활에 변화가 일어나지 않을 수 없었고, 게다가 파루罷漏와 인정人定 으로 4대문을 여닫던 것이

Tip
'파루'는 조선시대 서울에서 통행금지를 해제하기 위해 종각의 종을 서른세 번 치던 일을, '인정'은 조선시대에 밤에 통행을 금지하기 위해 종을 치던 일을 말한다.

서대문을 지나는 전차의 모습. 철로를 보수하는 인부들의 모습과 전차를 바라보는 행인들의 모습이 인상적이다.

폐지되면서 이로 인한 변화도 초래되었다. 철도 부설도 마찬가지였다. 사람이나 물자를 수송하는 능력에서 종래 육로나 강을 이용하던 것을 획기적으로 변화시켰고, 물자의 유통로가 되면서 상업의 중심지가 철도 연변으로 바뀌었다.

그러나 당시 서구 문명 수용의 이면에는 미국이나 일본의 제국주의적 침탈성이 동시에 존재했다. 조선 후기 이래 나타났던 근대 지향적인 변화는 재조정되었으며, 일제의 식민 침탈 속에서 근대적인 과학이 왜곡된 형태로 수용되었다. 가령 경부선과 경의선의 부설은 만주 지역까지 일본 군대가 쉽게 대규모로 이동할 수 있는 통로가 되었으며, 일본제 상품을 유통하고 한국으로부터 쌀과 원료를 수탈해가는 통로가 되기도 했다. 과학 기술이 가지는 제국주의적 수탈성과 예속성은 일제 강점하에서 더욱 뚜렷했다. 과학 기술이 가져다준 근대성의 이면에는 식민지성이 동시에 있었던 것이다.

새로운 역사를 만들 과학을 위하여

전근대 시기, 동양과 서양의 국가들은 각자의 세계관과 자연관 속에서 과학 기술을 발전시켰고, 그런 가운데 과학 기술이 각 지역의 사회 변화와 역사 발전에 동력을 제공했다. 전근대 시기에 동서양의 문명 교류가 부분적으로 일어났지만, 크게 보아서 동양과 서양은 각각의 사회에 적합한 문화와 과학 기술을 발전시켜왔다.

그러나 근대 자본주의 성립 이후에는 사정이 달라졌다. 근대의 사회 경제 체제가 세계적인 차원으로 발전하면서 사회의 모든 면에서 서양의 과학 기술과 문화가 비非서구 지역의 근대화의 표준이 되었다. 서구 열강은 발달된 과학 기술을 바탕으로 비서구 지역을 점령·수탈했고, 비서구 지역에서는 서양의 근대화를 좇아가면서 과학 기술을 수용하여 이에 대응하려 했다. 따라서 비서구 지역의 과학 기술은 자립적·주체적으로 발전되지 못하고 상당 부분 서양 제국주의 국가들의 지배 논리에 의해 왜곡되기도 했다. 그런 과정에서 비서구 지역의 사유체계와 전통적 문화, 그리고 생활양식도 서구적인 형태로 변화되었다.

자본주의 체제가 공고해지면서 생산력이 더욱 늘어나고, 또 현대 과학 기술도 비약적으로 향상 · 발전했다. 이를 주도한 서양의 과학 기술은 물질만능과 생산력 우선을 지향해왔다. 그 과정에서 자연계의 변화를 과학적으로 해명하기도 했지만, 반대로 자연의 질서를 파괴하는 현상이 나타나기도 했다. 다른 민족을 전쟁으로 점령하고, 토착적인 전통문화를 파괴했다. 과학의 발달이 역사의 주체인 인간 사회를 왜곡하는 반인륜적 결과를 가져왔던 것이다. 발달된 과학 기술은 이를 사용하는 인간의 윤리와 철학에 따라 역사의 진전을 가져올 수도 있고, 또 파괴할 수도 있었던 것이다. 이런 점은 세계의 역사 속에서 충분히 증명되고 있다.

현재, 과학 기술의 발달이 초래한 잘못된 역사 속에서, 이를 반성하고 그 폐해를 줄이려는 노력이 경주되고 있다. 물질문명의 발전 과정 속에서 형성된 과학기술주의를 비판하고, 기술을 만든 주체로서의 인간을 그 중심에 놓고 재정리하려는 노력이다. 과학 기술이 역사의 진정한 발전 동력으로 거듭났던 역사적 사실을 다시 한 번 의미 있게 되돌아보아야 할 것이다.

인간도 자연의 일부이다. 새로운 역사와 조화를 이루는 과학이 되기 위해서는 자연을 보는 시각과 인간을 보는 인식을 새롭게 하는 일부터 시작해야 할 것이다. 자연계의 변화 원리를 파악하면서 동시에 이를 인간 사회의 변화와 합일시켜야 한다. 과학의 발전과 더불어 윤리와 종교 등이 더 강조되는 것은 당연한 일이다. 서양 과학 기술의 모순을 동양의 문명, 특히 유교나 불교와 같은 정신적인 차원에서 구해보려는 노력은 어찌 보면 매우 당연한 일로 보인다. 인간을 주체로 하는 인류의 새로운 역사를 위한 새로운 과학관 정립이 필요한 시점이라 할 것이다.

생각해볼문제

Question

1 동양과 서양의 자연을 보는 관점에는 어떤 차이가 있으며, 이 차이가 과학 기술에서는 어떤 모습으로 나타났는가? 시대적 구조 속에서 과학 기술의 등장을 구체적 예를 들어 정리해보자.

2 역사적으로 획기적인 변화와 발전을 가져온 과학 기술은 어떤 것이 있을까? 이로 인한 역사적 변화는 어떻게 나타났는가? 그 변화는 인류의 역사를 발전시켰는가, 아니면 퇴보시켰는가? 각 시대의 과제에 대해 과학 기술이 어떻게 그 역할을 감당했는지 설명해보자.

3 미래의 인류의 발전을 위해 과학 기술을 새로이 정립해야 한다고 할 때, 어떤 원칙과 기준이 있어야 할지 토론해보자.

읽어볼 책들과 참고문헌

문중양, 『우리역사 과학기행』, 동아시아, 2006.
한양대학교 과학철학교육위원회 편, 『과학기술의 철학적 이해』 1 · 2, 한양대출판부, 2006.
콜린 A 로넌, 김동광 · 권복규 옮김, 『세계과학문명사』 I · II, 한길사, 1997.

| 제3장 |

정부는 왜 연구개발에 투자할까?

– 과학 기술 발전과 정부의 역할

| 이삼열 |

들어가면서

"영원히 계속될 것 같던 미국의 자동차 회사 제너럴 모터스 General Motors, GM가 2009년 6월 결국 파산신청을 했다"(서울신문, 2009년 6월 2일자). 전 세계에서 가장 많은 차를 생산하고 판매하던 회사가 파산을 신청할 만큼 어려움에 처한 것이다. 그 와중에 도요타가 세계 최대 자동차 회사에 등극하고, 품질 나쁜 값싼 차를 생산하는 회사로 인식되었던 현대·기아차는 미국 시장점유율을 지속적으로 높여가고 있다. 어떻게 이런 변화가 가능할까?

"삼성 TV가 2008년 LCD TV 부문에서 판매량 기준으로 세계

1908년 창사해 100년 역사를 자랑하는 GM(General Motors Corporation)의 본사. 북아메리카 외 24개국에 28개의 해외 자회사를 가지고 있었으며, 169개국에서 자동차를 판매하던 거대기업이었지만, 2009년 6월 파산 신청을 냈다.

시장점유율 20%를 넘기면서 3년 연속 1위를 차지했다"(뉴스와이어, 2009년 2월 19일자). 2위를 차지한 일본 소니SONY의 시장점유율은 14%로 삼성과 큰 차이를 보였다. 불과 10년 전만 해도 TV 부문에서 삼성이 소니를 추월할 수 있을 것이라고는 상상하기조차 힘들었다. 그만큼 소니의 아성은 매우 견고했지만 어느덧 삼성이 3년째 세계 시장점유율 수위를 달리고 있다. 어떻게 이런 변화가 가능할까?

여러 가지 이유를 들어 이런 변화를 설명할 수 있다. 많은 이들은 도요타나 삼성이 경쟁사에 비해 보다 좋은(품질 또는 가격, 또는 둘 다) 제품을 개발하여 출시하고 이를 효과적으로 마케팅했기 때문이라고 주장한다. 그렇다면 이들 회사는 이러한 신제품을 어떻게 개발할 수 있었을까?

신제품은 각 기업의 연구소에서 수행된 연구개발을 통해 만들어진다. 새로운 제품이 출시될 때마다 이른바 '개발 비화'를 소개하는 글에 흰 가운이나 정장을 입은 이들의 사진이 함께 실리면서 이번 신제품 개발을 담당한 연구진이라고 소개된 것을 본 적이 있을 것이다. 그들이 바로 신제품 출시를 가능케 만든 핵심 인력들이다.

하지만 흥미롭게도 민간기업만 연구개발에 투자하는 것은 아니다. 정부도 이러한 연구개발에 막대한 예산을 투자하고 있다. 예를 들어 2009년 한국 정부는 전체 예산 217조 5천억 원 중 10조 원 이상을 '국가연구개발예산'으로 배정하고 이를 집행하고 있다.

새로운 상품이나 기술을 개발하기 위한 기업의 활동을 연구개발(영어로는 'Research and Development; R&D')이라고 하며, 이는 일상생활에서도 널리 쓰이는 용어다. 그러면 연구개발이란 무엇이고, 이를 위해 국가가 10조 원이라는 막대한 예산을 투자하는 이유는 무엇일까? 정부도 투자를 통해 수익을 내려는 것일까? 왜 국민의 세금 중 상당 부분을 연구개발에 쓰는 것일까?

왜 기업은 연구개발에 투자할까?

먼저 기업이 왜 연구개발에 투자하는지 알아보자. 시장경제에서 기업은 항상 경쟁 상황에 처한다. 1등이라고 잠시 방심을 하면 금방 다른 회사에게 도전을 받거나 추월당하기 십상이다. 그렇기 때문에 기업들은 스스로의 경쟁력을 기르기 위해 열심이다. 각 기업은 새로운 기술을 바탕으로 원가를 절감하거나 제품의 품질을 향상시키거나 또는 새로운 제품을 만들어 다른 기업체와의 경쟁에서 우위를 차지하려고 노력한다. 유명한 경제학자 슘페터Joseph Schumpeter는 이러한 자본주의 경제 체제에서 혁신에 기반한 경쟁을 '창조적 파괴creative destruction'라고 불렀다. 이는 새로운 기술 등에 기초한 새로운 기업이 기존의 기업을 쓰러뜨리고 그 자리를 차지하는 것을 의미한다.

그렇다면 기업의 경쟁력은 무엇인가? 많은 이론들이 있지만 가장 단순하게 생각하면 가격 경쟁력과 품질 경쟁력으로 나눌 수 있다. 가격 경쟁력은 품질이 비슷하거나 조금 뒤떨어진 제품을 경쟁 회사보다 싸게 판매할 수 있는 힘이다. 제품의 생산에 들어가는 요소를 노동력과 재료, 시설 그리고 생산기술 등이라고 할 수 있는데, 이중 재료, 시설, 생산기술 등이 동일하다고 가정하면 노동력의 가격, 즉 임금에서 제품의 가격 차이가 발생하게 된다. 값싼 임금을 바탕으로 다른 기업들과의 경쟁에서 우위를 차지할 수 있다는 말이다. 과거 한국의 기업들은 다른 나라 회사들과 품질 면에서 경쟁이 되지 못했지만 싼 노동력에 근거한 보다 싼 제품을 바탕으로 경쟁 우위를 차지해 수출을 할 수 있었다. 한국의 주력 수출품이었던 가발이나 옷감, 신발 등이 이에 해당한다. 1986년, 현대가 미국에 수출했던 승용차 '포니 엑셀' 역시 마찬가지였다. 현대가 처음으로 자체 디자인을 해 만든 포니는 차의 품질이 상대적으로 떨어졌음에도 불구하고 그 싼 가격 때문에 미국에 수출할 수 있었다.[1] 1987년 자료에 따르면 경쟁 차종에 비해 현대의 '포니 엑셀'은 약 20% 이상 저렴했다. 하지만 폭발적이던 포니 엑셀의 인기는 1980년대 후반 차의 품질에 대해 나쁜 평가가 내려지면서 수그러들었고 현대자동차의 미국 수출도 곤두박질치고 말았다. 이러한 실패는 미국 소비자들에게 '현대자동차는 값싼 비지떡'이라는 이미지를 심어주었고, 현대자동차는 이를 개선하는 데 엄청난 시간과 홍보비를 들여야 했다.

과거 한국의 상대적인 저임금은 한국 정부의 노동조합 탄압정책에 의해 도움을 받기도 했다. 왜냐하면 노동조합의 활동은 일반적으로 노동자의 임금을 높이는 경향을 보여왔기 때문이다. 노동조합은 노동자를 조직화하여 노동자의 권익을 신장시키는 역할을 한다. 이러한 노동조합의 결성이나 활동을 국가에서 탄압하여 노동자들의 임금교섭력을 약화시키고 저임금 구조를 유지했던 것이다.

또 다른 방법은 새로운 기술에 기반을 둔 신상품을 출시하여 경

1 http://220.72.21.21/pub/docu/kr/AA/AA/AAAA1997005/AAAA-1997-005-010.HTM.

쟁자보다 한발 앞서 나가는 것이다. 이 경우 경쟁이 본격화되기 전이기 때문에 신제품은 보다 높은 가격을 받을 수 있고 기업체는 큰 수익을 올릴 수 있다. 도요타자동차의 하이브리드 자동차인 '프리우스'는 새로운 기술을 통해 기업의 경쟁력을 높인 경우라고 볼 수 있다. 도요타는 전기 모터와 휘발유 엔진을 결합한 하이브리드 자동차를 개발하여 자동차의 연비를 획기적으로 향상시킨 '프리우스'를 다른 회사들보다 일찍 출시했고, 매우 큰 성공을 거두고 있다.

한국 기업들도 더 이상 값싼 노동력에 의존하여 경쟁하지는 않는다. 반면 중국산 상품의 질은 그다지 좋지 않지만 매우 싸기 때문에 한국으로 많이 수입되고 있다. 한국의 임금이 상대적으로 올라가고 보다 임금이 싼 중국이나 태국, 말레이시아 등과 같은 나라들이 한국의 주력산업을 추격하고 있기 때문에 한국의 기업들은 더 이상 싼 가격으로 경쟁할 수 없게 되었다. 보다 부가가치가 높은 기술력이 집중된 산업이나 제품 등에 투자하고 이를 주력상품으로 수

1987년 싼값을 무기로 해외 시장에 선보였던 '포니 엑셀'과 미국 시장에서 2008년 '올해의 차'로 뽑힌 '제네시스.'

출하고 있다. 연구개발을 통한 원가 절감, 품질의 향상, 새 제품의 출시 등이 새로운 기업 전략으로 자리 잡고 있는 것이다.

현대의 경우 품질 향상을 위한 지속적인 노력이 근래 들어 그 효과를 나타내 현대자동차의 '제네시스'는 미국 시장에서 2008년 '올해의 차'로 뽑히기도 했다.[2] 미국 시장에서 값싼 비지떡이라는 이미지를 불식시키고 좋은 품질의 차를 생산하기까지 약 20년의 시간이 걸렸다고 할 수 있다. 이는 현대의 경쟁력이 가격에 근거한 경쟁력에서 품질에 바탕을 둔 경쟁력으로 변화해가는 과정임을 보여준다. 앞에서 언급한 삼성 TV의 경우 또한 기술에 기반을 둔 경쟁력 강화의 예라고 볼 수 있다. 삼성이 최근에 출시한 LED TV는 새로운 기술을 적용한 신제품을 다른 경쟁사들에 비해 일찍 출시하여 큰 수익원이 되고 있다.

예전에는 한국 제품들이 다른 나라의 경쟁 제품들보다 싼값에 팔렸지만 이제는 그렇지 않다. 삼성전자에서 만드는 반도체는 경쟁사의 제품보다 비싼 값에 팔린다. 다른 회사들의 제품보다 신뢰성이 높기 때문이다. 또한 텔레비전이나 휴대폰 등도 비싼 가격을 받고 수출되고 있다. 한국의 조선 산업도 그 품질 때문에 세계 1위의 자리를 굳게 지키고 있다. 이처럼 기술적 우위를 유지하기 위해서는 연구개발에 대한 투자가 필수적이다. 한국의 기업들은 이러한 기술 경쟁에서 살아남기 위해 기술 개발에 필사적으로 투자하고 있다.

2 http://www.hani.co.kr/arti/economy/car/332793.html.

기술을 얻는 방법들

하지만 고부가가치를 얻어낼 수 있는 제품을 만드는 기술이 거저 얻어지진 않는다. 이러한 기술을 얻는 방법에는 여러 가지가 있는데, 이를 살펴보면 다음과 같다.

첫째, 다른 회사의 기술을 베끼는 것이다. 이는 보통 우리가 생각하는 것보다 자주 일어나는 것으로, 한국의 경우에도 1960~80년대까지는 이러한 방법을 통해 많은 기술을 습득했다. 이를 전문적인 용어로는 '역분석Reverse Engineering'이라고 부른다. 예를 들어 라디오를 만들기 위해서 다른 회사에서 제조해 판매하는 라디오를 구해 이를 분해해보고, 들어가는 부품과 그 구조를 살핀 후 기술을 습득하여 이와 유사한 제품을 만드는 것이다. 공작기계 같은 경우도 마

찬가지다. 부품 제조 또는 조립 등을 하는 기계의 경우 아무것도 없는 상태에서 이를 만들기는 매우 어렵지만 참고할 만한 다른 제품들이 있으면 이를 응용해 만들어내는 것이 한결 쉽다. 이러한 기계들은 기술이 내재되어 있기 때문에 기존의 기계들을 잘 연구하면 여러 가지 기술을 습득할 수 있다.

물론 제품이 간단한 경우에만 '역분석'을 통해 기술을 습득할 수 있다. 다른 말로 하면 복잡한 제품은 이를 통해 기술을 습득하기도 매우 어렵다. 매우 복잡한 반도체 등과 같은 제품은 단순히 이를 분해하는 것만으로는 관련 기술을 습득할 수 없다.✗ 물론 기업들은 '베끼기' 같은 방법을 통해 기술이 유출되는 것을 막기 위해 특허를 얻는다. 특허가 존재할 경우 이러한 기술을 무단으로 사용하면 이에 대한 피해보상을 해야 한다. 하지만 특허를 피해 기술을 익힐 수 있는 방법들도 존재하기 때문에 여전히 '역분석'은 기술을 습득하는 효과적인 방법 중 하나다.

✗ Tip

삼성의 전자레인지(microwave oven) 개발의 역사는 이러한 '역분석'의 장점과 그 한계를 잘 보여준다. 삼성은 전자레인지 개발을 위해 미국의 GE사 제품을 뜯어보고 관련 기술을 익혔다. 하지만 극초단파를 발생시키는 '마그네트론 튜브(magnetron tube)'를 만들 수 없었기 때문에 이를 일본에서 사들였다(Ira C. Magaziner and Mark Patinkin, "Fast Heat: How Korea Won the Microwave War," *Harvard Business Review*, January February 1989, pp. 83~92).

둘째, 기술을 기술시장에서 구매할 수 있다. 상대적으로 오래된 기술 등은 쉽게 시장을 통해 구할 수 있다. 상품처럼 기술도 시장에서 거래가 되기 때문이다. 예컨대 비디오테이프를 만드는 기술이 필요하면 이를 쉽게 구할 수 있다. 이런 기술은 개발된 지 매우 오래되었고 기술을 갖고 있는 회사들도 많기 때문에 적정한 가격을 제시하면 쉽게 구할 수 있다. 또 특허가 있는 기술의 경우에는 돈을 지불하고 특허기술을 도입해 제품을 생산할 수 있다. 많이 들어보았을 '라이센스 생산'은 돈을 주고 기술을 가져와 생산하는 경우를 말한다.

그렇다면 매우 앞선 첨단기술은 어떨까? 첨단기술은 기술시장에서 구하기가 쉽지 않다. 이러한 기술을 갖고 있는 회사도 몇 곳 되지 않고, 이들 몇 안 되는 회사 중에서 기술을 적절한 가격에 팔려는 회사를 찾기도 어렵다. 혹 팔려는 회사가 있더라도 너무 비싼 가격을 부르거나 여러 가지 제약 조건 등을 요구하기 때문에 설령 기술을 얻는다 하더라도 충분한 이익을 내기는 어려울 것이다.

매우 앞선 기술의 경우에는 많은 돈을 주고 사려고 해도 기술을 팔려는 회사가 귀해 이마저도 쉽지 않다. 애써 개발한 첨단기술을 경쟁 상대에게 판매하는 회사는 드물기 때문이다. 경쟁 기업이 자신들이 판매한 최신기술을 바탕으로 잠재적인 경쟁자가 될 수도 있기 때문에 첨단기술의 경우에는 이를 기술시장을 통해 습득하는 것이 매우 어렵다. 삼성전자가 반도체 부문의 경쟁 회사에 최신 반도체 생산기술을 제공하지 않는 이유를 살펴보면 이를 잘 알 수 있다. 과거 일본의 회사들은 한국 회사들에게 한두 세대 전의 기술들을 제공하거나 판매했는데, 한국 기업들은 이를 바탕으로 기술력을 키우고 수익을 올려 지속적인 기술 개발에 투자했다. 하지만 한국의 회사들이 일본 기업들의 경쟁자로 성장한 지금은 예전 같은 기술 제공 사례를 찾기가 무척 어려워졌다. 기술 협력보다는 경쟁에 보다 초점을 맞춰 서로 경계하고 있는 상태이기 때문이다.

셋째, 연구개발을 통해 자체적으로 개발할 수도 있다. 이는 간단하게 들리지만 첨단기술을 개발하는 것은 그리 쉬운 일이 아니다. 많은 자원—예를 들어 연구비, 연구원, 연구소 등—이 필요하고, 연구의 성공률도 그리 높지 않기 때문이다. 많은 돈을 투자한다고 좋은 기술이 자동적으로 생산되지는 않는다. 기술 개발 성공 사례들이 발표될 때마다 그 이면에는 수많은 실패의 사례 역시 숨어 있게 마련이다.

삼성그룹의 경우 삼성종합기술원을 연구소로 운영하고 있으며, 현대자동차의 경우 남양연구소를 비롯해 다수의 연구소를 운영하고 있다. 신제품 발표회에서 기업들이 매번 신상품을 선보이기 때문에 기술 개발에 매번 성공하는 것처럼 보일 수도 있지만, 실패한 연구는 아예 발표 기회를 갖지 못한다는 것을 염두에 두어야 한다. 연구개발의 성공률은 그리 높지 않다. 하지만 이러한 위험에도 불구하고 기업들은 기술 개발에 투자할 수밖에 없다. 기술을 개발하지 않으면 경쟁에 뒤떨어져 결국 파산하게 되거나 문을 닫게 되기 때문이다. 몇 십 년 전에는 최첨단에 있던 기업들이 이제는 보이지 않게 되는 경우의 대부분은 기술 개발에 뒤처졌기 때문이다. 예를 들어 즉석사진으로 유명한 '폴라로이드 사'는 혁신적인 제품으로 한때를 풍미했던 회사지만, 즉석사진에만 몰두하고 디지털 카메라의 등장에 적절히 대응하지 못해 결국 파산하고 말았다.[3]

3 http://en.wikipedia.org/wiki/Polaroid_Corporation.

연구개발이 항상 새로운 제품의 개발에만 쓰이지는 않는다. 연구개발로 축적된 지식을 통해 관련 기술들을 보다 잘 이해하고 가치 있는 기술들을 보다 잘 선별해내고 흡수할 수 있는 능력을 지닐 수 있기 때문이다. 레빈탈Levinthal과 코헨Cohen은 연구개발의 이러한 특성을 '흡수역량absorptive capacity'이라고 불렀다.[4] 이는 학생들이 수학 문제를 푸는 것과 유사하다. 어려운 문제를 만났을 때 이에 대한 고민 없이 해답을 보게 되면 그냥 그런가 보다 생각하게 되고 기억에 오래 남지도 않지만, 이를 풀기 위해 고민하고 여러 가지 방법을 시도하다가 해답을 보게 되면 보다 쉽게 이해할 수 있고 그 이해 또한 깊어진다. 기업체의 연구개발도 이와 동일한 논리를 따르고 있다고 볼 수 있다.

국가는 왜 연구개발에 투자할까?

앞에서 논의한 바와 같이 사기업들은 경쟁에서 이기기 위해 또는 보다 많은 이익을 남기기 위해 연구개발에 투자한다. 그렇다면 국가가 연구개발에 투자하는 이유는 무엇일까? 국가도 돈을 많이 벌려고 하는 것일까?

이를 이해하기 위해서는 연구개발 결과의 '전유성專有性'을 이해해야 한다. 전유성이란 사기업이 연구개발에 투자했을 때 그 연구

4 Wesley M. Cohen and Daniel A. Levinthal, "Absorptive Capacity: A New Perspective on Learning and Innovation," *Administrative Science Quarterly,* 1990, pp. 128~52.

개발의 결과물을 자신의 기업만이 활용하여 이익을 보는 경우를 말한다. 즉 연구개발에 대한 투자의 결과가 고스란히 투자기업의 이익으로 돌아오는 것이다. 하지만 연구개발의 경우 이러한 전유성이 완벽하게 보장되지 못한다. 이러한 전유성의 불완전한 보장은 지식의 특이한 성격에서 비롯된다. 다른 상품들과 다르게 지식은 공공재적 특성을 지니고 있기 때문이다.

공공재는 두 가지 특성을 지니고 있는데, 첫째는 '비경합성non-rivalry'이고, 둘째는 '비배제성non-excludability'이다. 경합성이란 내가 제품을 사용하고 있으면 다른 사람은 사용할 수 없는 것을 뜻한다. 내가 집 안에 있는 유일한 컴퓨터를 사용하고 있으면 다른 가족들은 컴퓨터를 사용할 수 없다. 이는 컴퓨터가 경합성을 지니고 있기 때문에 그렇다. 하지만 내가 남산타워에 올라 서울의 경치를 바라본다고 다른 사람이 보는 서울의 경치 중 일부가 가려지는 것은 아니다. 즉 서울의 경치는 비경합성을 지닌다.

비배제성이란 타인의 상품 소비를 막을 수 있는가와 관련되어 있다. 요즘 인기 있는 게임 프로그램들은 CD에 담겨 돈을 지불하고 정품을 구입한 이들만 사용할 수 있도록 비밀번호 등을 제공하고 있다. 원칙적으로 돈을 지불하지 않은 사람은 게임을 즐길 수 없도록 제한하고 있는 것이다. 케이블방송도 마찬가지여서 중계기를 지니지 않은 시청자는 케이블방송을 볼 수 없다. 중계기를 통해 케이블방송의 프로그램 접근을 배제하거나 부여하지 않는다. 이를 상품의 '배제성'이라고 한다. 하지만 공중파 방송은 누구나 시청할 수 있는 형태로 제공된다. 여자 친구가 좋아하는 남자 배우를 공중파 방송을 통해 볼 수 없도록 막고 싶어도(?) 이를 막을 수는 없다. 이를 비배제성이라고 한다.

연구개발의 결과인 기술 또는 지식은 공공재가 지닌 앞의 두 가지 특성 중 비교적 강한 비경합성을 지니고 있다. 이는 인터넷을 통해 특정 학술논문을 보더라도 다른 사람이 동일한 학술논문을 보는데 전혀 영향을 끼치지 않는다는 점과 유사하다. 원조 설렁탕을 끓이는 비법을 내가 사용한다고 해도 다른 사람이 이 비법을 사용할 때 지장을 받지는 않는다. 100% 동일한 비법을 동시에 많은 사람들이 사용할 수 있는 것이다.

일부 기술이나 지식의 경우에는 어느 정도 배제성을 지닐 수 있기 때문에 이를 기반으로 상업적인 서비스가 가능하다. 예를 들어 매월 특정한 경제분석 보고서를 보기 위해 일정한 돈을 내는 것은 기술이나 지식에도 이러한 배재성이 성립할 수 있음을 보여주는 것이다. 또한 이러한 배제성을 제공하고 보호하기 위해 지적재산권 등과 관련된 다양한 제도들이 고안되어 시행되고 있다. 하지만 이러한 보호장치에도 불구하고 대부분의 과학적인 지식이나 기술 등은 100% 배제가 불가능하다.

많은 특허를 지닌 공작기계의 예를 보자. 특허를 통한 기술 보호에도 불구하고 어느 정도 경험이 있는 기술자는 이러한 특허를 피해 공작기계에 포함되어 있는 기술 등을 얻어내 다른 용도로 사용할 수 있다. 즉 법적인 문제를 피해갈 수 있을 정도만 차이를 두고 새로운 기계를 만들어낼 수 있다는 것이다. 디자인의 경우는 더하다.

또한 많은 지식이나 기술의 경우 해당 상품을 사용해야만 그 가치를 알 수 있는 경우가 많다. 하지만 그 가치를 알리기 위해 해당 상품이나 지식을 사용하는 경우 그 효과가 이미 사라져 소비자의 입장에서는 더 이상 그 상품이 필요 없게 될 수도 있다. 특히 디자인 같은 경우는 이러한 현상이 매우 심하다. 디자인을 보여주지 않고는 새로운 제품을 알릴 수 없다. 하지만 보여지는 순간, 다른 이들이 이를 흉내 내 비슷한 유형의 상품을 출시하는 것은 매우 흔한 일이다. 경제분석 정보도 대표적인 예다.

지식은 크게 두 가지 종류로 나눌 수 있다. 특정한 형태로 기록이 가능한 지식은 '형식지codified knowledge'라 불리고 이러한 기록이 불가능하고 기억이나 느낌, 또는 체화된 지식들은 '암묵지tacit knowledge'라고 불린다. 형식지는 기록이 가능하기 때문에 우리가 흔히 볼 수 있는 논문이나 매뉴얼 등의 형태로 존재하고 이의 전파는 비교적 쉽다고 볼 수 있다. 하지만 암묵지의 경우는 그 전파가 매우 어려워 주로 인적 자원의 교환에 의해 이루어진다. 한국의 전자산업은 일본인 기술자들의 도움을 많이 받았다. 품질 개선이나 연구개발, 대량생산에 따른 공정 개선 등과 같은 것은 형식지의 도움을 받을 수도 있지만 보다 핵심적인 것은 암묵지의 형태로 존재하기 때문에 한국의 전자업체들은 정년퇴직한 일본인 기술자들을 초청하거나 고용함으로써 이들이 지니고 있는 암묵지들을 전수받았다.[5] 최근 중국의 기업들은 정년퇴직한 한국인 기술자들을 고용해 이를 똑같이 반복하고 있다.

지식의 이러한 약한 배제성이 전유성의 문제를 초래한다. 특정 기업이 많은 시간과 자금을 들여 지식과 기술을 개발해도 그 결과물을 해당 기업이 모두 차지할 수 없고, 그 혜택이 그 기술에 투자하지 않은 경쟁 업체나 연관 기업의 경제 주체에 돌아가게 된다. 이러한 현상은 '일출효과spillover effect'에 의해서 설명된다. 샘에 물이 가득 차면 흘러 넘쳐 다른 곳을 적시는 것처럼 기술이나 지식도 다른 경제 주체들에 의해 사용되기 때문이다. 이러한 지식이나 기술의 전파는 인터넷이나 이메일, 전화 등을 통해 이루어지기도 하고, 기업체 간의 인력 교류에 의해 전파되기도 한다. 미국의 연구개발에 대한 조사는 기업이 새로운 상품이나 공정을 통해 얻게 되는 수익률은 25%라고 밝혔다. 하지만 이러한 새로운 상품이나 공정을 통해 얻게 되는 사회적 수익률(투자 기업과 소비자, 기타 경제 주체에 의해 누리게 되는 경제적 혜택)은 56%라고 밝혀졌다.[6] 이는 기업의 수익률보다 2배 이상 높은 수익률이다.

연구개발에 투자하는 기업의 입장에서는 투자 규모를 결정하는데 있어 이러한 사회적 수익률을 고려할 수 없다. 기업은 기업의 이익을 최대화하는 것이 목표이지 사회의 편익을 최대화하는 것이 목표가 아니기 때문이다. 그러므로 연구개발에 대한 투자는 사회의

5 Linsu Kim, *Imitation to Innovation*, Harvard Business School Press, 1997.

6 Edwin Mansfield and others, "Social and Private Rates of Return from Industrial Innovations," *Quarterly Journal of Economics*, vol.91(May 1977), pp. 221~40.

적정 수준보다는 미달하는 수준에서 결정된다. 즉 최적화된 투자 수준보다 낮은 수준의 투자가 이루어져 사회 전체의 입장에서는 결과적으로 비효율적인 투자가 일어나게 된다. 전체 사회의 입장에서 볼 때 적정한 연구개발 투자 수준보다 낮은 수준의 연구개발 투자가 일어나게 되면, 이를 일종의 '시장 실패'라고 볼 수 있다. 자원의 비효율적인 분배가 일어났기 때문이다. 이러한 연구개발에 대한 저투자 문제를 해결하기 위해 국가는 연구개발에 국민의 세금을 투자한다. 이것이 바로 국가가 연구개발에 투자해야 하는 이유인 것이다.

기초연구 분야[*] 는 과학적 이해를 목적으로 하는 학술적 연구로, 이 분야의 연구 결과는 직접적인 상업적 이용이 매우 제한되고 불확실하기 때문에 기업의 연구개발 투자는 응용연구[**]에 보다 집중하는 경향이 있다. 그리하여 국가 전체의 입장에서는 기초연구 분야에 대한 저투자가 일어날 가능성이 매우 높다. 이런 이유로 국가는 응용연구보다는 기초연구 분야에 보다 많은 투자를 하게 된다. 하지만 이러한 투자 비율도 국가 경제의 발전 단계에 따라 상이하게 나타날 수 있다. 앞에서 설명한 바와 같이 경제 개발 초기 한국의 연구개발은 상품의 개발이나 개선 등에 집중되어 기초연구 분야에 투자할 만한 여력이 존재하지 않았으며, 또한 기초연구 분야에 종사할 수 있는 인력이나 기반시설 등도 제대로 갖추어지지 않았다. 하지만 경제 발전이

[*] Tip
기초연구는 특수한 응용 또는 사업을 직접적 목표로 하지 않고, 자연현상 및 관찰 가능한 사물에 대한 새로운 지식을 획득하기 위하여 최초로 행해지는 이론적 또는 실험적 연구다(국가과학기술위원회, 2008).

[**] Tip
응용연구는 기초연구의 결과 얻어진 지식을 이용하여, 주로 실용적인 목적과 목표 아래 새로운 과학적 지식을 획득하기 위한 독창적인 연구다(국가과학기술위원회, 2008).

이루어지고 대학의 연구시설이나 연구인력 등이 확충되면서 기초연구를 수행할 수 있는 역량이 갖춰졌고, 이와 발을 맞춰 기초 및 원천기술에 대한 수요가 늘어나면서 정책적으로 기초연구 분야에 대한 연구개발 예산 비율도 늘리고 있다. 하지만 어느 수준의 투자가 적정 수준인지에 대해서는 많은 논란이 있다.

한국의 과학 기술 연구 예산 결정 구조와 현황

그러면 한국의 과학 기술 예산은 누가 어떻게 결정할까? 한국의 경우에는 그 역할을 '국가과학기술위원회www.nstc.go.kr'가 담당한다. 국가과학기술위원회는 1999년 1월부터 대통령을 위원장으로 하는 과학기술연구정책을 결정하는 최고의사결정기구로서의 역할을 시작했다. 국가과학기술위원회는 연구개발 예산 배분 방향을 설정하고 이를 예산 편성에서 반영한다. 주지하는 바와 같이 한국의 예산 최종 결정권은 국회에 있다. 그러므로 예산 편성 반영은 정부의 예산(안)에 반영되는 것이다. 정부의 예산(안)을 준비하는 주요 역할은 기획재정부가 담당한다. 국회는 이러한 정부의 예산(안)을 제출받아 예산을 심의하고 국회 본회의에서 매년 예산을 결정한다.

그럼 한국의 과학 기술 연구 예산은 어떤 자료를 통해 알 수 있을까? 매년 국가과학기술위원회와 교육과학기술부는 '국가연구개발사업 조사분석 보고서'를 발간한다. 이 보고서는 매년 정부의 연구개발사업을 분석한 것으로 매우 자세한 내용을 알 수 있다.

〈그림 1〉 국가과학기술위원회 조직도

(2009년 10월 현재)

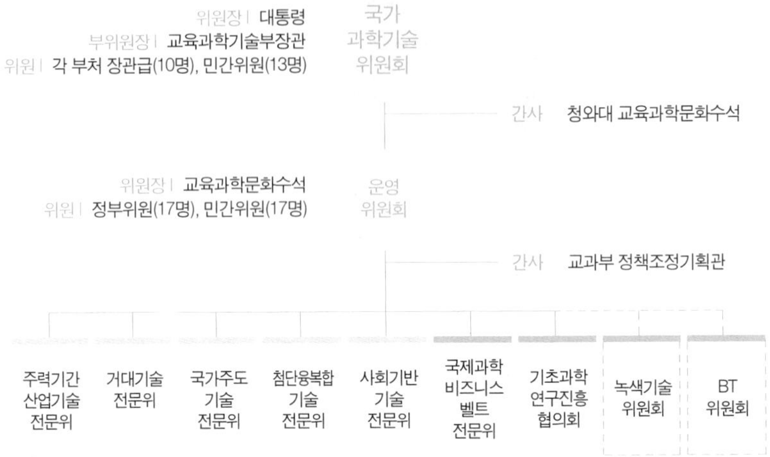

2008년 한국은 총 9조 7,629억 원을 연구개발사업에 투자했다. 이 금액은 일반회계예산과 특별회계예산, 그리고 기금에서 지출된 것을 모두 포함한 것이다. 일반회계예산만 고려할 경우 6조 5,907억 원으로 전체 일반회계예산의 4.9%를 차지한다. 〈그림 2〉는 한국의 연도별 국가연구개발사업 총 투자액이다. 한국의 총 연구개발 예산은 2001년부터 지속적으로 증가해왔음을 알 수 있다. 2001년에는 5조 7,430억 원이었다가 2003년에는 6조 5,154억 원으로 증가했고, 2004년에는 7조 원을 넘어 2005년에는 7조 7,996억 원으로 다시 증가했다. 2006년에는 거의 9조 원에 가까워 2001년부터 2007년까지 연평균 증가율 9.3%를 기록했다.

이러한 연구개발사업은 다양한 정부 부처에 의해 실시되고 있다.

〈그림 2〉 한국의 연도별 국가연구개발사업 총 투자액(단위: 억 원)

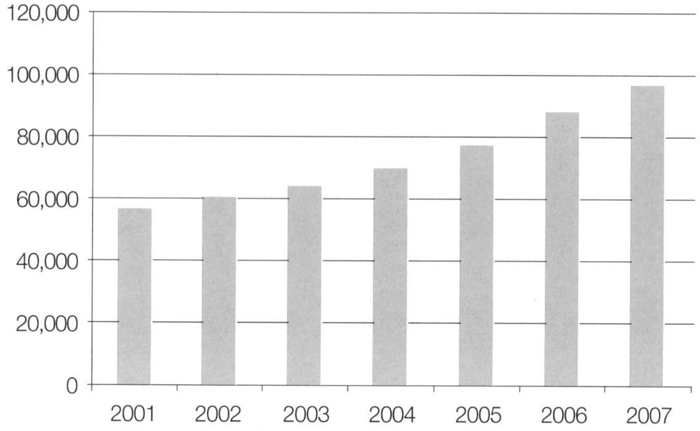

출처: 국가과학기술위원회, 국가연구개발사업 조사분석보고서(2008)

2007년 정부 부처 중 국가연구개발사업에 가장 많이 투자한 부처는 과학기술부로 2조 3천억 원을 투자했고, 다음으로는 산업자원부가 2조 2천억 원을 투자했다. 그다음으로는 각종 무기개발 및 연구를 진행하는 방위사업청이 1조 9백억 원을 투자했으며, 대학 등을 관할하고 있는 교육인적자원부는 1조 2백억 원을 투자했다. 정보통신산업을 관할하고 있는 정보통신부는 7천6백억 원을 투자하였다.[7]

7 2008년 교육인적자원부와 과학기술부는 통합되어 교육과학기술부가 되었으며, 정보통신부는 해체되어 일부 기능이 산업자원부로 흡수되었고, 산업자원부는 지식경제부로 바뀌었다. 2008년에 발간된 『국가연구개발 조사분석 보고서』는 2007년 자료를 바탕으로 하기 때문에 변경 이전의 부처명을 사용했다.

〈그림 3〉 연구개발 단계별 투자 추이

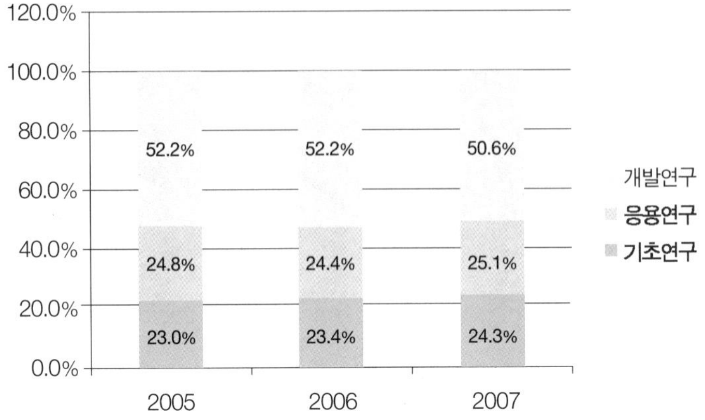

출처: 국가과학기술위원회, 국가연구개발사업 조사분석보고서(2008)

연구개발 단계별로 살펴보면 가장 기본이 되는 기초연구의 비중이 해마다 조금씩 높아져가는 것을 알 수 있다. 하지만 여전히 국가연구개발 예산의 절반 이상은 상대적으로 실용적인 성격이 강한 개발연구에 쓰이고 있다.

〈표 1〉 재원별 연구개발비 추이

(단위: 억 원, %)

구분	1999	2000	2001	2002	2003	2004	2005	2006	2007
총개발비	119,218	138,485	161,105	173,251	190,687	221,853	241,554	273,457	313,014
정부, 공공: 민간 부담비율	30:70	28:72	27:73	27:73	26:74	25:75	24:76	24:76	26:74

출처: 교육과학기술부, 한국과학기술기획평가원(2008) 연구개발 활동 조사보고서

〈표 1〉은 재원별 연구개발비 추이를 설명한 것이다. 한국의 민간과 정부, 그리고 공공부문을 모두 포함한 총 연구개발비는 1999년 11조 9천억 원에서 꾸준히 증가하여 2007년에는 31조 3천억 원에 이르렀다. 정부 및 공공부문과 민간의 부담 비율을 보면 1999년에는 30 대 70의 비율이었으며, 이후 정부 및 공공부문의 비율이 24~26% 수준을 꾸준히 유지하고 있다. 즉 민간기업의 연구개발 예산이 꾸준히 증가함과 더불어 정부 및 공공부문의 연구개발 예산도 이에 맞춰 꾸준히 증가되어온 것을 알 수 있다.

〈표 2〉 주요국의 연구개발비 국제비교

국 가	연구개발비 (백만 US달러)	한국을 1로 보았을 때 연구개발비	GDP대비 비율(%)	인구 1인당 연구개발비(US달러)
한국(2007)	33,686	1.0	3.47	695
미국(2007)	368,799	10.9	2.68	1,221
일본(2006)	148,526	4.4	3.39	1,163
독일(2007)	83,817	2.5	2.53	1,019
프랑스(2007)	53,883	1.6	2.08	848
영국(2006)	42,693	1.3	1.78	705
핀란드(2007)	8,544	0.2	3.47	1,616
스웨덴(2007)	16,509	0.5	3.63	1,805
중국(2006)	37,664	1.1	1.42	29

출처: 교육과학기술부, 한국과학기술기획평가원(2008) 연구개발활동 조사보고서

〈표 2〉는 주요국 연구개발비의 국가 간 비교를 나타낸다. 다른 나라들과 비교해보았을 때 한국의 연구개발비 절대액은 상당히 낮은 편이다. 한국을 1로 보았을 때 비교 대상인 8개국 중 한국보다

낮은 나라는 핀란드와 스웨덴뿐이다. 하지만 GDP 대비 비율로 살펴보면 일본, 핀란드, 스웨덴과 더불어 3%를 넘겨 연구개발비를 지출하고 있음을 알 수 있다. 즉 절대액은 작지만 상대적인 지출은 다른 나라들과 비교할 때 높다는 것을 알 수 있다.

나가며

지금까지 국가가 연구개발에 투자해야 하는 이유와 현재 한국의 현황에 대해 알아보았다. 지면의 한계 때문에 다루지 못한 것은 어떤 기술에 얼마의 예산을 어떻게 지원해야 하는가에 대한 근본적인 질문이다. 그러나 이는 정답이 없는 것으로, 정부의 과학 기술 관련 정책의 가장 중요한 문제라고 할 수 있다. 한국 경제가 점차 단순 생산기술에서 복잡하고 혁신적인 기술에 기반한 산업구조로 변화하면서 과학 기술의 중요성에 대한 공감대도 한층 커가고 있다. 하지만 우리가 흔히 생각하는 것처럼 민간기업들이 모든 연구개발을 다 수행하고 있지는 않다. 국가도 연구개발에 있어 매우 중요한 역할을 수행하고 있으며 앞으로 그 중요성은 더욱 높아질 것으로 예상된다. 특히 정부는 민간기업이 투자할 유인요소는 적지만 우리 사회 전체로 보았을 때 꼭 필요한 과학 기술에 투자하기 때문에 그 중요성은 더욱 크다고 판단된다. 그러므로 과학 기술 발전에 있어 국가의 역할에 대한 지속적인 관심이 필요하다.

생각해볼문제

Question

1 한국 최초의 우주인이 탄생하기도 하는 등 최근 우주산업에 대한 관심이 높아지고 있다. 한국 정부는 이러한 우주 관련 연구에 많은 예산을 지원하고 있다. 정부가 왜 우주 관련 연구개발을 지원해야 하는지 그 이유를 제시해보자.

2 미래 사회 예측은 미래의 사회가 어떻게 변화할 것인지를 미리 예상해보는 것이다. 이러한 예측을 바탕으로 현재 과학 기술 예산 배분이 이루어지기 때문에 그 중요성은 매우 높다. 앞으로 20년 후의 미래에는 어떤 기술이 필요할지 구체적인 이유와 함께 설명해보자.

3 국가 연구개발 예산을 어느 곳에 얼마나 어떻게 지출할지를 결정하는 사람들은 누구이며, 어떤 절차를 따르고 있는지 알아보자. 보다 많은 참여가 필요한 집단은 어디인지 의논해보고 이를 제도화할 수 있는 방안은 무엇인지 생각해보자.

읽어볼 책들과 참고문헌

김인수, 임윤철·이호선 옮김, 『모방에서 혁신으로』, 시그마인사이트컴, 2000.

F. M. Schever, "New Perspectives on Economic Growth and Technological Innovation," The Brookings Institution, 1999.

| 제4장 |

언론의 과학 보도는 과학적인가?

– 신화를 갈망하는 대중과 언론이 영합할 때

| 김희진 |

꿈 많고 철없던 어린 시절, 장래 희망으로 과학자를 한 번쯤 생각해보지 않은 사람은 드물 것이다. 그만큼 과학은 인간의 문제와 욕구를 해결해주는 현실적인 분야면서도 다른 한편으로는 여전히 꿈과 상상의 세계와 맞닿은 미지의 영역이기도 하다. 호롱불로도 충분히 밝았던 세상이 이제는 환한 형광등 없이는 몇 시간도 답답하고, 부채나 선풍기로 곧잘 견디던 여름도 이젠 에이컨 바람이어야 쾌적함을 느끼게 되었다. 이처럼 인간의 욕구는 과학 기술이 가져다 준 문명의 이기에 금방 익숙해졌고, 어느새 그 이상을 기대하게 되었다. 과학 기술이 풍요로운 삶과 안락함을 제공하면 할수록 인간은

더 나은 기술 개발을 위해 더 많은 과학 연구를 하게 되었다.

벽돌만 한 휴대폰이 부富의 상징이었던 때가 불과 15년 전쯤이었는데, 지금은 초등학생도 명함 크기의 작은 휴대폰을 가지고 다닐 만큼 보편화되었다. 음성통화만 가능했던 것이 영상통화는 물론 인터넷 검색도 하고 이메일 체크도 가능하게 되었다. 본격적인 종합유선방송이 시작된 지 15년이 채 안 됐지만 이제는 위성방송에 DMB, IPTV까지, 원하는 시간에 원하는 프로그램을 보는 것이 가능한 디지털 방송이 보급되고 있다. 최근에는 인간 유전자를 밝히는 게놈 프로젝트가 한국에서도 완성되어 지금의 십대들은 장차 누구나 100세를 넘어 살 수 있을 것이라고 전망한다.

그러나 모든 일에는 양면성이 있듯이, 과학을 남용한 인간의 무분별한 개발과 넘쳐나는 과소비로 지구의 자원은 고갈되고 환경은 오염되고 있다. 그리하여 머지않아 인간이 살기 힘든 지구로 변할 것이라는 암울한 전망도 적잖게 대두되고 있는 실정이다.

이처럼 과학은 무서운 속도로 발전하면서 우리의 삶과 의식구조를 변화시키고 있지만, 정작 우리는 과학에 대해 얼마나 알고 있을까? 과학 기술은 이제 우리의 생활과 떼어놓고 생각할 수 없을 만큼 일상 깊숙이 들어와 있는데, 우리는 과학 기술의 부작용에 대해서 얼마나 알고 미리 대처할 수 있을까? 안타깝게도 일반 대중은 이미 오래전부터 과학에서 유리되어, 그저 경외심은 가지고 있지만 과학에 대해 안다고 말하기는 정말 어려워진 상태가 되고 말았다.

과연 일반 대중은 일정 기간의 정규 제도교육을 마친 뒤에는 이처럼 중요한 과학 지식을 어디에서 접하고 있을까? 아마도 신문이나 방송, 그리고 인터넷 등 매스미디어가 가장 중요한 창구일 것이다. 매스미디어는 현대사회에서 구성원들 간의 소통과 통합을 강화하는 데 중추적인 역할을 해왔다. 매스미디어의 시작은 인간의 의사소통을 좀더 원활히 하기 위한 도구로 만들어졌지만, 혈연, 지연 중심의 사회에 비해 구성원들 간의 결속력이 현저히 떨어지고 사회 규범의 구속력이 약화된 오늘의 현대사회에서는 오히려 인간의 의사소통을 지배할 만큼 우리 생활에 미치는 영향력이 엄청나게 커졌다.

놀라운 과학적 발견은 곧잘 뉴스의 헤드라인을 차지한다. 그러나 뉴스만이 과학에 대한 지식이나 이미지를 만드는 데 영향을 미치는 것은 아니다. 이미 19세기부터 극적인 지적 · 기술적 발전으로 서구에서는 현대적 공상과학 장르가 발전하기 시작했고, 이는 1920년대 미국 잡지를 통해 성숙기에 이르렀다. 만화와 라디오 그리고 1950년대의 텔레비전까지, 모든 대중매체가 과학의 이미지와 아이디어를 대중문화에 접목시키는 데 큰 역할을 했다. 그래서 평생 과학자를 직접 만나본 적이 없을지라도 대부분의 사람들은 과학자라고 할 때 비슷한 모습을 떠올리게 되지 않는가? 알록달록한 액체를 담은 각종 비커에서 신비로운 거품과 연기가 모락모락 나는 복잡한 연구실에 흰 가운을 입고 렌즈가 두꺼운 검은 뿔테 안경을 쓴 머리가 희끗한 남성을 말이다.

이처럼 여러 종류의 대중매체를 통해 과학에 대한 내용이 전달되겠지만, 이 장에서는 특히 과학과 관련된 언론 보도, 즉 과학 저널리즘의 단면을 살펴보고, 인간 사회를 위한 과학을 위해 과학 보도와 과학 대중화는 어떤 관점에서 어떤 성찰과 개선의 노력이 필요한지에 대해 살펴보고자 한다. 이를 위해 먼저 언론을 중심으로 한 대중매체의 영향력, 특히 '의제설정agenda-setting'과 '틀짓기framing' 기능에 대해 간단히 알아보겠다. 그리고 과학과 대중의 관계, 그리고 과학 대중화 운동의 역사와 의미를 간단히 짚어볼 것이다. 이는 과학 기사도 과학이기 전에 기사이기 때문에 일반 기사와 유사한 기준으로 선정되고 씌어질 수밖에 없지만, 그러면서도 과학이기 때문에 일반 기사와는 다른 특성을 이해하는 데 도움이 될 것이기 때문이다. 마지막으로 과학이기에 허락되는 바로 그 암묵적인 우호성 때문에 과학과 언론, 정치, 그리고 대중까지 가세한 지나친 열광이 사회 전체를 얼마나 혼란에 빠뜨릴 수 있는지, 최근의 사례를 살펴봄으로써 과학이 언론에 대해, 언론이 과학에 대해, 대중이 과학과 언론에 대해 주시하고 주의해야 할 점에 대해서 논의해보고자 한다. 이는 현대사회에서도 신화를 갈망하는 대중들의 기대에 언론이 영합할 때 얼마나 위험한 결과를 초래하는지 생각해보게 할 것이다.

매스미디어의 영향력과 과학 기사

이소연 씨, 청소년 13명과 HAM 통해 교신

"영어 · 러시아어 쓰다가 한국어 쓰니 너무 좋아"

"무중력 상태의 느낌은 어떠세요. 활동하는 데 어려움은 없나요?"

13일 오후 7시 58분 경기도 평택시 한광고등학교 체육관. 한광고 3학년 박재훈(18) 군의 질문이 끝나자 체육관을 메운 400여 명의 귀는 온통 무전기에 쏠렸다.

"네, 여기는 ISS국제우주정거장 이소연입니다. 처음 우주선을 탔을 때는 어색했는데 이제 좀 적응됐어요."

약간의 잡음에 이어 한국 최초의 우주인 이소연(30) 씨의 목소리가 들리자 순간 체육관 곳곳에서 "와!" 하는 함성이 터져 나왔다. 이씨는 이날 우주정거장이 한반도 상공을 지나는 오후 7시 58분부터 오후 8시 8분까지 10분 동안 청소년 13명과 일대일로 아마추어 무선통신HAM 장비를 이용, 교신을 했다. 한국아마추어무선연맹이 전국에서 선발한 초 · 중 · 고교생들이다. 이소연 씨는 HLOARISS, 학생들은 HLOHQSC라는 호출부호를 사용했다.

지상에서 350㎞ 떨어져 있는 이 씨의 말은 자주 끊겼지만 비교적 또렷하게 들렸다. "우주에서 가장 신났던 일은 무엇이냐"는 질문에는 "피터팬처럼 하늘을 훨훨 날 수 있는 게 가장 신난다"고 답했다. "날마다 영어랑 러시아어를 써야 하는데 한국어로 말하니 너무 좋다. 내려가서 여러분과 만나고 싶다"고도 말했다.

조선일보, 2008. 4. 14. A8면

평택 한광고 학생이 한국 최초의 우주인 이소연 씨와 아마추어 무선통신 장비를 이용해 교신을 하고 있다.

앞의 기사는 약 3만 3천 대 1의 경쟁률을 뚫고 국내 최초의 우주인으로 선정되었던 이소연 씨가 2008년 4월 8일 러시아 우주선으로 우주여행을 하던 중간에 무선통신으로 학생들과 통신한 내용을 소개한 기사다. 이 기사 외에도 이소연 씨가 우주선 안에서 둥둥 떠다니거나 실험한 내용, 외국 우주인들과 김치·라면과 같은 한국이 개발한 한식 우주음식을 나누어 먹었다는 내용 등, 이소연 씨가 우주에서 보낸 12일간의 여정에 대해 우리는 여러 매체를 통해 제법 소상히 알고 있다. 약 40년 전, 달에 첫발을 디뎠던 닐 암스트롱Neil A. Armstrong은 미국인이었기에 우주과학에 대한 한국 국민의 동경이 다소 막연했다면, 이번에는 우주여행의 꿈을 좀더 가깝고 실현 가능한 일로 느낄 수 있었을 것이다. 아울러 이러한 이벤트를 통해 과학계는 한국도 우주산업의 중요성을 깨닫고 국가적인 지원을 확대하는 계기가 되기를 기대했을 것이다.

한국인 최초의 우주인 이소연 씨에 관한 언론의 뜨거운 관심이 그녀의 귀환으로 다소 식어갈 즈음, 또 다른 과학 관련 기사가 온 국민의 이목을 집중시키기 시작했다. 미국산 쇠고기의 광우병 관련 기사가 바로 그것이다. 2008년 4월 29일, 문화방송의 시사 프로그램인 「PD수첩」이 광우병 안전성 논란을 방송한 이후 국민들의 불안감은 증폭되기 시작했다. 그러나 정부가 오해 소지가 있는 부분

2008년 봄, 청계광장. 미국산 쇠고기 수입에 반대하는 시민들이 거리로 쏟아져 나왔다.

에 대해 적절한 해명이나 조치를 적시에 하지 못한 탓에, 시민들은 급기야 촛불집회로 성난 민심을 표출하기 시작했고, 이 집회는 장장 102일 동안 계속되었다. 물론 광우병 관련 기사는 단순한 과학 관련 기사라기보다는 정치 · 경제 · 국제통상 등 복합적인 차원의 문제이긴 하지만, 결국 국민들이 가졌던 불안감의 핵심은 광우병의 원인과 감염 가능성, 광우병에 취약한 유전자 등 과학적인 해명이 필요한 사안들이었다.

주요 언론의 2008년 '10대 뉴스' 설문조사에서 광우병 기사와 한국 최초의 우주인 기사가 반드시 포함됐을 만큼, 이 두 사건은 중요한 과학 관련 이슈였다. 그렇다면 그해에는 이 기사 외에 다른 중요한 과학적인 사안이 없었을까? 그리고 광우병은 그때 처음으로 보도된 기사였을까? 처음이 아니었다면, 그럼 등장할 때마다 항상 신문과 방송에서 헤드라인 뉴스로 채택되었을까?

사실 수입 쇠고기의 광우병 안정성 논란은 어제오늘 시작된 사안이 아니다. 더구나 '광우병 괴담'이라고도 불렸듯이 당시 광우병은 미래에 발생이 우려되는 사건이었던 반면, 조류독감은 그 당시 실제로 전남 김제시 용지면에서 시작해 나주시, 영암군, 그리고 서울까지 확산되었던 현재진행형의 사건이었다. 그럼에도 불구하고 〈그림 1〉에서 보듯 언론에서 다루었던 기사 건수로 보았을 때 광우병보다 현저히 적은 양의 기사가 보도되었다. 그러나 적어도 2004~05년에는 조류독감이 광우병보다 더 중요한 이슈로 다루어졌음을 알 수 있다.

〈그림 1〉 관련 주제어별 주요 종합 일간지 기사 건수 비교

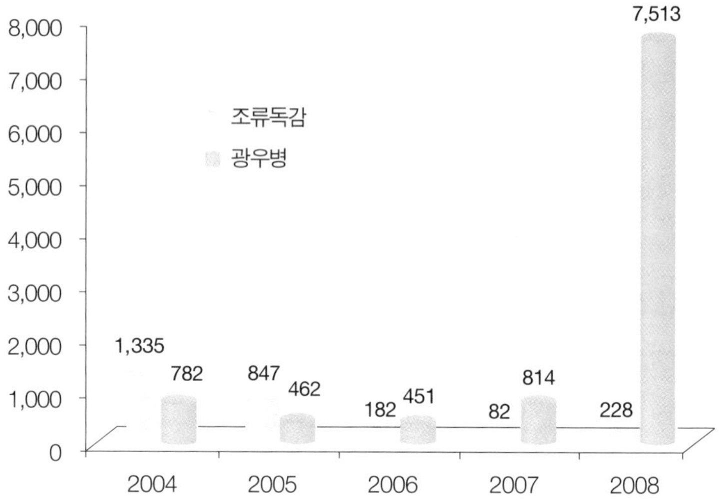

* 한국언론재단 카인즈[1] 기사검색을 통해 분석한 관련 단어를 포함한 종합 일간지(서울)[2] 기사 건수

2008년 하반기에는 공업용 유해물질인 '멜라민 파문'이 한국을 휩쓸었다. 멜라민은 중국산 분유에 섞여 어린이들이 주로 먹는 과자에서 검출됐다. 이 독성물질은 '괴담'이 아니라 '실체'로 드러났고, 중국 후진타오 주석이 직접 전 세계에 사과까지 한 사건이지만,

1 한국언론재단에서 제공하는, 국내에서 발간(보도)되는 1990년 이후 종합 일간지(서울 10개, 서울 외 25개 지) 기사를 비롯, 경제지(6개), 방송뉴스(3사), 인터넷신문(9개), 영자신문(2개) 등 다양한 매체의 기사를 수록하고 있는 데이터베이스. 또한 1960~89년까지의 종합 일간지 지면별 이미지 보기 서비스와 독립신문, 대한매일신보 두 종의 고신문 기사가 수록되어 있다.

2 경향신문, 국민일보, 내일신문, 동아일보, 문화일보, 서울신문, 세계일보, 한겨레, 한국일보, 아시아투데이 등 10개 지 기사 데이터베이스 통합검색 제공.

언론재단의 동일한 기사 검색 조회에 나타난 종합 일간지(서울) 기사 건수는 총 1,475건이었다. 같은 해 상반기 광우병 기사 건수에 비하면 4분의 1 정도밖에 되지 않는다.

어린아이에게 치명적인 중국산 독성물질이 실제로 검출된 식품이 상당 기간 유통되고 소비된 사건이 더 중요한 이슈인지, 유해성의 실체가 확인되지 않은 미국산 쇠고기의 광우병이 더 중요한 이슈인지를 객관적으로 평가하기는 쉽지 않을 것이다. 그 사회의 정치 경제적 중요성에 따라 그리고 사건의 전개 과정에 따라 보도되는 기간이 다르고 보도되는 양도 다를 수 있다. 또한 개인의 관심과 이해관계에 따라 각 사안에 대해 느끼는 중요도가 사람마다 다를 수 있다.

그러나 매스미디어 현상을 연구하는 학자들(McCombs & Shaw)에 의해 입증된 재미있는 사실은 대부분의 사람들이 매스미디어가 어떤 이슈를 얼마나 많이, 얼마나 자주 보도하는지와 사람들이 그 이슈를 중요하다고 평가하는 정도 사이에 상당히 정적인 상관관계가 있다는 것이다. 다시 말해 매스미디어가 어떤 이슈를 선정 · 강조해서 보도하게 되면 사람들은 그것을 다른 이슈보다 더 중요한 이슈로 지각하게 된다. 이렇게 매스미디어가 수용자들 개인의 인지적 변화에 영향을 미치면서 그들의 사고를 구조화하는 능력을 매스미디어의 '의제설정agenda-setting 기능'이라고 한다. 비록 미디어가 개인의 태도나 의견을 변화시키기에는 역부족일지 모르나, 우리가 무엇에 대해 생각해야 하는지를 알려주는 데는 놀랄 만큼 성공적이라는 것이다.

우리 주변의 모든 사실이나 사건이 취재되는 것은 아니다. 그러나 설사 기자들이 취재를 한다 해도 모든 기사가 보도되는 것도 아니다. 하루에도 수많은 취재기사가 모아지겠지만 편집 데스크에서 일단 뉴스 가치에 맞는 것을 취사선택하게 되고,[X] 매스미디어가 기사를 전달함으로써 사람들이 생각하고 얘기할 문제들agenda을 결정하게 된다. 그러나 매스미디어는 단순히 우리에게 생각할 이슈들과 그들 간의 우선순위를 선정하는 데만 영향을 미치는 것은 아니다.

X Tip
기사는 뉴스 가치에 의해 선택되어 작성되는데, 뉴스 가치를 결정하는 기준은 각 매체별로 가지고 있는 기준과 취재기자의 개인적 주관, 그 외 다양한 사내외적 요인들이다. 이러한 과정을 언론의 게이트키핑(gatekeeping)이라고 한다.

흔히 우리는 뉴스란 우리 주위에서 일어나는 사실이나 사건을 기자가 객관적인 입장에서 있는 그대로 보도하는 것이라고 생각하기 쉽다. 그러나 뉴스는 그 사실이나 사건을 매스미디어 보도에 맞도록 재구성한 이야기라고 할 수 있다. 즉 기자를 포함한 뉴스 생산조직이 사회적 규범과 가치, 뉴스 조직 자체의 압력과 강제, 이익집단의 영향력, 편집국의 일상, 그리고 기자들의 이데올로기적 · 정치적 성향 등 다양한 요인에 따라 현실의 사건을 선택 · 가공 · 편집하여 수용자들에게 현실을 바라보는 특정한 틀frame로 제공한다는 것이다. 이를 언론의 프레이밍framing 효과라고 한다.

다음에 인용한 기사는 각각의 신문사들이 서로 다른 틀을 사용할 때, 한국 우주인 배출사업비 260억 원에 대해 얼마나 다르게 평가할 수 있는지를 잘 보여준다.

우주인 과대 포장

"260억짜리 우주 관광쇼" 네티즌 시끌

온 국민의 주목을 받으며 진행되고 있는 '한국 최초의 우주인 프로젝트'가 과대 포장 논란에 휩싸이고 있다. 이벤트 성격이 강해 일각에선 "260억 원짜리 우주관광 로또쇼"라는 말이 나오고 있는 것이다. 실제 이번 우주인 프로젝트 이후 진행시킬 한국의 우주개발에 대한 밑그림은 없는 형편이어서 260억 원이라는 거액이 투자된 사업이 1회성에 그칠 것이라는 우려도 나오고 있다. (중략)

과기부는 또 이번 프로젝트를 통해 러시아 연방우주청과의 협력관계를 다져 향후 우주발사체 기술 개발에 도움을 받을 수 있을 것으로 기대하고 있다.

그러나 현재 발사체(로켓) 한 대 없는 우리나라의 우주기술을 고려하면 우주인이 배출됐다고 해서 당장 유인 우주기술을 갖는 것은 아니다. 이번 이벤트 이후 추가 우주인 배출 등 우주개발에 대한 구체적인 계획도 없는 게 현실이다.

경향신문, 2007. 1. 5. 기사 일부

세계 시장 규모 1,000억 달러 '급팽창'
관심 끄는 우주산업

첫 우주인의 탄생으로 우주인 경제학에 대한 관심도 높아지고 있다. 우리나라가 우주인 배출 사업에 투자한 돈은 모두 260억 원. 정부가 210억 원(교육과학기술부 60억 원, 한국항공우주연구원 150억 원)을 부담했고 주관 방송사인 SBS가 50억 원을 냈다. 260억 원 중 200억 원은 러시아에 우주선 탑승과 훈련비로 지불됐다. 나머지 60억 원은 국내에서의 우주인 선발 홍보 관리비에 지출됐다.

정부가 우주인 사업에 나선 것은 국가우주개발계획의 기틀을 다지고 중장기적으로 한국 우주과학의 수준을 한 단계 높이기 위해서다. 그동안 우리나라는 인공위성 제작에만 신경 썼을 뿐 발사체 제작이나 유인 우주 기술에는 투자할 여력이 없었다. 이미 1970년 일본과 중국은 자체 개발한 발사체로 인공위성을 쏘아 올렸으나 한국은 올해 12월에야 고흥 나로우주기지에서 국내 최초로 소형 위성 발사체를 우주로 발사할 계획이다.

문제는 연간 세계 우주시장 규모가 1,000억 달러에 이르는 데다 성장세가 갈수록 두드러진다는 점이다. 지금이라도 투자를 늘려 우주 선진국의 기술을 따라잡아야 한다는 주장이 설득력을 갖는 것도 이 같은 이유에서다. 최기혁 항공우주연구원

우주인개발단장은 "우주산업을 통해 돈도 벌고 세계를 장악할 수도 있다"며 "강대국이 된다는 원대한 국가 목표를 감안해 '제2의 우주인 배출 프로젝트'에 관심을 가져야 한다"고 말했다.

한국경제, 2008. 4. 15. 기사 일부

이러한 의제설정 기능이나 틀짓기 기능은 비단 과학 기사뿐 아니라 모든 언론 기사에 적용되는 현상이지만, 유독 과학 보도에 더 유의해야 할 이유는 앞서 언급한 바와 같이 과학은 전문화되고 첨단화되어서 더 이상 일반인들이 쉽게 이해할 수 있는 분야가 아니기 때문이다. 게다가 우리는 오랫동안 과학의 인지적 권위에 저항할 수 없도록 교육받아왔고, 그 덕분에 과학이 발전하면 살기 좋은 세상이 된다는 무조건적인 희망에 익숙한 편이다. 최근 들어 드러나는 여러 가지 과학의 부작용과 위험들로 인해 막연한 두려움도 생겼지만 여전히 사람들은 과학에 대해 우호적이다. 게다가 정부나 과학자 집단이 제공하는 정보는 10년 이상 사업을 진척시키지 못했던 '방폐장' 건립의 예에서 알 수 있듯이, 필요에 따라서는 근시안적이고 정략적인 경우도 허다하지 않은가?

Tip

방사능 폐기물 처리장 건립: "1980년 중반 이후 원자력 에너지 비중이 커지자 정부는 방폐장 확보를 위해 1987년부터 작업 추진. 그러나 정부는 기술적, 경제적 타당성만을 검토하여 일방적으로 입지를 선정했을 뿐 아니라, 심지어 1990년 첫 장소로 선정한 안면도의 경우 건립계획 발표 때까지 건설 사실을 비밀에 부치는 등의 권위주의적 추진 방식으로 경남 양산, 경북 울진, 전북 부안을 옮겨가며 추진했으나 주민들의 반대로 결국 무산됨. 부안군 사태를 교훈 삼아 정부가 입지 선정 전략을 수정하고 지역 주민의 신뢰 확보에 주력한 결과 2005년 경주 유치에 성공."(『정부정책 성공의 충분조건: 소통』, 삼성경제연구소, 2008).

과학과 대중, 과학 대중화 운동: 과학에 대한 일반 대중의 긍정적인 이미지

본격적으로 과학 기사의 특성을 살펴보기 전에 대중이 과학에서 멀어지고, 결국 과학보다는 과학 '이야기'를 전하는 대중매체로 인해 우리가 과학에 대해 갖게 된 이미지, 대중과 멀어질수록 대중화가 필요했던 과학, 그래서 더욱 긴요하게 활용될 수밖에 없는 언론의 관계에 대해 논의해보자.

서구 과학사를 연구하는 학자들에 따르면 과학이 처음부터 대중과 분리된 영역은 아니었다고 한다. 이 경계의 대략적인 시작은 특정 참가자들이 이미 합의한 규칙에 의해 기타 활동과는 다른 활동을 하는 것으로 과학을 규정하고 이를 제도화한 '과학계'라는 것이 형성되었던 17세기부터라고 본다. 그러나 그 후에도 상당 기간 과학은 다른 대중적인 문화와 경계가 선명한 것이 아니었으며, 더구나 원래부터 다른 문화에 비해 '특별한 능력'을 가진 사람들만이 할 수 있는 우월한 지식체계로 인정된 것은 아니었다(김경만, 2000). 오히려 사회 문화적인 요소들이 과학의 방향과 내용에까지 강한 영향력을 행사할 수 있었다. 17세기 당시 물리학이나 천문학의 70% 이상이 식민지 개척에 필요한 항해술에 도움을 줄 수 있는 경도longitude 연구나 전쟁에 필요한 무기에 관한 연구였던 것만 보아도 그 관계를 어느 정도 짐작할 수 있을 것이다. 사실 19세기 전반에만 해도 과학 논문들이 문학 출판물에 게재되는 것이 자연스럽게 받아들여

질 정도였으며, 심지어 자연신학론의 비호에 의지했을 정도로 다른 지식체계에 비해 상대적으로 미약한 위치에 있었다.

그러나 과학계는 그 당시 사회나 대중의 요구에 부응하는 업적을 통해, 점차 과학의 경험적인 타당성과 정당성을 확보하고 다른 형태의 지식보다 우월함을 보여주기 위한 노력을 부단히 해왔다. 오늘날에는 그 관계가 역전되어 대중과 과학 이외의 학문에 종사하는 지성인들에게서 완전히 독립했을 뿐 아니라, 이제는 오히려 과학이 다른 분야에 강한 영향력을 발휘하고 있다.

아이러니컬하게도 이처럼 과학자들은 과학의 자율적 독립성을 확보하려는 노력을 일찍부터 해오고 있지만, 그와 동시에 다른 한편으로는 과학 대중화, 다시 말해 과학을 대중들에게 알리기 위한 노력을 게을리 하지 않았다. 1829년 케임브리지 대학 수학과의 찰스 배비지Charles Babbage 교수가 『영국 과학의 부진과 그 원인에 대한 고찰』이라는 저술에서 영국의 과학이 다른 나라에 비해 뒤처지고 있는 것은 대중의 관심 부족 때문이라는 주장을 피력했다고 하니, 과학과 국가경쟁력을 연결 짓는 논리는 예나 지금이나 설득력 있는 전략임을 알 수 있다. 과학이 특수한 영역으로 우월적인 지위를 유지하고 지속적으로 발전하기 위해서라도 과학에 대한 대중의 관심과 지지가 필요했던 것이 과학 대중화의 주요한 이유 중 하나이기도 하다(Gregory & Miller, 2000).

Tip
이해하기 쉬운 최근의 예를 들자면 나치 아래에서 과학이 정부주도로 통제되자 미국 과학사회학의 창시자인 로버트 머튼(R. K. Merton)은 「과학과 사회질서」라는 논문을 통해 자연세계에 대한 진리를 밝혀내고 인류 사회에 이바지할 수 있는 과학은 자율성, 독립성, 그리고 보편적인 인식적 기준을 과학자들이 자유롭게 적용할 수 있을 때만 가능하다고 주장함으로써 나치의 과학 통제를 강력히 비난했다.

물론 수세기에 걸쳐 존재했던 과학 대중화 운동가들은 저마다 다양한 의도를 가지고 활동했겠지만, 19세기 전반에는 대중들에게 과학적 지식에서 오는 기쁨과 도덕적 혜택을 맛보도록 하는 것이 목표였다면 후기로 갈수록 최신의 과학적 발견의 경이로움을 소개하고 과학의 중요성과 혜택을 인식시키는 방향으로 나아갔다. 저술하는 방식에도 차이가 있었으니, 19세기 찰스 다윈처럼 당대의 위대한 과학자면서 과학 대중화에도 관심을 가졌던 인물들은 대중을 포함한 광범위한 독자들을 염두에 두고 자신들의 새로운 이론을 저술했던 반면, 20세기 초반에 과학 대중화 운동을 하고자 했던 과학자들은 과학 저널에 발표할 논문과 대중적인 책을 별도로 저술해 각각의 독자들에게 서로 다른 읽을거리를 제공했다. 다시 말해 과학 대중화 운동은 꾸준히 진행되어왔지만 과학이 발달할수록 과학 집단은 대중과 멀어질 수밖에 없게 되었다.

과학지식사회학자인 스티븐 샤핀Steven Shapin의 주장대로 과학과 비과학의 경계, 과학자와 대중의 경계 자체는 원래 정해진 불변의 경계가 아니라 오랜 역사적 투쟁을 통해 만들어진 문화적 경계라지만, 현대사회에서 대중의 역할은 그저 과학자들이 바람직하다고 생각하거나 필수적이라고 생각하는 연구를 지지해주는 축소된 역할로 전락한 것이 사실이다.

두 번의 세계대전을 통해 과학계는 군사기술 분야에 기여함으로써 도덕적인 합법성을 갖추게 되었으며, 전쟁 중에 개발된 과학 기술은 전후 경제적 발전에도 공헌함으로써 계속적으로 탁월한 지위를 누릴 수 있었다. 물론 전쟁을 계기로 과학 발전의 어두운 측면을 경험하고 이미 1세기 전부터 온실효과의 가능성에 대한 예측이 없었던 것은 아니지만, 전후 과학 기술이 가져다준 경제적 풍요로움은 현재까지도 대부분의 사람들에게 과학에 대해 긍정적인 이미지를 갖는 데 영향을 미쳤다고 할 것이다.

한국에서도 나름의 전통적 과학 연구와 생활 속의 실천이 있었겠지만, 근대적인 의미의 과학 기술의 보급은 17세기 실학자들이 중심이 되어 중국어로 번역된 서구 과학 문물을 조선에 소개한 활동이 한국의 과학기술문화운동의 시초라고 평가된다(김학수, 2000). 그러나 본격적인 과학기술문화운동의 전개는 일제 강점기 일본의 발달상을 직접 경험한 유학생들에 의해 주도되었다. 나라를 빼앗긴 것은 과학을 발전시키지 못했기 때문이므로, 나라를 부강하게 만드는 것 역시 과학으로 가능하다고 생각했고, 일제에 의한 제도교육 안에서는 제한적이었던 과학 교육을 학교 밖에서 확산시키고자 많은 노력을 했다고 한다. 과학이 부국강병에 도움이 된다는 이러한 정신은 그 후 지속적으로 계승되어 박정희 정권 때 경제적 성장과 부합되면서 사회 발전을 위해 더욱 주요한 덕목으로 강화되었다고 볼 수 있다. 다시 말해 과학은 역사적으로 근대화의 필연적 원동력이었고, 그로 인한 물질적 풍요로움과 시장주의의 득세는 동서양을 막론하고 사회에 대한 과학의 긍정적인 역할과 기여만을 부각시키는 데 더 익숙해져 있다.

언론 기사로서의 과학 : 과학 기사 선정과 서술 방식

과학과 유리된 일반 대중에게 과학에 대한 정보나 지식은 애초부터 기자들이 쓴 뉴스 기사로 전달되었을까? 적어도 서구에서는 제1차 세계대전 이전까지만 해도 과학에 대한 내용은 대부분 과학자들이 썼다고 한다. 다시 말해 과학자들의 강의 내용(일반 대중이 청중이었을 때도)을 전문적인 '서기'들이 축약해서 발간하는 것이 대부분이었다.

그러나 과학에 대한 대중의 관심이 높아지면서 언론의 관심도 높아지게 되었다. 19세기부터 잡지의 대중적인 인기가 높았던 미국은 1921년에 전국의 과학 저널리스트를 상대로 과학 뉴스를 제공하는 '사이언스 서비스Science Service'라는 과학 부분 통신사를 발족할 정도로 과학은 미국 신문에 빠질 수 없는 부분을 차지하게 되었다. 그와 동시에 과학적인 주제는 '과학자의 말을 단순히 받아 적던 서기'에서 '직접 취재하여 스토리를 만드는 저널리스트'의 손으로 넘어가면서 예전의 '과학'과는 다른 의미의 형태로 대중에게 전달되기 시작했다. 앞서 언급했듯이 '과학'보다는 '과학 이야기'에 더 초점이 맞춰질 수밖에 없었을 것이다. 이와 같은 과학 저널리스트들과 과학 기사의 확대는 과학 대중화 운동의 전문화를 향한 첫걸음을 의미하기도 했다.

여기서 분명히 짚고 넘어갈 일은 '과학 대중화 운동의 전문화'가 '대중의 과학 전문화'는 아니라는 점이다. 과학 발전이 국가 발전과 긴밀한 관계를 가지게 된 현대사회에서는 대중의 과학에 대한 이해와 지지가 과학을 지원해줄 수 있는 정책 수립에 필수적일 것이다. 그러나 대중이 과학을 전문적인 수준으로 아는 것은 사실상 불가능하며, 심지어 같은 과학적 훈련을 받았다고 해도 천문학자가 미생물학 연구논문을 이해하기 어렵듯, 과학 전문기자라 해도 모든 분야의 과학을 이해할 수는 없다. 또한 과학이기 때문에 다른 기사와 다른 점은 있겠지만 언론에 나타나는 과학 역시 언론 기사로서의 특성을 무시할 수 없다.

과학적 발견이 학술지가 아닌 언론에서는 어떻게 취재되고, 어떤 모습으로 변형될 수 있는지, 어떤 영향력을 발휘할 수 있는지에 대해 한번 살펴보기로 하자. 이를 위해 우선 어떤 과학이 기사로 선정될 가능성이 높으며, 과학이 기사로 씌어질 때 그 서술 방식은 어떤 특징을 띠게 되는지를 알아볼 필요가 있을 것이다.

과학 기사의 선정

하루 중에 일어나는 수천 가지 일 가운데 극히 일부만이 뉴스로 보도된다. 같은 과학적 업적이라도 그날 마침 그보다 더 중요한 사건 사고가 많으면 그 기사는 축소되거나 심지어 밀려나기도 한다. 반대로 다른 큰 뉴스거리가 없으면 평소 같으면 작게 다루어졌을 사건이 신문의 헤드라인으로 뽑힐 수도 있다. 이는 비단 과학 기사에 국한된 것은 아니며, 소위 '뉴스 가치'라고 통칭될 수 있는 내용적 특성에 의해 기사의 취사선택, 대소강약이 결정된다.

학자에 따라 뉴스의 가치를 평가하는 기준이 다를 수 있지만 뉴스로 보도되는 과학 기사의 특징을 살펴보면 대략 다음과 같은 몇 가지가 공통적으로 거론된다(Gregory & Miller, 2000). 우선 대중의 관심의 임계치threshold를 넘을 만큼의 크기를 가졌느냐 하는 부분이다. 예를 들자면 '약한 지진과 적은 인명 피해'보다는 '수천 명의 난민을 발생시킨 지진'이 훨씬 더 기사가 될 가능성이 높다는 것이다. 그러나 비록 규모는 작아도 독자들에게 의미 있고meaningfulness, 연관성relevance이 있으며, 사람들에게 감동과 기대를 줄 수 있는 공명consonance이 있으면 좋은 기사감이 된다. 다시 말해 '힉스의 중성자'보다는 '인삼의 항암 효능'이 훨씬 더 사람들의 관심을 끌 수 있기 때문에 더 큰 기사가 될 수 있다. 그냥 질병 자체로는 뉴스가 될 수 없지만 유명인이 그 병으로 아프면 그 질병은 대서특필될 수 있는 것이다.

또 다른 뉴스 가치의 기준으로 발생 빈도를 들 수 있다. 대통령 선거나 주말 스포츠 경기 같은 주제는 주기를 가지고 반복적으로 발생하는 사건이다. 이러한 종류의 사건은 기사거리를 미리 예상할 수 있기 때문에 지면을 미리 배정할 수 있을 뿐 아니라 기사 내용을 풍요롭게 할 수 있는 인터뷰와 같은 사전 준비를 여유 있게 할 수 있다는 점에서 보통 기자들이 선호하는 주제가 된다. 그러나 과학적 변화는 규칙적으로 빈번하게 발생하면 오히려 무의미할 것이다. 물론 노벨상 수상과 같은 소식은 반복되는 과학 소식이라도 선호될 수 있다. 이 경우 반복적인 빈도보다 더 중요한 특징은 '사람'에 대한 이야기가 될 수 있다는 점 때문이다. 실제로 언론은 과학 발견 그 자체보다 과학자의 개인사라든가, 예상되는 금전적 보상, 또는 국가경쟁력 등과 같은 과학 '이야기'에 초점을 맞출 때가 많다. 그래야 독자들의 관심을 더 끌 수 있기 때문이다.

과학 기사의 서술 방식과 정보원

과학 논문에 쓰이는 언어와 내용 전개 형태는 나름의 규칙과 전통이 있다. 과학 논문은 객관성, 냉정함을 견지하면서 주로 무엇을 했고 어떤 데이터가 나왔다는 사실에 관해 다루게 된다. 저자나 독자나 같은 수준의 전문가들이기 때문에 불필요한 부분은 보통 생략된다. "이것은 진정 훌륭한 신약 제품이 될 것이다" 또는 "이러한 발견에 우리는 모두 흥분의 도가니에 빠졌다"라는 감정적인 설명을 생략해도 전문 독자들은 그 연구의 가치를 알 수 있고, 그것의 중요성은 충분히 전달된다.

그러나 계산적이고 수동적인 과학 글쓰기와는 달리 뉴스 언어는 즉각적이고, 긍정적이며, 능동적이다. 뉴스에서는 중요한 정보가 글의 초반부에 있다. 첫 문장은 전체 이야기를 함축하고 가능한 한 핵심적 사실을 많이 담아야 한다. 세부 사항, 기술적 사항, 그리고 질적 평가 등은 기사가 전개되면서 주로 후반부에 나열된다. 중요한 사실부터 앞에 내세워 독자에게 주요 내용을 우선 전달하고자 함과 동시에 급할 경우 뒷부분부터 들어내도 글의 흐름이 망가지지 않아야 하는 실용적인 목적에 적합하다. 시간을 다투는 편집 데스크에서 지면이 부족해 기사를 자를 경우에도 문장을 다시 배열할 필요가 없어야 하기 때문이다.

과학은 일반화되어야 하며 또 일반화될 수 있어야 한다. 즉 사실과 반복 가능한 부류의 사건을 다루어야 한다. 그러나 뉴스는 특이성이 있어야 하기 때문에 사용하는 단어도 일반적이기보다는 특이성을 가진 것이어야 한다. '곤충'보다는 '초파리'여야 하며, '포유류'라기보다는 '돼지'라고 해야 한다. 이런 것이 뉴스 이야기를 구체적으로 만들고, 사람들이 연관성을 가지거나 가시화하기 쉽도록 만들어준다. 기사는 기본적으로 다양한 폭의 사회 구성원들을 대상으로 하는 사회적인 글이기 때문에 자칫 잘못하면 기사가 독자들의 기호에 영합하는 글로 전락할 가능성도 있다. 더구나 요즈음처럼 인터넷까지 가세해 정보가 넘쳐나고 어떤 기사를 더 많이 읽는지 실시간으로 알 수 있기 때문에 기자들은 더욱 대중에 영합하는 기사 선정과 독자의 호기심을 자극하는 선정적인 표현의 유혹을 더 많이 받게 된다.

또한 기사는 사람들이 읽기 쉬워야 하므로 과학적인 글에서 원래 강조하고자 하는 점을 왜곡할 수도 있고, 이것이 때로는 독자들에게 더욱 감성적인 반응을 불러일으킬 수도 있다. 신문의 지면이나 방송 시간의 제약으로 글을 간결하게 만들어야 하기 때문에 기자들은 과학적 글에서 필수적인 요소를 생략할 수도 있다. 예를 들어 "이러한 조건 아래서 이것은 매우 뛰어난 효과를 낸다"라는 말을 "이것은 효과가 매우 좋다"로 바꿔놓을 수도 있는 것이다. 짧은

지면에 어쩔 수 없는 생략일지 모르나 이것은 본의 아닌 과장의 효과가 있으며, 또한 어떤 정보에 대하여 과학자들이 설명하고자 하는 수준보다 더 단정적으로 만들게 된다.

애초에 사람들의 관심을 끌 가치가 있는 주제들이 주로 기사로 선정되는 경향이 있지만, 그 이야기를 더 연관성 있고 의미 있게 만들기 위해 과학적 발견에 대한 뉴스는 그 연구 과정보다 과학적 결과와 그 잠재적 적용 가능성을 더 강조하는 경향이 있다. 이미 연구의 결과가 실제 세계에서 어느 정도 활용되고 있으므로 전혀 사실무근은 아니겠지만, 잠재적인 적용 가능성에 대한 강조 역시 독자로 하여금 정보를 더욱 분명하고 완전한 것으로 여기도록 만든다. 그리고 그 결과를 실제 세계의 문제와 연계시키기 때문에 그 기사는 우리에게 더욱 설득력을 가진다. 기자들은 과학에 대한 전문가도 아니고, 논문과 달리 기사는 얼마 지나지 않아 곧 버려지고 잊혀질 것이기 때문에 과학자들보다는 기자들이 추정하는 데 훨씬 융통성을 발휘한다.

과학 기사의 정보원이라고 할 수 있는 과학자들은 태생적으로 과학적 사실 보도에 있어 '정확성'에 집착할 수밖에 없다. 이러한 압박은 과학 기자들이 기사를 쓰는 데 과학자 집단과 밀접한 유대관계를 갖고 의지할 수밖에 없도록 만든다. 물론 과학자 이외의 학문 분야에 대해서도 학자들을 인터뷰하는 등 전문가 집단에 종종 의지하지만 과학 분야에 비하면 그 의존도가 약하다 할 것이다. 미국을 비롯한 서구 선진국 대부분의 연구기관들은 보통 적절한 기자들과 접촉하는 것을 도와줄 언론 담당을 고용하고 있다. 언론 담당 전문가가 과학자와 과학 기자 사이의 중재자로 좋은 기사거리를 선별해주고 연구기관과 관련해 좋지 않은 사실은 언론을 통해 나가지 않도록 방어하는 역할을 한다. 이러한 특수성과 그 특수성 때문에 생긴 기자와 정보원들 간의 유대관계는 과학 관련 기사가 다른 기사에 비해 우호적인 내용이 상대적으로 많을 수밖에 없음을 시사하기도 한다.

과학자 혹은 과학연구소의 언론 담당관 다음으로 일반 언론기자들이 즐겨 이용하는 정보원은 『네이처*Nature*』나 『셀*Cell*』지와 같은 세계적인 과학전문지일 것이다. 전문지에 실린 이야기가 믿을 만하고 모든 정보를 자세히 다루고 있어 굳이 직접 취재하는 수고가 필요 없는 손쉬운 방법이기 때문에 한국 신문에서도 이런 전문 잡지의 내용을 인용한 기사들을 종종 읽게 된다. 그러나 최근에는 공정하고 객관적이어야 할 세계 양대 과학 학술지인 『네이처』와 『사이언스*Science*』도 특허를 보유하고 있거나 해당 기업과 이해관계가 있는 과학자의 글을 그들과의 경제적 이해관계에 대한 별다른 공표 없이 게재하여 연구 윤리를 훼손했다는 지적을 받고 있다. 이는 과학 활동의 기업 의존도가 높아지고 상업화가 가속화되고 있는 현실을 감안할 때 엄격하게 다루어져야 할 중요한 문제다.

과학이 신화가 될 때[3]

과학, 언론, 정치, 경제, 그리고 대중까지 한꺼번에 애국주의, 영웅심리, 일등주의 등등의 논리로 뭉쳐졌을 때 과학이 신화가 될 수 있음을 우리는 불과 몇 년 전에 경험했다. '황우석 사태'는 말 그대로 역사적 사건이었다. 이를 통해 생명복제 연구의 윤리성, 학자들의 도덕성, 과학 연구 검증 방식, 국가의 과학행정 정책, 그리고 저널리즘의 과학 보도 등 생명과학 연구를 둘러싼 총체적인 사회 시스템의 허점이 적나라하게 드러났기 때문이다.

하지만 황우석 사태는 사회 문화적, 그리고 정치적으로 중차대한—보다 정확히는 위험한—함의를 지니는 21세기 한국 사회의 '사회심리적' 상태를 여실히 드러내준 사건이기도 하다. 배아줄기세포 배양에 대한 논문이 발표된 직후 한국 사회 구성원 중 다수가 황우석 사단에 열광하고, 황우석 사태 이후에도 온 신경과 관심을 이에 집중하며 황우석에 대한 문제 제기를 불편해하거나 음모시하고 분노하며 거부한 맹목적 지지의 사회심리가 그것이다. 이러한 심리는 이른바 분신 자살 시도까지 했던 '황빠'라고 통칭되는 일부 과격한 황우석 지지자들에게서만 발견되는 현상으로 국한된다기보다는 남녀노소, 신분 고하, 그리고 이념적 성향을 막론하고 많은 한국인들에게서 보편적으로 확인되었던 현상이다. 아래 제시된 신문 칼럼의 일부분은 학자적 양심을 믿은 필자를 포함한 다수 한국인들이 MBC-TV의 「PD수첩」 방송 이후 황우석에 대해, 그리고 문제를 제기한 MBC-TV에 대해 보여준 반응을 잘 기술하고 있다.

3 이 절의 전반부는 Sugmin Youn, Namjun Kang, Heejin Kim(2009), "The never-ending myth: An analysis of Hwang Woo-Suk syndrome"의 일부를 발췌, 수정 번역한 것임.

대다수 '보통 사람들'은 당혹스러웠다 — "도대체 MBC가 저렇게 황 교수를 깎아내려서 얻는 것이 무엇인가?" "모처럼 세계적 과학자로 발돋움하는 황 교수에 대한 우리의 자부심이 그렇게도 못마땅하단 말인가?" "연구 성과 자체가 의도적으로 조작된 것이라면 당연히 규탄되어야 하지만 과정상의 실수나 문제가 있었다면 그것을 교정하는 선에서 지적하는 애정을 보여줄 수는 없는 것인가?" 보통 사람들의 의구심은 '황우석 죽이기'와 'PD수첩 옹호'론자들의 진짜 의도는 무엇이며 그들끼리의 어떤 의견 통일 같은 것은 없는 것이냐에 쏠려 있다.

조선일보, 김대중 칼럼, '보통 사람들에 대한 마녀사냥,' 2005. 12. 5.

「PD수첩」 보도 이후 전개된 사태는 끊임없는 공방, 반전에 반전이 이어지는 한편의 거대한 드라마였다. 황우석 연구의 윤리적 문제와 조사 결과의 허구성을 입증해주는 부정할 수 없는 증거가 속속 제시되고 서울대 조사위원회와 검찰의 공식적인 조사 내지 수사 활동에 의해 황우석의 연구 성과 중 대부분이 허위로 공식 판명되면서 황우석은 마침내 몰락했다. 하지만 이 과정에서 황우석은 집요했고, 그에 대한 지지 심리 역시 마찬가지였다. 황우석이 의존했던 것은 바로 이러한 집단 심리였고, 이러한 맥락에서 '황우석 지지의 집단 심리'는 황우석 사태를 초래한 핵심적 요인이었다고 평가할 수 있을 것이다.

그렇다면 이러한 사회적 심리의 본질은 무엇이었을까? 무엇이 다수의 한국인들로 하여금 황우석에 그토록 열광하도록 한 것일까? 황우석 연구의 비윤리성과 허구성이 드러나는 과정에서 한국 국민들이 느꼈던 저항감, 충격 내지 당혹스러운 심리, 이른바 황우석 쇼크의 본질은 무엇이며 어떻게 형성되었을까?

최장집은 황우석 사태를 민주주의가 퇴행할 때 나타나는 징후적 사건으로 보고, 이러한 민족주의, 애국주의를 동원한 유사 파시즘적 분위기를 연출한 주범으로 정부를 꼽은 반면, 전규찬은 이와 더불어 미디어와 저널리즘의 실패, 즉 "합리적, 공개적인 커뮤니케이션의 실패야말로 집단 광기의 주범"으로 추가해야 한다고 보았다(전규찬, 2006). 다시 말해 애국주의, 민족주의에 경도되어 있던 저널리즘, 그런 저널리즘의 실패로 인한 공적 영역 형성의 실패, 그 실패는 이성적인 사유와 합리적인 소통이 가능한 사회가 아니라 신화에 몰입되고 여론을 등에 업은 선전과 폭력의 대중 파시즘적 양상으로 발전했다는 것이다. 결국 과학 기술이 경제를 이끌고 갈 성장 동력이라고 간주하는 언론의 습관적 시각과, IMF 외환위기 이후 경제 성장이 모든 가치에 우선시되었던 한국 사회의 일반적 분위기, 거기에 맞물려 정권 재창출의 좋은 화두로 바이오산업을 잡게 된 정치권까지 합쳐진 "국가-자본-과학 지식 생체 권력의 근친교배적 관계와 영웅 신화에 목말라 있던 다중의 왜곡된 집단행동"이 황우석 사태의 발생 배경이자 역학구조였던 것이다(전규찬, 2006).

과학/기술 시대에 필요한 올바른 과학 저널리즘은?

과학 기술이 사회에 미치는 영향력은 이처럼 날로 커지는 반면 과학 기술에 대한 사회의 통제력은 약화된 현실에서, 앞으로 황우석 사태와 비슷한 일이 다시 반복되지 않기 위해서는 언론이 과연 어떤 역할을 해야 할까?

혹자는 문학비평이 있어 문학이 더욱 빛날 수 있듯이, 과학에도 과학비평이 가능해야 한다고 한다. 다만 아무리 혹독한 문학비평이나 미술비평을 썼더라도 '반문학적' 혹은 '반미술적'이라고 부르지 않고 오히려 문학과 미술에 대한 비평가의 사랑과 열정의 표현이라고 이해되지만, 유독 과학에 대해서는 비평 자체가 '반과학anti-science'이자 과학을 비난하는 것으로 간주되어 공격을 받는 분위기가 문제다. 과학과 애국주의의 연결이 비단 한국이나 중국과 같은 과학 후발국 언론에서만 볼 수 있는 현상이 아니듯이, 과학비평이 환영받지 못하는 것도 동서양에 차이가 없는 것 같다. 그것은 과학혁명과 근대화가 밀접한 관계가 있고 그 과정에서 과학권력의 형성, '과학=경제 발전' '과학=국가'라는 암묵적인 인식이 과학자는 물론 정부, 기업, 대중 속에 뿌리 깊이 자리하고 있기 때문이라는 분석이다. 이러한 인식은 과학에 대한 획일적 시각만을 허용한다는 점에서 올바른 민주사회 구현에 방해가 될 뿐이다.

과학비평의 필요성을 강조하는 학자들은 비평을 통해 중요한 과학 기술에 대한 다양한 관점을 담보할 수 있다고 본다. 이미 인간이 과학을 떠나서 원시로 돌아가는 것은 거의 불가능한 상황이고 보면 결국 건전한 담론을 통해 과학적 발견 또는 발명의 효용에 대한 사회적 합의를 도출하는 것이 어떤 경우에도 필수불가결한 대원칙일 것이다.

그러나 현실적으로 과학비평이 문학비평이나 미술비평처럼 확립된 영역으로 자리매김하기에는 상당한 시간과 시행착오가 필요할 것이라는 점을 감안할 때, 언론 본연의 역할인 사회 감시 기능에 입각한 비판적 과학 저널리즘이 절실히 필요하다. 황우석 사태 당시 유일하게 MBC 「PD수첩」의 입장을 지지하며 진실 규명에 힘을 보탰던 인터넷 언론 '프레시안'의 강양구 기자의 비판적 과학 저널리즘에 대한 주장은 깊이 음미해보아야 할 것이다.

> 현 구조에서 언론이 과학 기술 전문성을 강화한다는 것은 곧 과학 기술 동맹의 또 다른 구성원, 즉 정부, 기업, 과학기술자의 이해관계를 좀더 철저히 대변한다는 얘기에 다름 아니다. (중략) 지금 언론에게 필요한 것은 과학 기술 전문성이 아니라 오히려 과학 기술을 시민의 눈으로 보는 '시민적 전문성'이다. 과학 기술과 관련된 지식을 습득하거나 과학 기술과 관련된 기존의 이해 당사자들의 문화를 공유하는 것이 아니라, 과학 기술과 관련된 다양한 문제들을 사회와의 관계 속에서 조망하고 과학 기술 보도가 도대체 누구를 위해 존재해야 하는가를 끊임없이 성찰하는 능력이 요구되는 것이다. (중략) 과학 기술 시

대에 언론이 해야 할 일은 현대 과학 기술 활동을 끊임없이 감시하고, 그 감시와 성찰의 결과를 대중들과 공유하는 것이다. 이것이야말로 지금 언론이 지향해야 할 새로운 '비판적 과학 저널리즘'의 상이다. 이것은 기자들이 항상 추구해야 할 사실에 대한 철저한 조사, 대담한 해석, 비판적 탐구와 다르지 않다는 점에서 '이상적인 요구'라고 할 수도 없다.

강양구, 「언론의 폭력, 기자의 양식 : 황우석 사태 종군기」,
원용진 · 전규찬 엮음, 『신화의 추락, 국익의 유령』, 한나래, 2006, 133쪽

생각해볼문제

Question

1 현대를 사는 사회 구성원들에게 과학은 떼어놓을 수 없는 중요한 부분이 되었지만, 과학 역시 사회 구성원들을 떠나서는 존재하기 어렵다. 사회의 일반 구성원들과 과학자 집단 사이에서 언론이 하는 역할은 무엇인가? 그 역할은 항상 긍정적인가? 부정적인 역할이 있다면 어떤 경우가 있는가? 긍정적인 역할의 언론이 되기 위한 철학적 혹은 윤리적 바탕은 어떤 내용이어야 할까?

2 과학의 전문화·세분화는 같은 과학자 집단 내에서도 분야가 다를 경우 과학적 발견의 진위나 경중을 평가하기 쉽지 않다. 여기에 특종 보도를 중시하는 경쟁적인 언론계의 속성이 맞물려 과학 보도마저 제대로 과학계의 검증을 거치지 않고 기정사실로 보도되는 실수가 적지 않다. 내가 쓰지 않으면 다른 신문사가 쓰고 말 것 같은 '세계 최초' '국내 최초' 기사에 대한 유혹과 정확하고 객관적인 진실 보도 의무 간의 갈등을 효과적으로 해결할 방안은 구체적으로 어떤 것이 있을까?

3 본문에 제시된 '한국인 최초 우주인' 사업에 대한 상반된 시각의 언론 보도처럼 같은 과학적 기사에 대한 다양한 기사를 수집하고, 각 기사의 틀짓기에 대해 비교 분석해보자. 어느 입장이 우리 구성원들에게 더 바람직한 보도라고 생각하며, 그 이유는 무엇인가?

읽어볼 책들과 참고문헌

김학수 · 김동규 · 김충현 · 김용수 · 노병성 · 김경만, 『과학 문화의 이해: 커뮤니케이션 관점』, 일진사, 2000.

원용진 · 전규찬 엮음, 『신화의 추락, 국익의 유령』, 한나래, 2006.

이충웅, 『과학은 열정이 아니라 성찰을 필요로 한다: "과학시대"를 사는 독자의 주체적 과학기사 읽기』, 이제이북스, 2005.

Sugmin Youn, Namjun Kang, Heejin Kim, "The never-ending myth: An analysis of Hwang Woo-Suk syndrome," *Korea Journal*. Vol. 49, No. 2, Summer, pp. 137~64, 2009.

Gregory, J. & S. Miller, *Science in Public: Communication, Culture and Credibility*, Perseus Publishing, 2000. 『두 얼굴의 과학: 과학은 대중과 어떻게 커뮤니케이션 하는가』, 이원근 · 김희정 옮김, 지호출판사, 2001.

| 제5장 |

과학 기술의 발전, 진화인가 시장의 선택인가?

– 과학 기술의 발전과 경제의 상관관계

| 노정녀 |

경제 성장은 어떻게 이루어지는가?

사람들은 경제적으로 윤택한 삶을 바란다. 개개인과 사회는 더 쉽고 빠르고 편안하게 더 많은 것을 누릴 수 있는 경제적으로 풍요로운 삶을 영위하는 데 끊임없는 관심을 가져왔다. 그리하여 이러한 삶을 가능케 하는 경제 성장이나 경제 발전 같은 말들은 신문과 TV 등의 미디어를 통해 수없이 접하는 익숙한 용어가 되었을 뿐 아니라, 일상의 대화에서도 자주 등장하는 화두가 된 지 오래되었다. 하지만 모두가 원한다고 해서 모두가 잘살게 되었을까?

굳이 개인의 단위로 따지지 않더라도, 각 사회와 나라들 간에는 경제 수준의 차이가 크다는 것을 알 수 있다. 어떤 나라는 물질적으로 풍요로운 반면, 다른 한쪽에서는 생존을 걱정해야 할 만큼 의식주의 문제로 고통을 겪기도 한다. 왜 어떤 나라는 높은 수준의 부를 누리고, 또 다른 나라는 빈곤의 늪에서 헤어나기조차 힘든 것일까? 이런 차이는 대체 어디에서 기인하는 것일까? 개인들 간에는 지능, 손재주, 성실성, 생활환경, 기회 등 여러 요인들에 따라 경제 수준의 차이가 발생하겠지만, 수많은 개인들이 모여 있는 사회나 국가의 경우에는 그런 큰 차이가 어디에서 비롯되는 것일까?

풍부한 천연자원, 쾌적한 기후, 지리적 요건 등 여러 가지 주어진 요소나 환경들은 한 사회나 국가의 생활과 경제 수준에 상당한 영향을 미치게 된다. 하지만 단순히 이러한 자원의 차이만으로는 각 나라의 부富의 수준을 설명할 수 없다. 가장 대표적인 예로 일본의 경우, 천연자원 등의 주어진 요소나 환경만으로는 그들의 경제적 성공이 설명되지 않는다. 그들은 척박한 자원을 가지고 있지만 이러한 환경을 극복하고 놀라운 경제적 발전과 부를 이루어냈다. 반면 중동의 산유국들을 보면, 그들이 석유를 통해 세계 각지로부터 막대한 부를 벌어들였음에도 불구하고 그 부에 준하는 경제력을 달성하지는 못한 것을 볼 수 있다. 자원이 한 나라의 부에 상당한 영향을 미치는 것은 사실이지만, 한 나라의 경제적 위치를 설명하는 데는 그 이상의 무언가가 필요한 것이다. 그렇다면 주어진 자원 외에 한 나라의 부를 결정하는 요인으로는 어떤 것들이 있을까?

한 나라의 부는 쉽게 말해 그 나라의 총 생산량GDP으로 나타낼 수 있다. 그렇다면 한 나라의 총 생산량을 늘리는 방법으로는 어떤 것이 있을까? 첫번째 방법으로는, 생산요소 투입의 증가로 인한 생산 증대를 들 수 있다. 더 많은 자본과 노동력을 투입하면 생산량이 증가할 것이기 때문이다. 가까운 예로 한국은 1960년대와 70년대, 그리고 80년대를 거치며 빠른 성장을 이룩했는데, 이런 고속 성장의 이면에는 대외적인 요소와 정책 등도 한몫을 했지만 그 무엇보다도 자원의 활용이 가장 큰 기여를 했다고 할 수 있을 것이다. 이 기간에는 자본과 노동력이 큰 폭으로 늘어 생산에 투입되었으며, 이러한 생산요소가 투자됨에 따라 한국은 비약적인 경제 성장을 거둘 수 있었다. 이 기간 동안의 비약적 성장이 생산요소에서 비롯된 것처럼, 생산요소는 경제 성장의 가장 기본적인 밑거름이 된다.

하지만 생산요소 투입의 증가로 인한 생산 증대에는 결국 한계가 있다. 거의 모든 생산요소는 한정된 자원이기 때문이다. 한정된 자원의 특성상 자본과 노동력 등의 생산요소는 결국 한계에 다다를 것이며, 무한대로 생산에 투입될 수는 없기 때문이다. 결국 생산요소들이 한계에 다다르면, 생산요소의 증가에 따른 경제 성장은 더 이상 불가능하게 된다. 설사 일부 생산요소가 무한하다 할지라도, 생산요소의 투입에 따른 생산량의 증대에는 한계가 있을 수밖에 없다. 직물 생산을 예로 들어보자. 직물을 생산하는 데 필요한 요소는 방직기와 인력이며, 직물 생산에 사용될 수 있는 방직기의 수는 유한하고 직물 생산에 투입될 수 있는 인력은 무한하다고 가정해보자 (쉽게 말해, 방직기 수는 100대로 정해져 있지만 노동력은 필요에 따라 얼마든지 투입될 수 있다고 생각해보자). 점점 더 많은 노동력이 직물 생산에 투입될 때, 생산량은 어떻게 변할까? 생산에 사용되는 노동력이 100보다 적을 때는 100대의 방직기 중 일부는 아예 사용되지 않을 것이므로, 노동력이 증가할 때마다 사용되는 방직기의 수도 늘어나면서 생산량은 꾸준히 증가할 것이다. 설사 노동력이 100명이 넘어가더라도 노동력의 증가는 생산량을 꾸준히 증대시킬 것이다. 각각의 노동자가 하루에 8시간만 일을 한다고 했을 때, 노동자의 증가는 방직기 사용 시간을 증가시켜 생산량의 증대를 가져올 것이기 때문이다. 하지만 노동자의 숫자가 어느 한계를 넘어서게 되면 그 이상의 노동력 증대는 생산량 증대로 이어지지 않을 것이다.* 예컨대 400명의 노동력이 생산에 투입된다고 했을 때, 방직기는 300명의 노동력으로 하루에 24시간 100% 사용될 수

Tip
이러한 현상은 '한계생산체감'에 따른 것이다. 한계생산체감이란 한 가지 생산요소만의 투입을 증가시키면 총 생산량은 증가하지만, 일정량을 넘어서면 그 증가분(한계생산)은 체감한다는 것을 말한다.

있으므로 나머지 100명의 노동력은 잉여 노동력이 될 수밖에 없다. 결국, 생산요소의 증대에 의한 일시적 성장은 가능하지만, 생산요소 중 단 하나의 요소라도 자원이 유한할 때는 무한한 성장을 이루는 것이 불가능하다는 것을 알 수 있다.

그렇다면 생산요소의 증대 외에 다른 방법으로도 성장이 가능할까? 다른 가능한 방법 중 하나는 '규모의 경제'를 통해서이다. '규모의 경제'란 기업이 생산량을 늘릴 때 평균비용이 내려가는 경우를 의미한다. 흔히, 생산량이 증가할 때 간접비나 고정비 등이 더 많은 생산량으로 배분됨으로써 평균비용이 줄어들 때 규모의 경제가 발생한다. 예컨대, '퀵 배달 서비스'의 경우 총 비용이 오토바이 구입비와 노동시간당 인건비일 경우, 인건비는 몇 건의 배달을 하느냐에 비례하게 되지만, 오토바이 구입비용은 배달 건수와 상관없이 고정된다. 따라서 배달 건수가 많을수록 고정비용은 더 많은 양의 배달에 분배되며 평균 고정비용은 줄어들게 된다. 이와 같이, 생산량이 증대할수록 평균비용은 감소하게 되며 하향곡선을 띠게 된다. 이렇게 규모의 경제가 발생할 때는 같은 양을 생산하는 데 더 적은 비용이 들거나, 같은 비용으로 더 많은 양을 생산할 수 있게 됨으로써 생산성이 증가하게 된다. 이렇듯 규모의 경제를 활용하는 것은 부가적인 투자 없이도 성장을 이룰 수 있는 하나의 방법이 될 수 있다.

하지만 규모의 경제가 항상 무한한 성장의 원동력이 될 수 있을까? 보통의 경우, 아래 그래프에서 볼 수 있듯이 규모의 경제도 무한한 성장의 원동력이 될 수 있는 것은 아니다. 어느 지점의 생산량까지는 단위당 평균비용이 체감하는 반면 그다음에는 비슷한 수준을 유지하다가 곧 체증으로 전환하는 경우가 많다.[Tip] 이는 일정 수준까지는 투자의 증대나 규모의 증대로 성장을 이루는 것이 가능하지만 규모의 경제 역시 지속적인 성장의 원동력으로써는 한계가 있음을 보여준다.

Tip
이를 '규모의 비경제'라 한다. 이는 생산량이 증가할수록 생산비용이 증가하는 현상을 일컫는다. 이는 설비의 규모가 커짐에 따라 과도한 규모에 따른 복잡성 · 비효율 등에 따라 평균비용이 상승하는 경우에 일어날 수 있다.

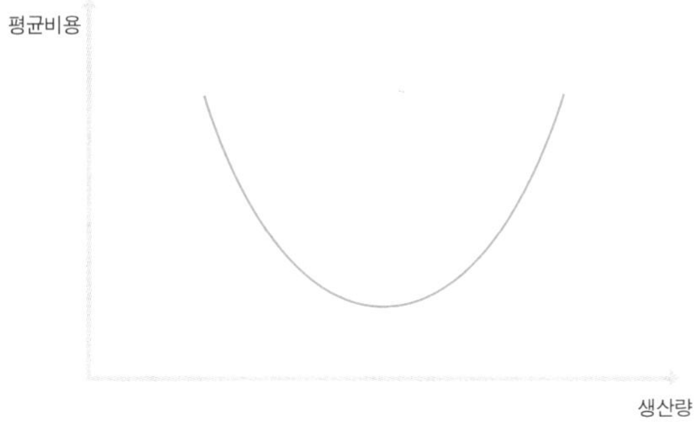

이와 같이, '투자의 증대'와 '규모의 경제'가 성장을 가능하게는 하지만 지속적인 성장을 이끌어내는 데는 한계가 있음을 알 수 있다. 그렇다면 지속적인 성장을 가능하게 하는 것은 과연 존재할까? 이에 대한 대답은 아마도 '기술 발전'일 것이다.

기술 발전은 같은 생산요소로 더 많은 양이나 더 좋은 질의 생산을 산출해내거나, 더 적은 생산요소로 같거나 더 많은 생산을 가능하게 한다. 따라서 기술의 발전이 계속되는 이상 지속적인 성장을 이끌어낼 수 있을 것이다. 이에 경제학자들은 기술이 지속적인 성장의 원동력임을 인식하여 기술 발전의 중요성에 관심을 쏟게 되었으며, 과학 기술의 발전, 지식경제 등이 사회 도처에서 커다란 화두로 떠오르게 되었다.

과학 기술의 발전과 혁신

과학 기술의 발전과 혁신이란 과연 무엇을 의미하는가? 그리고 과학 기술의 발전과 혁신은 어떤 과정을 거쳐 일어나며, 어떤 과정을 거쳐 경제 성장의 원동력이 되는 것일까? 먼저 과학 기술의 발전과 혁신은 어떻게 이루어지며 경제 성장에 어떤 영향을 미치는지 살펴보자. 보편적으로 과학 기술이 발전하며 기술 혁신을 일으켜 경제 성장에 공헌하는 과정은 다음과 같다.

> 과학 기반Science Base → 기초연구Basic Research → 응용연구Applied Research → 발명Invention → 프로토타입/기본모델Prototype → 개발Development → 상업화Commercialization → 보급Diffusion → 기술 진보Technical Progress → 경제 성장Economic Growth

먼저 그동안 축척된 과학적 기반을 토대로 기초 학문과 연구가 이루어지게 된다. 선행된 기초연구는 그와 관련된 응용연구의 발전을 이끌게 되며, 응용연구의 발전은 더 많은 새로운 아이디어를 실현 가능케 함으로써 발명의 주춧돌이 된다. 그리하여 발명된 새로운 기술이나 아이디어는 먼저 기본 모델을 구축하며 개발의 첫발을 내딛게 된다. 이렇게 개발된 모델은 이후 여러 과정을 거쳐 상업화되며 시중에 보급된다. 하나의 아이디어이며 하나의 발명품에 불과했던 기술이 상업화를 통해 사회 전반에 널리 보급되고 사용되면서 과학 기술의 발전과 혁신의 과정을 겪게 되는데, 이는 사회 전반에 영향을 끼치게 되며 경제적 성장을 이끌게 된다.

예컨대 기술 혁신이 일어나는 과정을 소프트웨어 프로그램의 경우를 통해 살펴보자. 새로운 소프트웨어 프로그램이 개발되기까지는 다음의 과정을 거치게 된다. 먼저 수학이나 대기행렬이론 등은 소프트웨어 프로그램 개발에 기반 역할을 하는 기초연구라고 볼 수 있다. 이러한 기초연구를 잇는 암호학, 분류 알고리듬sorting algorithms, 데이터 저장 시스템 등의 응용연구는 기초연구에서 프로그램까지 이어지는 다리 역할을 맡는다. 그리하여 이러한 기초 · 응용 연구는 소프트웨어 프로그램이 만들어질 수 있는 기반을 세운다. 이에 기반하여 프로그램에 대한 새로운 아이디어와 기본적 특징/사항 등이 세워진다. 이러한 프로그램은 먼저 기본적인 프로토타입으로 만들어진 후 그에 따른 개발 단계를 거치게 된다. 개발 단계에서는 프로그래밍이 짜지고, 세부 사항/내역이 개발되며, 연구실에서 새로 개발한 하드웨어 또는 소프트웨어에 대한 첫번째 검사인 알파 테스트가 행해진다. 알파 테스트를 거쳐 본격적으로 상업화에 들어가게 되는데, 이 단계에서는 출시를 앞둔 소프트웨어의 최종 작동 시험인 베타시험을 하게 되며, 그 외에 마케팅과 영업 부분에 노력을 기울이게 된다. 이에 따라 소비자의 사용이 늘고 시장점유율이 높아지며 사회 전반에 보급된다. 이처럼 하나의 기술 혁신이 이루어져 사회 전반에 사용되고 영향을 미치기까지는 여러 과정을 거치게 된다.

하지만, 모든 기술 혁신이 언제나 앞에 언급한 과정을 따르는 것은 아니다. 보편적으로는 기초연구에서 응용연구로 이어지지만, 응용연구가 선행된 후에 그것이 기반이 되어 기초연구의 발전으로 이어지는 경우도 상당하다. 예컨대 1850년대 프랑스의 화학자 파스퇴르L. Pasteur가 세균학과 미생물학의 연구에 지대한 공헌을 하게 된 계기는 와인 발효 연구에서 시작되었다. 또한 한번 발명이 되었다고 혁신이 끝나는 것도 아니다. 프로토타입을 거쳐 개발 단계를 마친 것들이 사용자의 피드백을 통해 다시 프로토타입의 단계로 돌아가서 또다시 개발되는 사례도 흔히 볼 수 있다. 과학 기술의 발전과 혁신이란 앞에서 언급한 대로 한 방향으로만 가는 일렬 모델이 아니라 앞에서 뒤로 뒤에서 앞으로 상호 보안을 하며 움직이는 유동적인 단계를 거친다.

과학 기술 혁신의 방향과 속도

우리가 알고 느끼는 것처럼, 과학과 기술은 나날이 진보하며 새로이 개발된다. 현존하는 과학의 수준과 기술의 종류만 보더라도 앞으로 새로이 개발되고 발전될 과학 기술의 방향이 무궁무진함을 알 수 있을 것이다. 그렇다면 셀 수 없이 많은 개발 방향 중 과연 어느 방향으로 과학 기술은 개발되고 발전되며 그 발전 속도는 무엇의 영향을 받을까?

과학과 기술이 어떤 방향으로 발전되느냐는 천재적 혹은 뛰어난 역량의 과학자나 발명가가 어디에 관심을 갖고 노력을 기울이느냐에 따라 온전히 결정되는 것일까? 예컨대 벨A. G. Bell이 전화기 발명에 관심을 가졌고, 에디슨Thomas A. Edison이 전기 발명에 관심을 기울였기 때문에 지금 우리는 전화기와 전기라는 문명의 혜택을 받게 된 것일까? 그렇다면 앞으로의 과학과 기술의 진보가 어느 방향으

동갑내기 천재 과학자인 에디슨(1847~1931)과 벨(1847~1922)이 전기와 전화의 발명에 관심을 기울이지 않았다면 우리의 생활은 어떻게 바뀌었을까? 연구실의 에디슨(왼쪽)과 시범 통화 중인 벨(오른쪽)의 모습.

로 흘러갈지도 결국 과학자와 발명가들의 손에 달린 것일까? 그들의 머릿속에서 나온 창의력 하나만이 그들이 발명하고자 하는 것의 향방을 제시하는 것일까?

과학자와 엔지니어들의 영감과 노력이 중요하지 않다는 것이 아니다. 내가 강조하고자 하는 것은 과학자들이나 발명가들의 과학적 사고 또한 사회 · 정치 · 경제적 환경의 영향을 받는다는 것이다. 경제적 요소들은 알게 모르게, 때로는 눈에 띄게 때로는 눈에 띄지 않게 과학과 기술의 혁신과 진보에 영향을 끼친다. 따라서 나는 과학과 기술의 혁신이 일어나는 방향과 속도에 끼치는 경제적 환경과 요소에 대해 이야기하고자 한다.

새로운 과학과 기술 발전 및 혁신을 일으키는 요소는 크게 두 가지 관점에서 볼 수 있다. 하나는 '과학 기술 혁신의 수요'이며, 다른 하나는 '과학 기술 혁신의 공급'이다.

과학 기술 혁신의 수요는 다음 요소들의 영향을 받는다.

1. 새로운 제품에서 얻는 소비자의 이득 (제품 혁신)
2. 기존 제품의 발전으로 얻는 소비자의 이득 (점진적 제품 혁신)
3. 혁신에 따른 비용절감의 효과 (생산 공정 혁신)

한편, 과학 기술 혁신의 공급은 다음의 영향을 받는다.

1. 발명가의 동기 부여
2. 기존 과학 기술 지식 기반
3. 과학 기술 혁신에 필요한 자원 및 가격
4. 과학 기술 혁신에 따른 이윤의 전유성

이와 같이, 과학 기술 혁신은 발명가의 창의력이나 기존 과학 기술 지식 기반 등의 과학적·기술적 요소나 과학 기술 혁신에 필요한 자원적 요소 이외에도 여러 경제적 요인들에 의해 영향을 받는다. 여기서는 경제 환경과 요소가 과학 기술의 혁신이 일어나는 방향과 속도에 영향을 끼치는 다음 네 가지의 요소를 살펴보도록 하겠다. 첫째는 소비자의 수요demand pulled, 둘째는 생산자의 생산요소factor endowments, 셋째는 이윤의 전유성 등에 따른 개발자의 동기부여, 그리고 넷째는 앞에서 언급되지 않은 경로 의존성path dependency이다. 이 네 가지 요소들은 어떻게 과학 기술 발전의 방향을 결정하게 되는 것일까.

첫째, '수요'에서 비롯된 과학 기술의 개발을 살펴보자. 이 관점은 시장의 수요가 새로운 지식과 기술의 공급에 미치는 영향을 강조한다. 새로운 기술의 개발과 발명은 현존하는 과학적 지식의 기반에 영향을 받기도 하지만 더 중요하게는 '시장의 수요'와 더 밀접한 관계를 갖기도 한다. 즉 시장의 수요가 있음에도 불구하고 만족되지 않는 부분이 있을 때 새로운 과학 기술 발전의 방향이 결정된다는 것이다.

예컨대 자동차, 텔레비전, 식기세척기, 세탁기 들은 미국에서 상업화에 성공하며 대량생산되었다. 최초의 발명이 굳이 미국이 아니었던 경우조차도 실질적 개발과 상업화, 대중화가 유독 미국에서 성공했다는 사실에 주목할 필요가 있다. 20세기 중반의 미국의 일인당 국민소득은(1960년대 기준) 서유럽의 두 배 정도였으며, 노동임금은 다른 선진국들에 비해 월등히 높았다. 특히 미국은 자본이 풍부하고 금융시장이 발달되어 있었다. 이처럼 높은 국민소득은 하나의 독특한 시장을 제공했다. 즉 높은 국민소득을 가진 미국의 소비자들은 그들의 구매 능력과 생활수준에 상응하는 그런 소비재를 필요로 했다. 따라서 단순한 생활필수품뿐 아니라, 그들의 생활을 좀더 안락하고 편안하게 해줄 수 있는 그런 소비재의 수요가 늘어나게 된 것이다. 또한 그들의 높은 노동임금은 노동력의 희소성과 값어치를 의미하며, 그들의 노동시간에 대한 기회비용이 높아짐을 의미한다. 예컨대 시간당 임금이 1달러인 사람이 집에서 설거지를 하는 데 1시간의 시간을 들인다면 설거지는 1달러의 기회비용을 의미하지만, 시간당 임금이 10달러인 사람이라면 기회비용은 10달러로 높아진다. 따라서 임금이 높은 사람일수록 설거지를 대신해주거나 대체할 수 있는 기계를 찾게 될 것이다. 이처럼 노동인력의 가치 상승으로 인력 시간을 줄이는 데 초점이 맞추어진 기술의 수요가 높아졌으며, 이러한 수요는 식기세척기나 세탁기 같은 내구 소비재인 가전제품의 발전을 이끌게 되었다. 또한 생활수준이 높아짐에 따라 자동차나 텔레비전 같은 생활물품들의 수요 또한 높아졌다. 즉 내구 소비재들이 다른 선진국들보다 미국에서 개발되고 상업화된 점은 이런 미국의 경제 상황이 반영된 것이다.

또 다른 예로, 연비가 높은 자동차의 개발을 들 수 있다. 1970년대의 석유파동 이후 크고 연비가 낮은 미국식 자동차 대신 높은 연비에 주력한 일본식 자동차로의 발전과 시장점유율을 들 수 있다. 석유파동 이전에는 석유 값이 쌌고, 또한 미국의 소득이 충분히 높았기 때문에 자동차를 선택하는 데 있어서 연비는 그리 중요한 고려 사항이 아니었다. 하지만 석유파동 이후, 석유 값은 치솟았고 경제 상황도 그 전과는 여러모로 달라졌다. 또한 석유파동이 안정세에 들어서고 나서도 언제 다시 그런 파동이 일어날지 모른다는 불안감은 소비자로 하여금 연비가 높은 자동차를 선호하게 만들었다. 그리하여 일본은 연비가 높은 자동차 개발에 더욱 박차를 가하게 되었고, 이는 소비자들의 수요와 맞물려 일본 차들의 시장점유율을 높이는 계기가 되었다.

이처럼 소비자들의 수요가 있으나 만족되지 않던 부분을 만족시킴으로써 새로운 시장을 열어 이윤을 극대화하려는 생산자들의 노력은 새로운 과학 기술의 개발을 촉진한다. 그러므로 소비자들의 수요의 변화와 새로운 기술의 발전 방향은 밀접한 관련을 갖는다. 이러한 예는 우리 주변에서도 쉽게 찾을 수 있다. 소득의 향상과 함께 시간의 중요성이 대두되고 인력을 줄이고자 개발된 제품들은 최근 들어 한 단계 더 진화된 자동화의 방향으로 움직이며 인공지능 등의 성능이 첨가되고 있다. 진공청소기는 이제 로봇청소기로 대체되고 있으며, 리모컨은 단순히 텔레비전의 채널을 바꿔주던 기능을 넘어 휴대폰을 통해 외부에서도 난방 및 기타 주방기기들을 컨트롤할 수 있게 되었으며, 자동차를 탈 때도 집 안에서 미리 시동을 걸어둘 수 있게 되었다. 또한 같은 공간에 있지 않아도 가능한 화상회의나 재택근무를 위한 여러 기술의 발전은 우리가 공간의 제약을 넘어설 수 있도록 만들었다. 기존에는 주로 지리적 한계성이 더 빠른 교통수단의 개발로 연결되었으나, 이제는 그 수준을 넘어 같은 공간에 있을 필요성을 배제하는 기술의 개발로 대체되고 있다. 그리고 이러한 기술의 개발은 우리의 삶을 크게 변화시키고 있다.

두번째로는, '생산요소'에서 기인하는 과학 기술의 발전을 살펴보자. 이 관점은 생산요소의 상대적 가격이 새로운 과학 기술의 발전 방향에 지대한 영향을 끼친다고 본다. 이는 생산요소들의 상대적 가격과 공급에 따라 생산비를 최소화하려는 생산자들의 노력이 비싼 생산요소의 사용을 줄이고, 보다 싼 생산요소의 사용을 지향하는 방향으로 새로운 과학 기술의 혁신을 이끈다는 것이다.

생산자의 목적은 이윤 추구이기에 같은 물건을 더 싸게 생산할 수 있는 방법에 민감할 수밖에 없다. 따라서 어느 정도 대체가 가능한 두 종류의 생산재의 경우(예컨대 노동과 자본이라고 분류하자), 노동의 상대 가격이 올라가고 자본의 상대 가격이 내려간다면 생산자는 비싼 노동자 대신 비교적 싼 다른 생산재로 대체함으로써 생산비용을 절감할 수 있을 것이다. 선진국의 여러 제조산업에서 비싼 노동력 대신 싼 기계 및 자본으로 대체한 '생산의 자동화'가 이에 속한다.

실례로 1960년대 미국 생산자의 입장에서 보면, 노동력은 비싼 생산재이며 풍부한 자본은 비교적 값싼 생산재였다. 따라서 생산자들은 노동력을 줄이고자 했고, 그것을 대체할 수 있는 다른 값싼 생산요소를 필요로 했다. 이러한 수요가 불러낸 것이 여러 생산 과정의 기계화다. 포크리프트 트럭이라든지 자동제어시스템automatic control systems 등을 예로 들 수 있다. 이러한 생산재들은 생산에 사용되는 노동력을 확연히 줄였으며, 생산력을 높여 생산비용의 절감을 가져왔다. 하지만, 노동 대체 성질을 지닌 기술의 개발은 노동력이 풍부하고 자본이 부족한 나라에서 일어나기는 쉽지 않을 것이다. 또한 노동 대체 성질의 기술이 생산성을 높인다 할지라도, 노동력의 가격이 싸고 풍부한 나라에서는 자동화 기기의 수요가 크지 않을 것이다. 이는 노동과 자본의 상대적 가격을 감안했을 때, 고정비용이 높은 자동화 기기가 싼 노동력을 대체하여 사용되었을 때 오히려 더 높은 생산비용을 초래할 수 있기 때문이다.

이렇듯 단순 노동력을 대체하는 자동화의 발전은 근현대사의 발전에 있어서 큰 틀을 이룬 방향이었다. 그렇다면 과연 자동화는 단순 노동자를 대체하는 것으로 끝날 것인가? 아마도 이제는 단지 단순 노동력을 대체하는 자동화의 발전을 넘어설 것으로 보인다. 인공지능의 발달로 자동화될 수 있는 일의 범위가 크게 바뀌고 있다.

단순 노동자들의 직업만 자동화로부터 위협받는 것이 아니라, 인공 지능의 자동화는 더 복잡하고 정교한 업무의 자동화를 가능하게 하고 있다.

세번째로, '과학자나 발명가의 동기 부여'가 과학 기술의 발전에 끼치는 영향을 살펴보자. 많은 경우 과학자나 발명가들은 경제적 이윤을 얻기 위한 이유 하나만으로 과학이나 발명의 길을 선택하지는 않는다. 부와 명예보다는 지적 호기심과 일에 대한 끝없는 열정과 소명이 동기부여가 되어 그 분야에 몰두하는 경우가 많을 것이다. 하지만 그런 순수한 열정에 의한 동기라 하더라도, 여러 경제적 요소들은 분명 영향을 미치게 된다. 예컨대 과학과 발명을 하는 데는 끊임없는 노력과 비상한 두뇌 외에도 실험실과 장비, 연구 인력 등과 다른 여러 부수적인 요소들이 필요하다. 그리고 필연적으로 이들 필요 요소를 구비하기 위해서는 경제적 환경이 뒷받침되어야 한다. 그리하여 국가나 기업의 지원을 필요로 하는 경우가 많다. 그런데 기업의 경우에는 연구 지원을 할 때 수익성과 사업성을 따지지 않을 수 없다. 그러므로 과학자나 발명가, 또는 개발자에게 동기 부여가 지원될 수 있는 시스템이 과학 기술의 발전 방향과 속도에 영향을 끼칠 수밖에 없다.

그렇다면 과학자, 발명가, 개발자의 수익성, 즉 경제적 동기 부여에 중요한 영향을 끼치는 요소는 무엇일까?[1] 기술이 이미 성공적으로 개발되었다고 가정할 때, 수익성에 영향을 끼치는 요소는 '수익과 이윤의 전유성'이다. 예컨대 A라는 제약회사가 몇 년의 실패를 통한 실험과 연구 끝에 신약을 개발했다고 하자. 소비자들이 그 약의 효율성을 알고 구입하게 된다면, A제약회사는 그 약의 판매를 통해 수익을 올리게 될 것이다. 이러한 수익으로 인해 A제약회사는 몇 년 혹은 몇십 년에 걸쳐 사용된 연구비를 충당할 수 있을 것이며, 또 다른 신약의 연구에도 매진할 수 있을 것이다. 그런데 만약 다른 제약회사들이 이 약의 제조법을 따라 같은 효능을 가진 약을 생산한다면 어떻게 될까. 다른 회사들은 수많은 실패를 거친 연구에 많은 시간과 노력을 들이지 않았으므로 A제약회사보다 훨씬 낮은 가격으로 약을 판매할 수 있을 것이다. 그리고 같은 효능의 약이 더 싼값에 판매된다면, 소비자들은 당연히 더 싼값의 약을 구매할 것이다. 이렇게 된다면 A제약회사는 신약 개발에 성공했음에도 불구하고 그에 따른 이윤을 전유하지 못하고 다른 회사에게 이윤의 상당 부분을 빼앗기게 될 것이다. 그리고 많은 시간과 노력을 들여 새로운 기술을 개발하는 데 회의적이 될 수밖에 없을 것이다. 이런 경우, 새로운 기술의 개발과 발전은 상당히 저해될 것이므로 특허 등 지적 재산권에 관한 시스템은 개발자의 동기 부여에 상당한 영향을 끼치게 된다.

이처럼 지적 재산권의 영향을 받는 범위는 예전에는 주로 로컬 시장, 혹은 한 국가에 한정되어 있었지만, 현재는 물론 점점 더 글

1 기술의 성공적인 개발이나 독창성 등 발명가의 능력이나 창조성 등은 바꿀 수 없는 요소로 간주하고 여기서는 언급하지 않겠다.

로벌화하는 미래에는 그 범위가 전 세계로 확대될 것이다. 따라서 국내의 시스템이나 지적 재산권의 영향은 제한적일 수밖에 없으며 세계시장에서 기술의 전유성을 보전하기는 더 어려워질 것이다. 따라서 국제적으로 통용되는 지적 재산권 도입의 필요성이 대두될 것이다.

네번째로, '경로 의존성'에서 비롯한 과학 기술의 발전 및 혁신에 대해 살펴보자. 앞에 언급한 요소들처럼, 과학 기술의 발전 및 혁신은 수요와 공급, 그리고 정책에 따라 그 발전의 방향이나 속도가 결정되기도 한다. 하지만 적지 않은 경우, 이러한 경제적 요소인 수요와 공급이 아닌 어떤 '역사적 사건historical accidents'이나 과거에 행해진 투자, 또는 이미 결정된 내용에 따라 미래의 기술 방향이 정해지는 일 또한 다반사다. 이러한 관점을 '경로 의존성에서 비롯한 과학 기술의 발전'이라고 부른다. 요컨대 어떤 작은 역사적 사건이나 우연적 현상이 특정 기술에 우위의 효과를 주게 됨으로써 이후의 과학 기술 개발의 방향에도 결정적 영향을 끼치게 되는 경우다.

널리 알려진 예로, 컴퓨터 자판의 알파벳 배열을 들 수 있다. 기술의 발전이 미약했던 시절 '타이프라이터'는 한 개의 키를 누르면 옆의 것이 같이 눌리기도 하는 등 기술적인 문제로 오타가 나기 쉬웠다. 그리하여 오타를 줄일 수 있도록 알파벳이 배열되었고 그 배열이 일명 'QWERTY'로 불리는 지금의 컴퓨터 자판의 배열이 되었다. 이 배열은 타자를 빨리 치는 데는 그리 효율적이지 않은 배열이지만, 기술적인 문제로 인한 오타를 줄이는 데는 효율적이었다. 이후 기술의 지속적인 발전으로 타이프라이터는 더 이상 기술적인 이유로 오타를 내거나 하지 않게 되었다. 그리고 기술이 진보하여, 지금은 타이프라이터 대신 컴퓨터가 그 자리를 대체하게 되었다. 하지만 타이프라이터가 기술적 발전을 거듭하며 단순한 타이프라이터의 기능을 능가하는 컴퓨터가 개발 보급되는 동안, 키보드 자판의 배열은 변하지 않고 'QWERTY'의 배열을 고수하고 있다. 왜일까?

키보드 자판의 배열이 'QWERTY'로 유지된 것은 세 가지 이유 때문이었다. 첫번째는 기술적 연관성이며, 두번째는 규모의 경제라 불리는 대량생산에 의한 원가절감이고, 세번째는 취소 불가능성이다. 첫째, '기술적 연관성'은 시스템의 호환성을 의미한다. 이 경우는 타이프를 치는 사람이 기존의 자판 배열에 익숙해진 것인 원인이 된다. 한번 타이프라이터 자판에 익숙해진 사람이라면 다른 새

로운 자판에 익숙해지는 데 시간이 걸리며, 다른 자판이 더 효율적이라 하더라도 당장은 기억에 익숙한 자판의 배열이 더 효율적인 것이다. 둘째, '규모의 경제'는 많은 사람들이 'QWERTY' 시스템을 받아들이고 사용할수록 이 시스템을 사용하는 데 드는 사용자 비용이 줄어든다는 것이다. 예컨대 각기 다른 회사에서 생산된 자판이 다른 배열을 지니고 있다고 할 때 사용자의 비용(시간과 노력)이 커질 것이지만, 모든 회사에서 생산된 자판이 다 같은 배열을 가지고 있으면 사용자는 각기 다른 자판에 익숙해질 필요가 없으므로 사용자의 비용이 줄어들게 되는 것이다. 세번째, '취소 불가능성'은 타이핑 기술은 한번 배우면 되돌릴 수 없다는 데서 기인한다. 한번 배워놓으면 계속 사용할 수 있기에, 현존하는 자판 배열을 지속적으로 사용하게 된다. 이러한 세 가지 이유로 별로 효율적이지 않은 'QWERTY'의 배열은 계속 유지되었다.

또 다른 예는 통신산업에서 찾아볼 수 있다. 인터넷이나 전화 같은 경우, 우리는 어떤 네트워크에 가입하여 서비스를 제공받는다. 이때 그 네트워크에 더 많은 사람이 가입하면 가입할수록, 그 회사는 같은 서비스를 더 낮은 비용에 제공할 수 있게 된다. 이러한 규모에 따른 생산비용의 절감을 얻을 수 있는 산업의 경우, 먼저 개발되거나 시작한 기술은 나중에 개발된 기술보다 더 열등하더라도 존속 · 발전될 가능성이 크다. 따라서 어떤 특정한 기술이 발전되는가는 꼭 그 기술의 우월성에만 기인하지는 않는다. 그리하여 이런 규모의 경제가 있는 산업의 경우, 다른 우월한 기술의 발전을 저해하고 열등한 기술의 고착화를 불러올 수도 있다. 이러한 열등한 기술의 고착화는 규모의 경제가 수명을 다하여 더 이상 비용절감의 효과를 기대할 수 없거나, 그런 비용적 우위를 넘어설 수 있을 정도의 월등한 기술이 새로 개발될 때까지 깨지지 않는다.

역사적 사건이 어떤 특정한 기술의 고착화를 가져온 예는 다른 여러 곳에서 찾을 수 있다. 제2차 세계대전 직후, 과학자들은 핵에너지가 연료에너지를 대체하여 전기에너지 시대를 주도할 것이라고 믿었으며, 어떤 종류의 원자력 발전소를 지을 것인가에 대해 의견이 분분했다. 그리하여 1950년대 초, '미국 원자력 발전 위원회'에서는 원자력 발전소 디자인을 후원, 평가하는 프로그램을 시작했다. 하지만 어떤 종류의 원자로가 기술적 · 경제적으로 우월하며 상업적 목적으로 발달시키기에 적합한지 평가가 마무리되기도 전에, 세 가지 사건이 일어났다. 그리고 그 사건들로 인해 상업적 목적으로 개발되는 원자력 발전소는 경수로 원자로로 결정돼버렸다. 그 세 가지 일이란, 미 해군에서 그들의 잠수함 프로그램을 위해 경수로 디자인 원자로를 선택한 것과, 1949년 소련의 성공적인 핵폭탄 개발 이후 미국에서 핵의 평화적 사용을 보여줄 수 있는 원자력 발전소의 개발을 서두르게 된 점, 그리고 다른 기술적 대안의 원자로 발전을 무산시키기 위해 미국 정부와 GE(제너럴 일렉트릭) 그리고 웨스팅하우스가 유럽에 경수로 원자로를 짓는 데 보조금을 지급하기로 결정한 것이었다. 이 세 가지 사건이 없었다면 경수로 원자로가 상업적 목적으로 개발되었을지는 미지수다.[2] 이처럼 1950년대에 미국에서 개발되기 시작한 경수로형 원자로의 경우는 기술 자체의 우월성 때문이 아닌 여러 시대적·정치적 상황에 영향을 받은 것이었다.

과학 기술의 발전은 앞의 예들처럼, 혹은 그보다 더 우연에 따르기도 한다. 우리가 현재 많이 사용하는 화학섬유인 나일론의 발명을 보자. 미국의 화학자로서 일리노이와 하버드 대학교에서 교수로 재직하던 캐러더스W. H. Carothers는 세계적인 화학회사인 '듀폰'에 기초과학 연구부장으로 스카우트되었다. 그곳은 원래 인공섬유를 개발하는 회사가 아니었다. 그런데 캐러더스가 그곳에서 실험을 하던 도중, 실험에 실패한 찌꺼기를 씻어내려다가 잘 되지 않자 열을 가하게 되었고, 뜻밖에도 이 찌꺼기가 계속 늘어나 실과 같은 물질이 되었다고 한다. 이 물질을 인공 화학섬유의 개발로 본격적으로 추진하게 됨으로써 나일론이 발명된 것이다.

우리가 흔히 사용하는 포스트잇의 발명도 이와 크게 다르지 않다. 1970년대, 스펜서 실버Spencer Silver라는 한 연구원은 강력한 접착제를 발명하려다 실패하며 약한 접착제를 만들게 되었는데, 이 실패한 발명품인 약한 접착제가 연구를 거듭하여 포스트잇으로 시장에 나오게 된 것이다.

이와 같이, 어떤 과학 기술이 개발되고 발달되는지는 과학자나 기술자의 천재적인 영감에서만 비롯되는 것이 아니라, 여러 경제

2 경수로 원자로가 가장 적합한 형태의 발전소였는지에 대해서는 아직도 의견이 분분하다.

적·사회적 요소에 의해 영향을 받고 결정된다. 때로는 소비자의 수요가, 때로는 이윤의 극대화를 위한 생산자의 노력이, 때로는 굳이 기술적인 이유가 아닌 다른 사회·경제·정치적 사건들이 내일 어떤 기술이 발전될 것인지를 결정하기도 한다.

창조적 파괴

새로운 과학 기술 혁신은 '창조적 파괴'를 동반한다. 새로운 기술의 개발은 현존하는 오래된 기술이나 열등한 기술의 도태를 의미하며, 열등한 기술이 더 이상 사용되지 않고 '파괴'되고 더 나은 기술이 사용될 때 과학 기술의 혁신이 일어나는 것이다.

예컨대 세계의 주요 에너지 대체 현황이 이 창조적 파괴를 잘 설명한다. 1850년대의 주요 에너지 자원은 '나무/땔감'이었다. 그러나 1850년대 이후, 땔감은 에너지 자원으로서의 의미에서 끊임없이 추락하고 있으며 현재는 시장점유율 측면에서 거의 의미가 없을 정도가 되었다. 1850년대에 '나무/땔감'이 에너지 원료로서의 위치를 내어주게 된 것은 석탄의 등장 때문이었다. 1830년대 이후로 꾸준히 늘어나게 된 석탄의 사용은 1920~30년대에 최고점을 맞이했다가 이후 꾸준히 감소했다. 물론 1970~80년대까지는 하락세 가운데에도 에너지 자원 중 최고의 시장점유율을 자랑하였다. 하지만 1880년대부터 처음 사용되기 시작해 꾸준히 시장점유율을 높여온 석유에 1980년대부터 1위 자리를 빼앗기게 되었다. 그러나 석유 역시 곧이어 천연가스에 밀리게 되었다. 1900년대 초반부터 사용된 천연가스는 아직도 그 상승세를 유지하며 시장점유율을 높이고 있는데, 이 상승세는 2030~40년대까지 이어지다가 이후 하강하기 시작할 것으로 예상된다. 이에 반해 1950년대 후반에 개발된 핵에너지는 여전히 꾸준한 상승세를 보이며 시장점유율을 높여가고 있다.

이처럼 세계 에너지 자원의 예에서 볼 수 있듯이, 새로운 기술은 오래된 기술의 도태를 불러오며, 이런 '파괴'를 통해 새로운 것이 창조되는 것을 '창조적 파괴'라 부른다. 이러한 창조적 파괴는 기술의 혁신적 진보에 있어 필수적 요소라고 볼 수 있다.

세계의 주요 에너지 대체 현황

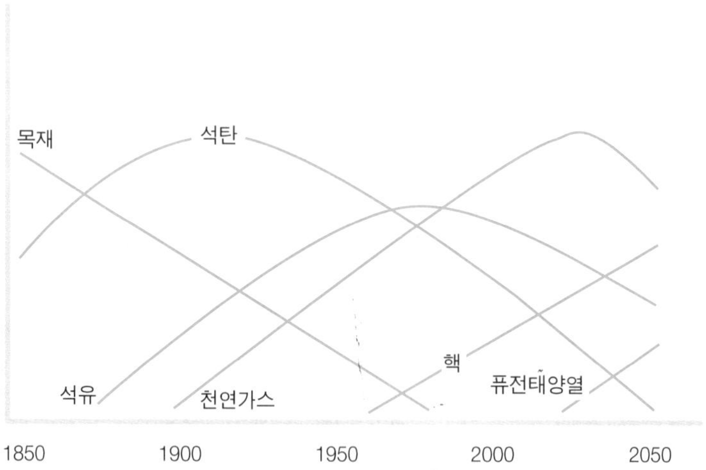

맺음말

지속적인 경제 성장의 원동력이 과학과 기술의 진보임에는 의심의 여지가 없을 것이다. 하지만 과학 기술의 진보는 경제 성장을 이루는 데 필요한 하나의 필요조건일 뿐이지 충분조건이 아님을 인식해야 할 필요가 있다. 과학 기술이 어떤 방향으로 발전되며, 발전에 따른 여러 필연적 결과들을 어떻게 받아들이고 적응·해결해 나가느냐에 따라 경제 성장뿐 아니라 '더 나은 사회'를 이룰 수 있는 방향 또한 결정될 것이다.

창조적 파괴를 거쳐 새로운 혁신을 이루는 과정에서, 그리고 어느 방향으로 새로운 과학 기술이 발전될 것인지 결정되는 과정에서 단순한 비용절감, 이윤창출, 사용자의 수요나 편리성 등의 단기적 목적에만 치중해서는 안 될 것이다. 지금의 결정이 현재, 그리고 향후의 '나'와 '나의 도시,' 그리고 '나의 나라'에 어떤 영향을 미칠 것인가, 또는 좀더 장기적이며 넓은 의식으로 '우리 모두'에게 끼칠 영향을 신중히 고려해야 할 것이다. 이렇게 할 때 우리는 눈에 보이는 수치로서의 경제 성장이 아닌 진정한 의미로서의 더 나은 삶을 이룰 수 있을 것이다.

생 각 해 볼 문 제

Q u e s t i o n

1 과학 기술의 발전은 전반적인 경제 성장을 이끈다. 하지만 모든 사람들이 이러한 과학 기술 발전에 따른 부의 효과를 누릴 수 있을까? 기술의 진보가 소득 불균형에 어떤 영향을 미칠지 생각해보자.

2 과학 기술의 발전은 경제적 · 물질적으로 더 윤택한 삶을 가능하게 한다. 하지만 이에 대한 비용은 무엇일까? 과학 기술의 발전에 따른 득(benefits)은 이러한 비용을 충분히 넘어설 수 있을까?

3 더 나은 삶의 기준은 무엇일까? 과학 기술의 진보가 경제적 관점이 아닌 사회 · 문화 등의 관점에서도 우리를 더 윤택한 삶으로 이끌고 있는지 생각해보자.

4 과학 기술 진보에 따라 경제적 가치관은 어떻게 영향을 받을까?

읽어볼 책들과 참고문헌

Freeman, Chris and Luc Soete, *The Economics of Industrial Innovation,* 3rd edition, The MIT Press, 1997.

Mowery, David C. and Nathan Rosenberg, *Paths of Innovation: Technological Change in 20th-centruy America,* Cambridge University Press, Cambridge, 1998.

Ruttan, Vernon W., *Technology, Growth, and Development: An Induced Innovation Perspective,* Oxford University Press, Oxford, 2001.

배일한, 『오목한 미래』, 갤리온, 2009.

마티아스 호르크스, 배명자 옮김, 『테크놀로지의 종말』, 21세기북스, 2009.

페터 노일링, 엄양선 옮김, 『부의 8법칙』, 서돌, 2009.

윌리엄 번스타인, 김현구 옮김, 『부의 탄생』, 시아출판사, 2005.

폴 크루그먼, 예상한 등 옮김, 『미래를 말하다』, 현대경제연구원, 2008.

| 제2부 |

과학 기술을 보는 논리

조용수 | 강호정 | 송기원 | 이정우 | 박준홍 | 김응빈 | 박희준

제6장

언론에 발표된 과학 기술은 언제 어떻게 사용될까?

– 과학 기술의 출발점, 상업화와 파급효과

| 조용수 |

우리는 매일매일 과학 기술에 대한 크고 작은 기사를 접하게 된다. 어느 회사가 무슨 기술을 개발했다든지, 어디에서 새로운 것이 발명되어 더 편리한 생활이 곧 찾아올 것이라든지. 그러고 보니 텔레비전에서는 과학 기술과 관련한 뉴스는 별로 보도되지 않고 일간지의 과학 기술 면에서 보게 되는 짧은 기사가 대부분인 듯하다. 그러한 기사의 내용도 구체적인 과학 기술에 대한 소개보다는 어떤 회사의 어떤 제품이 언제 출시되는데 그 기능이 어떻다든지, 그 기술이 세계 최초인지 등 기술의 일반적인 가치에 초점이 맞추어져 있다. 예컨대 새로운 배터리가 개발되어 이를 휴대폰에 사용할 경

우 충전 없이 일주일간 위성TV 시청이 가능해졌다든지, 새로운 기술로 어디서든 인터넷 이용이 가능해졌다는 등등의 기사들. 이런 보도를 접하게 되면 일반인들도 쉽게 좋은 기술로 인식할 수 있게 될 것이다. 구체적인 일상생활에서의 변화가 이해된다면 사실 구체적인 과학 기술에 대한 원리나 내용에 대한 설명은 필요 없을지도 모른다.

사실 완제품을 소개하는 경우가 아니라면 언론에 소개되는 과학 기술들이 실제로 우리들 앞에 제품화되어서 나오는 경우는 드물다. 영화에서나 나올 법한 그러한 첨단기술들이 왜 실제로는 만들어지기 어려운 것일까? 과연 어떠한 첨단 과학 기술이 선택되어, 어떤 과정을 통해 개발되고, 상품화가 이루어져, 우리의 생활에 변화를 주게 되는 걸까?

한국의 과학 기술이 최근 몇 년 사이 눈부신 발전을 이루었다고 세계가 인정하기 시작했지만, 그러한 인식 뒤에는 실제 몇몇 주요 제품들 — 휴대폰, TV, 반도체, 자동차, 선박 등 — 의 성공적인 상업화가 자리 잡고 있다. 이를 통한 일반 소비자들의 인지도가 높아지고 이에 따른 판매와 시장점유율 확대가 뒤따랐던 것이다. 아마도 이러한 과학 기술의 성공 사례들이 언론을 통해 발표되고, 그에 따라 한국의 과학 기술 수준과 인지도도 결국 바뀐 것일 터이다.

다만 이제 과학 기술이라는 낱말이 포괄하는 분야가 과거에 비해 매우 다양하고 복잡해지고 있으며, 개발에 대한 국제 경쟁 또한 날로 심각해지고 있다는 점을 주목할 필요가 있다. 우리가 추구해야 하는 과학 기술은 무엇이며, 어떤 기준이 적용되어야 할까? 어떤 과정을 거쳐 한국 과학 기술의 성공적인 상업화가 가능해졌는가? 그 성공적인 상업화가 경제나 사회에 미치는 파급효과는 과연 무엇인가?

첨단 과학 기술이란?

'첨단 과학 기술'이란 무엇인가? '첨단尖端'이라는 단어가 의미하는 대로 '앞서가는 과학 기술'로 간단히 정의할 수도 있겠지만, '앞서간다'는 의미가 무엇인지 또한 쉽게 이해되지 않는다. 단지 다른 사람이 연구하지 않는 것을 한다고 해서 첨단기술이 되지는 않기 때문이다.

첨단이라는 의미가 들어가면 일반적으로는 해당 분야에서 미래의 큰 성장 가능성으로 관심과 경쟁을 유발하며 개발이 성공적으로 이루어질 경우 파급효과가 큰 선도 기술을 총칭한다고 할 수 있다. 새로운 반도체, 디스플레이 기술, 세상을 바꾸어놓을 수 있는 나노 기술이나 바이오 기술, 그리고 최근의 녹색 산업과 관련된 과학 기술이 좋은 예라고 할 수 있다. 다음 그림은 디스플레이 과학 기술의 예로서 미래의 디스플레이 기술의 발전 비전인 실감도reality, 고해상도high resolution, 편리성convenience에 따라 예상되는 새로운 과학 기술을 보여준다.

〈그림 1〉 첨단 과학 기술의 예: 디스플레이 기술의 발전과 미래

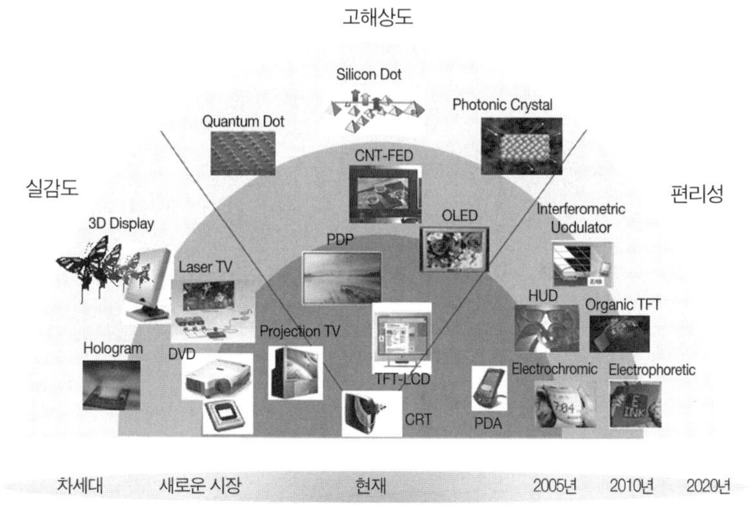

첨단 과학 기술의 다양한 발전 방향은 기업의 입장에서는 '장밋빛 청사진'이기도 하지만 때로 '위험한 도박'이 되기도 한다.

첨단 과학 기술의 출발점

그러면 어떤 과정을 거쳐 연구할 대상을 결정하는 것일까? 보통의 경우에는 산업체, 정부 출연 연구소와 같은 전문 연구소나 대학에서 연구가 진행되지만, 연구할 대상을 선정하는 것은 기관마다 좀 다른 출발점을 가지고 있다. 먼저 기업의 경우는 이윤을 목적으로 하기 때문에 현재 시장과 미래 시장의 잠재력에 따라 연구할 대상을 선별적으로 정하게 된다. 대개 크게 두 가지 관점, 즉 '선점 기술technology-driven'이나 '시장 점유market-driven' 상황에 따라 결정을 한다고 생각하면 된다.

선점 기술에 대한 연구는 대상 과학 기술에 대해 현재의 시장이 불투명하고 구체적이지는 않다 하더라도 새로운 과학 기술이 개발되었을 경우 새로운 시장을 창출하여 결국 기업의 이윤 추구에 크게 부합한다고 생각되는 경우다. 예컨대 PDPplasma display panel TV의 경우, 약 10년 전만 하더라도 일반인들은 PDP TV 기술을 찾아볼 수 없었지만 이미 30년 전부터 수십여 개의 관련 기업들이 연구를 진행했다는 것이다. 이 경우처럼 연구 당시에는 시장이 형성되어 있지 않았으나 개발이 성공적으로 이루어질 경우 막대한 이윤을 가져올 수 있다고 판단되는 경우, 기업은 많은 시간과 노력을 투자해 연구를 시작한다.

시장 점유market-driven 상황을 고려한 경우에는 현재의 구체적인 시장 상황과 해당 제품의 시장점유율 및 경쟁력 등이 기술 개발 이전부터 고려되어 연구개발 대상으로 결정된다. 예컨대 어느 휴대폰 제조회사가 전체 시장의 30%를 점유하고 있는 경우, 블루투스, 위성TV, FM Radio 등의 새로운 기능을 추가하여 차세대 휴대폰을 출시하면 시장점유율을 40%까지 늘릴 수 있겠다고 판단하는 경우다. 물론 시장점유율을 유지하거나 늘리기 위해서는 어떤 새로운 과학 기술의 접목이 필요할지 올바른 판단을 하는 것이 긴요하다. 시장조사를 통해 어떤 기술이나 기능이 필요한지 조사할 수도 있고, 해당 기업의 연구 능력과 새 제품 출시 시기 등이 고려되어 기술 개발의 난이도에 따라 결정되기도 한다. 그러나 보통 이와 같이 시장 상황을 고려할 때는 기존 제품의 수명도 함께 고려해야 한다.

기존 제품의 수명은 매출과 이윤이 서로 상관관계를 가지고 있으므로, 기존 제품의 이윤이 감소하는 시점이 새로 개발된 상품의 판매를 고려해야 할 적절한 시기이며, 이에 맞게 연구개발의 적절한 타이밍을 조절할 필요가 있다.

연구소와 대학은 산업체와 동떨어져 있어 좀더 장기적이고 미래지향적인 연구를 하거나 심지어 상업화와 관련 없는 연구의 진행이 가능하다고 생각할 수도 있지만, 일부 순수과학 분야를 제외한 실제 대부분의 연구는 개발이 되었을 경우 어떤 방식으로 응용되거나 쓰이게 될지에 대해 가정을 하고 나서 연구를 하게 된다. 당장 직접적으로 상업화될 제품에 기여를 하지 못하더라도 말이다.

결국 언론에 발표된 제품과 관련된 과학 기술의 대부분이 상용화되었을 때의 성공 가능성과 파급효과의 판단에 따라 기술 개발이 시작된다고 생각해도 좋을 듯싶다. 하지만 과학 기술이 개발되었다 하더라도 상업화가 이루어져 제품이 나오기까지는 먼 길이 기다리고 있다.

과학 기술의 개발 단계

바람직한 연구개발은 적은 노력과 최소 비용으로 연구 성과를 극대화하는 것이다. 투자되는 시간과 인력, 비용에 비해 연구 성과로 돌아오는 결과가 미미하다면 좋은 연구 대상이나 연구 방법이라고 평가하기 어려울 것이다. 특정한 과학 기술 연구 대상을 선정하고 개발 여부를 결정하는 단계에서는 관련된 많은 요소들을 고려해야만 한다. 실제로 연구개발이 가능할지, 얼마나 기여할 수 있을지를 판단해야 하기 때문이다. 일반적으로 연구개발 시작 전에 고려해야 할 사항들은 다음과 같다.

- 우리가 개발할 수 있는 기술로 적합한가? — 달성할 개발 목표 요소 확인
- 우리가 정말 개발할 수 있을까? — 과거 연구 경력과 경험, 추가 인원 고용 고려
- 연구개발 시 필요로 하는 비용은 제공되나? — 기자재, 인건비, 실험실 유지비 등
- 얼마나 많은 인원이 개발에 참여해야 하나? 누가 리더가 되어야 하나?
- 특허 등 지적 재산권 확보는 가능한가?
- 언제까지 개발해야 하나? — 시장 상황 변화의 상시 모니터링이 필요

개발하고자 하는 대상이 정해지면 먼저 누가 연구개발을 진행해야 할지 결정해야 한다. 정부가 지원하는 연구의 경우는 연구 주제를 정해서 가장 적합한 연구진을 심사·지원하는 경우도 있고, 원하는 연구 분야를 자유로이 선택하게 해서 가장 적합한 연구 주제를

제출한 연구진에게 연구할 수 있도록 지원하기도 한다. 하지만 기업의 경우에는 기업 내에서 가장 적합한 연구진을 선정해서 팀을 이루게 한 뒤 연구가 진행되는 경우가 대부분이다. 이때 연구 주제에 따라 연구진의 규모가 정해지며, 빠른 개발 성과가 필요한 경우에는 연구 인력을 추가하는 경우도 있다.

또한 연구를 진행하는 데 들어가는 비용도 연구 수행 여부를 결정하는 주요 변수다. 기자재나 분석 장비 등이 구비되어 있지 않으면 연구개발에 추가 비용이 발생할 수 있고, 연구에 투입되는 비용에 비해 연구 성과로 얻어지는 결과가 적을 경우라면 아무리 좋은 아이디어의 연구라 하더라도 진행되기 어려워진다. 대개 연구진이 결정되면 연구를 리드할 수 있는 연구 책임자 또는 팀 리더가 비용 집행도 책임지게 된다.

연구 분야를 정하기 전에 해당 기술이 다른 기업이나 개인의 특허 등 지적 재산권에 의해 보호되고 있는 기술인지 파악하는 것도 매우 중요하다. 개발될 과학 기술이 법에 의해 보호받지 못할 경우에는 연구가 시작되기 어렵다. 다른 기업이 선점 기술을 가지고 있어서 로열티를 지급해야 하는 경우에는 추가 비용이 발생하므로 이때는 개발을 해도 좋은지 신중하게 판단해야 한다. 연구개발 단계에서도 다시 한 번 보호될 기술에 대한 정의를 분명히 하고 기존에 알려진 기술이라면 특허를 피할 기술이 무엇인지 접근 방법을 설정하고 연구를 시작해야 한다.

연구가 진행되는 동안에도 주기적으로 시장 동향을 파악하고 진행 중인 연구의 시장 가치가 변하고 있는지 모니터링이 필요하다. 경쟁이 심한 분야의 연구개발이라면 경쟁력 선점을 위해 연구 성과를 조속히 이루고자 노력해야 한다. 경쟁에서 우위를 점하기 위해서는 개발 기간의 단축도 중요하지만 비용 절감을 통해 더 저렴한 상품을 개발하는 데 주력해야만 한다. 예컨대 첨단 화학제품을 제조하기 위해서는 저가의 대량 공급이 가능한 원료의 확보가 반드시 필요하며, 제조 공정을 단순화하거나 저비용의 신 공정을 통해 전체적인 제품의 단가를 낮출 수 있을 것이다.

기업에서 실제 연구가 진행되면 리더를 포함한 팀원들의 유기적인 협조 체제가 매우 중요하다. 리더는 잘 짜여진 스케줄에 맞게 연구 진척 상황을 주기적으로 파악해야 하며, 연구 목표가 주어진 시간 내에 달성되도록 전체적으로 조율하는 역할을 하게 된다. 또한 프로젝트 리더로서 시시각각으로 변화는 시장 상황과 회사 내외의 경영 상황에 대한 전반적인 이해가 필요하며, 진행 중인 연구와 연동하여 이 연구가 정말 필요할지 아니면 좀더 빠른 시간 내에 달성하는 것이 필요할지 등을 판단해야 한다. 또한 새로운 인력의 확보가 필요한지, 연구에 전념할 수 있는 환경이 조성되어 있는지도 파악하고 있어야 한다.

대개 연구소나 학교에서는 각 연구 프로젝트에 연구 책임자가 주어지고 연구 책임자가 전체 연구 목표, 연구 내용, 연구 진행 상황, 연구비 지출 등을 포괄적으로 관리하게 되며, 주기적인 연구 성과를 확인하여 최종 연구 목표가 달성될 수 있도록 지도하는 역할을 한다. 대학에서 진행되는 연구도 연구 목표에 따라 단계별 연구 진행 상황의 주기적인 점검이 이루어진다. 대개 석사나 박사 과정에 있는 대학원 연구생들과 박사 후 과정에 있는 연구원이 실무 연구를 담당한다. 대학에서는 연구와 학위 수여를 통한 고급 인재 양성에 초점이 맞추어져 있으므로 졸업 후 연구소나 기업에 취직해 연구개발에 기여할 수 있도록 궁극적으로는 고급 연구 인력 공급의 역할도 담당하고 있다.

과학 기술의 상업화 과정

이제 해당 과학 기술 개발이 이루어졌다고 가정하자. 물론 기술 개발이 완성되기 전에 시장 상황이나 기술 발전 동향이 바뀌면 언제든지 기술 개발 목표를 수정하거나 중간에 연구 자체를 포기할 수도 있다. 하지만 기업의 경우에는 이미 연구개발 시작이나 개발 완성 단계 이전에 상업화에 대한 기본적인 플랜을 가지고 있는 경우가 대부분이다.

'상업화commercialization'라고 하면 연구실에서 개발된 연구 결과물을 판매할 목적으로 제품화하는 과정을 의미한다. 연구실은 규모가 작으니까 동일한 개발 과정을 거쳐 많이 만들기만 하면 된다고 생각하기 쉽지만, 실제로는 상업화 과정이 개발 단계보다 더 많은 노력과 시간을 필요로 하는 경우가 대부분이다. 먼저 연구개발이 이루어지면 상업화가 필요한지, 기업이라면 제품화를 통해 얼마의 이윤을 어느 기간 동안 창출할 수 있는지 등 먼저 개발된 기술의 가치에 대한 재검토가 필요하다. 이러한 일련의 상업화의 시작은 단지 엔지니어나 연구진에 의해 결정되는 것이 아니라 시장, 구매, 기획 등 다양한 관련 업무를 담당하는 사람들이 모여 최종적으로 상업화가 필요한지, 필요하다면 언제까지 상업화를 해야 하는지 결정하는 것으로부터 시작된다.

〈그림 2〉 과학 기술의 상업화 과정

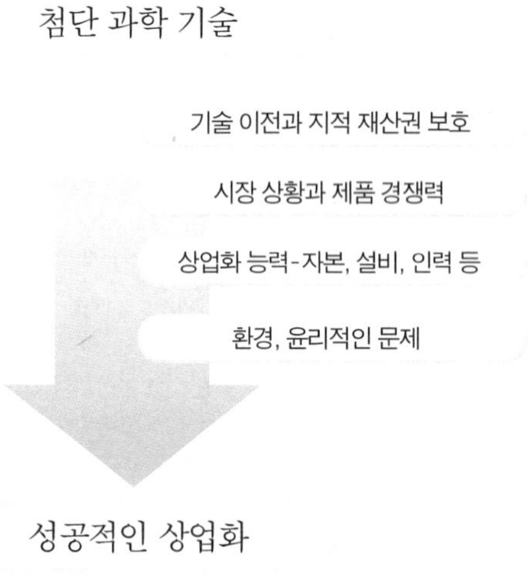

기술 개발 후에도 많은 경우 상업화에 실패하거나 시장에 진입하지 못하는데, 이는 제품화를 위한 공정 기술의 부족, 고비용, 잘못된 시장 예측과 늦은 출하 시기 등의 원인 때문이다. 연구실 규모

에서 이루어진 연구 결과는 대개 대량생산을 거쳐 만들어진 제품과는 다른 특성을 갖고 있다. 따라서 '공정 엔지니어'라고 해서 연구실 규모의 연구를 제품화를 위한 대량생산 단계로 성공적으로 연결해주는 역할을 하는 전문인도 있다. 새로운 공장이나 증설이 필요한 경우라면 더 많은 시간이 소요될 것이다. 제품을 만드는 데 특정한 원재료가 필요하다면 낮은 가격에 높은 품질을 오랫동안 제공할 수 있는 공급자를 찾아야 한다. 또한 상업화의 시작 단계부터 대량생산을 하는 데 있어 지적 재산권 침해 등 문제의 소지가 있는지 파악해야 한다.

이제 상업화가 진행되면 연구실에서 성공적으로 사용되었던 개발 공정을 어떤 식으로 대량생산에 맞는 저비용의 공정으로 개발할지 결정해야 한다. 만약 제품 생산을 위해 새로운 공장의 건립이나 증설이 필요하다면 어느 지역을 택해야 최고의 제품 생산 경쟁력을 확보할 수 있을지 고려해야 한다. 외부에서 새로운 기계 설비가 필요하다면 장기간의 추가 시간이 필요할 것이다. 대개 완전히 새로운 기술이 개발되려면 최소 2~3년의 상업화 과정을 거치게 되는데, 이러한 상업화 과정의 성공 여부에 따라 우리가 해당 제품을 볼 수 있게 되는 것이다.

또한 상업화 과정 중에 고려할 사항은 환경이나 윤리적인 문제도 있다. 환경오염을 유발하는 원료나 부산물이 나오는지, 고용이나 공정 설비와 관련해 윤리적인 문제는 없는지 반드시 파악해야 한다.

상업화가 성공적으로 이루어진 경우에도 제품 출하 시기의 경쟁 구도나 상대적 품질, 그리고 가격 경쟁력에 따라 매출과 이윤의 폭이 달라질 것이다. 기술 개발 대상에 따라 다르겠지만 새로운 제품이 출하되기 전에 고객 접근 방법이나 가격 정책 등 마케팅 전략에 따라 제품의 성공 여부가 결정된다. 아무리 좋은 기술이라도 상품화되었을 때 가격 경쟁력을 확보하지 못하면 시장에서 외면당할 것이기 때문이다. 대개 시장에 새롭게 진입하거나 시장 점유율을 높이기 위해서 저가 정책을 쓰는 경우가 많고, 선도 기술로서 시장 우위가 확보된다면 고가 정책으로 많은 이윤을 남기고자 할 것이다.

기술 개발의 파급효과

'좋은 첨단 과학 기술'의 기준은 상업화가 되었을 때 얼마나 큰 파급효과를 가져올 수 있느냐일 것이다. 또 기업의 입장에서 보자면 최고의 파급효과는 장기적으로 많은 이윤을 얻는 것이다. 이윤이 있어야 새로운 고용 창출이 이루어지고 차세대 연구개발을 진행할 수 있는 기반도 마련할 수 있기 때문이다. 큰 투자가 이루어지는 기술 개발일수록 위험도가 높을 수 있으나 성공에 따른 혜택도 그만큼 커지게 마련이다. 해당 분야에서 첨단기술을 확보한 기업이 결국 좋은 제품으로 시장점유율을 높이게 되고 기술 개발도 선도하게 된다. 한국의 첨단 반도체나 디스플레이 기술이 여기에 해당하는 예라 할 수 있다.

연구개발에 의해 새로운 고용이 창출될 뿐 아니라, 관련 분야의 발전에 있어 시금석이 되거나, 동종 분야에서 산업 기반을 강화하는 데 도움이 된다면 매우 바람직한 연구개발이라고 할 수 있다. 사실 반도체와 디스플레이 분야는 다른 분야인 듯하나 기술적인 면에서는 밀접한 연관성이 있다. LCD 디스플레이의 경우 TFT Thin Film Transistor 기술이라는 반도체에 핵심적으로 쓰이는 기술에 의해 지금의 고화질 대형 평면 모니터나 텔레비전의 구현이 가능해졌기 때문이다. 이와 같이 하나의 첨단기술 확보가 다른 연관 산업의 발전으로 작용하는 경우가 이상적인 파급효과의 예라 하겠다.

또한 사회적인 면에서의 파급효과도 생각해볼 필요가 있다. 고용 창출뿐 아니라 지역 간 산업 간 고용 이동이 가능해지며 단기적인 면에서의 사회 시스템이나 일상생활에서의 큰 변화를 가져오기도 한다. 핸드폰의 개발에 따라 통신 수단의 변화뿐 아니라 새로운 가치나 대화의 방법과 매너도 바뀌고 있으며, 웹web의 등장에 의해 경제, 사회 활동의 새로운 패러다임이 창출되었다는 사실은 좋은 예가 될 것이다.

새로운 과학 기술의 적용에 따른 부정적인 인식과 개개인의 적응력에 따른 사회 계층 간의 이질감, 그리고 갈수록 민감해지고 있는 윤리적인 면도 고려되어야 한다. 심화되는 물질만능시대에 일부 상업화된 기술의 사용 여부와 채택 시기에 따른 거부감과 반목도 생각해보아야 할 점이다. 다만 중요한 것은 이러한 긍정, 부정의 양면을 잘 이해하고 과학 기술의 발전 방향을 이해하여 이를 바르게 활용할 수 있는 지혜와 관심이 필요하다는 점이다.

생각해볼문제

Question

1 언론에서 소개되고 있는 과학 기술의 예를 찾아보고, 그 기사의 취지와 방향이 바람직하게 설정되었는지 토의해보자. 만약 기사의 취지나 방향이 잘못 설정되었다면 무엇이 어떻게 바뀌어야 할지 생각해보고, 그 영향이 어디에까지 미칠지 짚어보자.

2 우리는 왜 특정한 기술만을 첨단기술이라고 부르는 걸까? 첨단기술을 추구해야 하는 이유가 있다면 무엇일까? 첨단기술의 긍정적인 면, 또는 부정적인 면들을 찾아보자.

3 최근 몇 년 사이 국내 기업들이 LCD TV 세계시장에서 일본의 기업보다 시장점유율을 더 성공적으로 높이고 있으며, 이에 따라 많은 이윤을 가져다주고 있다. 이런 결과를 낳은 원인들에는 어떤 것이 있는지 되짚어보자.

4 현재 한국이 세계의 과학 기술에 어떠한 영향을 미치고 있다고 생각하는가? 우리가 세계 과학 기술의 흐름을 바꾸어놓은 예를 찾아보고, 다른 분야에서는 어떤 전략을 세우는 것이 좋을지 토론해보자.

읽어볼 책들과 참고문헌

송위진, 『기술혁신과 과학기술 정책』, 르네상스, 2006.

앤드루 웹스터, 김환석 · 송성수 옮김, 『과학기술과 사회』, 한울아카데미, 2009.

박용태, 『기술과 경영』, 생능출판사, 2005.

Freeman, Chris and Luc Soete, *The Economics of Industrial Innovation,* 3rd edition, The MIT Press, 1997.

Mowery, David C. and Nathan Rosenberg, *Paths of Innovation: Technological Change in 20th-centry America,* Cambridge University Press, Cambridge, 1998.

Ruttan, Vernon W, *Technology, Growth, and Development: An Induced Innovation Perspective,* Oxford University Press, Oxford, 2001.

| 제7장 |

내일 이후, 기후 변화와 인류의 미래

– 기후 변화의 과학과 대응

| 강호정 |

1980년대 초반 미국의 한 방송국에서는 「그날 이후The Day After」라는 영화를 제작 방영하여 큰 반향을 일으킨 바 있다. 이 영화는 당시 군비 경쟁에 열을 올리던 미국과 소련 사이에서 일어난 가상의 핵전쟁을 배경으로 실제 핵무기가 투하되었을 때 일어날 수 있는 상황을 현실적으로 그려 국내 시청자를 포함해 많은 사람들의 우려와 관심을 이끌어냈다.

오늘날에는 '북핵' 위기를 포함한 국지적인 핵무기의 위협이 존재하지만 전 세계적인 핵전쟁에 대한 두려움은 사라졌다. 그보다는 전 지구적인 기후 변화가 더 두려운 존재로 다가서고 있다. 이

영화 「내일 이후(The Day After Tomorrow)」(한국에는 「투모로우」라는 제목으로 소개)의 포스터. 지구 온난화를 예측하고 있는 대표적인 재난영화다.

는 몇 년 전 상영된 「내일 이후The Day After Tomorrow」라는 영화에서도 잘 그려졌다. 어쩌면 '그날 이후'라는 제목보다도 기후 변화가 우리 발밑에 다가와 있음을 잘 나타낸 제목이라 생각된다. 이 영화는 지구 온난화로 빙하가 녹고, 이로 인해 해류의 운동에 변화가 생겨 태풍으로 시작되는 새로운 빙하기의 도래를 그리고 있다. 이제는 기후 변화가 예전의 핵무기만큼이나 두려운 존재가 된 것이다. 또 최근에는 「불편한 진실An Inconvenient Truth」이라는 영화를 통해 앨 고어 전 미국 부통령이 기후 변화의 다급한 실정을 대중들에게 알린

바 있다.

우리가 기후 변화에 관심을 갖는 이유는 몇 가지로 요약될 수 있다. 가장 큰 이유는 기후 변화라는 현상이나 미래에 대한 예측이 인간의 안위와 번영에 직접적으로 연관되기 때문이다. 두번째는 과학적인 흥미로, 기후 변화와 연관된 내용이 단순히 기상학의 문제가 아니라, 해양, 생태, 지질 등 다양한 과학의 제 분야 연구와 밀접하게 연관되기 때문이다. 마지막으로 기후 변화에 대한 대응은 새로운 성장 동력이나 경제 체제의 등장을 가능하게 할 수도 있기 때문이다.

그러나 대중적인 관심에도 불구하고 기후 변화에 대해 잘못 알려진 부분, 또 알지 못하는 부분도 많은 것이 사실이다. 예컨대, 정말로 북극의 빙하가 녹아서 해수면이 상승하고 있는 것인가? 내일의 날씨도 제대로 못 맞추는 기술로 100년 후의 기후를 예측할 수 있기는 한 것일까? 근대적인 기상관측을 시작한 지는 몇 백 년도 채 되지 않았는데, 수천 년, 수만 년 전의 대기 기체 조성과 기후 조건에 대한 과학적 근거는 믿을 만한 것인가? 또 온도가 겨우 몇 도 오르고 해수면이 몇 십 센티미터 상승하는 것이 정말 지구 생명들에게 직접적인 위협이 될 수 있을까?

기후 변화의 과학적 사실을 이해하려면 먼저 기후 변화의 배경에 대해 간단히 살펴볼 필요가 있다. 대기는 79%의 N_2질소와 21%의 O_2산소 기체로 구성되어 있다. 그 밖의 소량의 기체들을 '미량기체'라고 하는데 이 중 CO_2이산화탄소, CH_4메탄, N_2O아산화질소 등이 지구 온도 조절에 큰 영향을 끼친다. 이러한 기체들과 수증기 등은 태양에서 온 복사에너지 중 지표면에서 반사되고 우주로 돌아가는 복사에너지의 자외선 부분을 흡수 보유하여 대기의 온도를 높게 유지한다. 만일 대기층이 전혀 없다면 지표면의 온도는 지금보다 33K 낮아 생명이 살 수 없을 정도로 추울 것이다. 이런 효과를 온실 내부가 따뜻한 것에 빗대어서 '온실효과greenhouse effect'라고 하고, 이 현상을 일으키는 기체를 '온실기체'라고도 부른다.

온실효과 혹은 온실기체의 존재 자체는 해로운 것이 아니고 도리어 우리 생존에 필수적이다. 그런데 문제는 이러한 기체의 농도가 너무 급속히 증가했고, 이로 인하여 대기의 평균 기온이 상승하고 여러 가지 기상 현상이 급격히 변화하고 있다는 것이 현재 전 지구적 기후 변화의 요체다.

그런데 이러한 우려에 대해 일부에서는 의구심을 갖는 것은 무슨 이유 때문일까? 가장 큰 이유는 기후가 매우 복잡한 시스템의 상호작용으로 나타나기 때문에 단순히 온실기체의 증가라는 한 가지로 설명하기에는 부족하다는 것이다. 즉 기후는 단순히 대기권의 구성 성분뿐 아니라 해양, 빙하권cryosphere, 생물권biosphere, 지권geosphere 등에서도 큰 영향을 받는다는 것이다. 예컨대 해양은 다량의 이산화탄소를 대기로부터 흡수하며 열을 흡수했다가 천천히 배출하는 열 완충작용을 하고, 해양 또한 '대순환'이라고 부르는 커다란 해양의 흐름을 통해 지구의 기후를 조절한다. 마찬가지로 극지나 고산지대의 얼음으로 덮인 지역은 태양빛을 많이 반사시켜 지구의 온도를 조절하는 역할을 한다. 만일 이 면적이 변화하면 지구의 기온도 변화하는 것이다. 생물권에 서식하는 식물들은 광합성을 통해 이산화탄소를 흡수하며, 거꾸로 유기물이 쌓여 있는 지역에서는 미생물의 유기물 분해 속도가 빨라지면서 이산화탄소를 빠른 속도로 배출하게 된다. 또 지권에서 일어나는 화산 활동은 대기 중 먼지의 양을 급속히 증가시켜 태양빛을 막는 역할을 하고, 융기작용으로 나타난 대륙과 해양의 산맥은 지구 표면의 대기 흐름에 큰 영향을 끼친다. 또 태양과의 거리나 각도 등도 지구의 온도에 큰 영향을 끼친다. 여러 가지 천체의 운동을 고려해서 밀란코비치M. Milanković라는 학자는 태양에서 지구에 도달하는 에너지의 양이 약 10만 년 주기로 변화하고 이에 따라 빙하기가 반복된다는 학설을 발표하기도 했다.

그러나 앞에서 살펴본 다양한 기후 조절 인자에도 불구하고 다수의 과학자들은, 인간 활동으로 야기된 대기 중 온난화 기체 농도의 증가가 현재와 미래의 기후 변화의 주요인이라고 설명하고 있다. 남극 대륙의 빙하 속에 갇혀 있는 아주 오래전의 공기와 지난 수십 년간 실측한 대기의 조성을 살펴보면 대기 중에 이산화탄소, 메탄, 아산화질소 등의 농도가 급격히 증가하고 있음을 확실히 알 수 있다. 이 자료는 적어도 지난 1만 년 동안 거의 일정하게 유지되었던 미량기체들의 농도가 산업혁명을 전후하여 급격히 늘어났음을 명백히 보여준다.

남극 빙하의 모습. 대형 빙하들이 녹아 데본 섬의 크로커 만으로 흘러들어가고 있다. 여러 가지 원인이 있겠지만, 지금 이 순간에도 남극과 북극의 빙하가 빠른 속도로 녹고 있는 것만은 확실한 사실이다.

논란이 되는 것은 이러한 기체 농도의 변화가 실제로 지구의 기후를 변화시키느냐는 것이다. 환경론자들이 있지도 않은 기후 변화를 과장해서 위협하고 있다거나, 온난화의 과학적 근거가 부족하다고 주장하는 기업, 정치인, 일부 과학자들의 주장은 이러한 의심에 초점이 맞추어져 있다. 이러한 의심들이 아주 의미 없는 것은 아니다. 예를 들어, 해수면의 상승 원인 중 빙하가 녹아 유입된 물이 차지하는 비중은 30%뿐이며, 열팽창으로 인한 것이 70%라는 지적은 옳다. 또 생물들의 멸종에는 단순히 기후 변화뿐 아니라 다른 오염이나 남획도 한몫하고 있다. 그러나 이러한 몇 가지 사실이 기후 변화 자체를 부정할 수는 없다.

지난 수십 년간 이루어진 다수의 과학적 발견들은 산업 활동으로 인해 기후 변화가 초래된다는 명백한 증거를 제시하고 있다. 첫째로, 지난 수만 년간 대기 중 이산화탄소의 농도와 평균 기온은 매우 높은 상관관계를 보이고 있다. 지구의 기온에 영향을 끼치는 요인은 전 은하계의 움직임에서, 지질학적인 작용, 해수의 흐름까지 매우 복잡하다. 그러나 매우 장기적인 규모에서 지구의 기온을 결정짓는 가장 중요한 요인은 대기 중 온난화 기체의 농도임이 밝혀졌다. 둘째로, 지구의 기온 변화를 모사하는 다양한 수학적 모델들이 여러 연구진에 의해 독립적으로 개발되었는데, 이 모델들의 분석 결과를 보면 지난 100여 년간 실측한 기온의 변화를 설명하려면 인간이 발생시킨 이산화탄소의 농도를 포함시켜야만 한다. 즉 인간이 화석연료를 태워 발생시킨 이산화탄소를 고려하지 않으면 우리가 실측한 기온의 변화를 설명할 수가 없다. 셋째, 지난 100여 년간 지구 곳곳에서 실측된 자료를 보면, 평균 기온의 상승, 강수량의 변화, 빙하 면적의 감소, 해수 온도의 변화, 연안의 해수면 상승 등의 경향이 매우 뚜렷하게 나타나고 있다. 이러한 경향들은 지구의 기온과 환경이 변화하고 있다는 강력한 증거다.

더욱 두려운 것은 현재 당면한 기후 변화가 더욱 심화될 것이라는 예측이다. 인류가 현재 배출하고 있는 이산화탄소의 양을 1990년대 수준으로 감소시킨다고 해도 그렇다는 말이다. 물론 2100년에 벌어질 일에는 관심 없다고 하면 할 말이 없지만 말이다. 또한 내일의 날씨도 제대로 못 맞추는 주제에 100년 후의 일에 대해 어찌 그렇게 확신하냐고 비아냥거리는 사람도 있을 수 있다. 맞는 말이다.

그렇지만 같은 논리로 보면 100년 후의 기후 변화는 현재의 과학자들이 예상하는 것보다 더 심각할 수도 있음을 강조하고 싶다. 왜 그런지 한 가지 예를 들어보도록 하자.

지구 북반구의 고위도 지방에는 영구 동토지인 툰드라를 비롯해 이탄습지 등 엄청난 면적의 땅이 있다. 이 지역은 땅속 수십 미터까지 분해되지 않은 유기물로 가득 차 있다. 예컨대 물에 담근 두부를 냉장고 속에 보관하는 경우와 비슷하다고 생각하면 된다. 지구가 더워지고 가뭄이 심해지면, 이 지역의 유기물은 빠른 속도로 분해되어 결국에는 이산화탄소의 형태로 대기 중에 배출된다. 앞의 비유에 빗대 말하자면 냉장고에 있던 두부를 꺼내 물을 버리고 따뜻한 부엌에 그냥 두면 어찌 될지를 상상해보면 쉽게 이해할 수 있다. 이와 같이 육상 생태계에 저장되어 있는 유기물의 동태에 관한 것은 앞에 말한 100년 후 기후 변화 시나리오에는 반영되어 있지 않다. 현재 모델은 공기와 바닷물에서의 반응만을 반영하고 있는 것이다. 그 이유는 생태계에서 일어날 반응이 너무 복잡하여 현재 우리의 지식으로는 정확한 예측을 할 수 없기 때문이다.

만일 북구의 동토에 저장되어 있는 유기물 토양들이 더운 날씨에서 분해되기 시작하면 지금의 예측보다 더 많은 이산화탄소와 메탄이 발생하고 기온이 더욱 상승할 수도 있다. 현재 IPCC (Intergovernmental Panel on Climate Change: 기후 변화에 관한 정부 간 협의체)의 보고서는 현재와 같은 추세로 산업 활동을 유지하면 금세기 말 지구의 평균 기온이 4~6도 정도 상승할 것이라고 예측하고 있다. 그러나 미

래는 이 예측보다 더 심각할 수도 있다는 말이다. 결국 우리는 확실히 모르기 때문에 가만히 있어야 하는 것이 아니라, 그렇기 때문에 위험한 미래에 대해 준비해야 하는 것이다.

혹자는 이러한 지구의 기후 변화에 대한 경고를 배부른 사람들의 음풍농월이라 말할지도 모르겠다. 경제 발전이 뒤처진 국가에게는 산림 파괴에 기반한 농업이나 화석연료를 사용하는 산업구조가 가장 쉬운 선택이기 때문이다. 그러나 경제 우선주의를 외치는 한국의 정치인들과 국민에게 이 점을 명확히 알리고 싶다. 미국의 전 부통령 앨 고어는 '기후 변화가 정치적인 문제가 아니라 도덕적인 문제'라고 했지만, 나는 더 나아가 경제적인 문제라고 말하고 싶다.

유럽연합은 야심찬 'Triple 20 Target'이라는 정책 구호를 내세우고 있다. 즉 2020년까지 온난화기체 발생량 20% 감축, 재생에너지 기여율 20%까지 증대, 그리고 에너지 사용량의 20%를 감축하겠다는 것이 그것이다. 독일과 영국의 주도로 진행되고 있는 이 목표는 현재의 상황을 보면 달성이 가능해 보인다. 엄청난 비용을 들여 이러한 목표를 달성하고 나면 이들이 가만히 있을 리 없다. 곧 에너지 사용과 온난화기체 발생 관련 산업은 엄청난 무역장벽에 부딪히게 되고, 이는 기업과 국가 모두에게 커다란 부담이 될 수밖에 없을 것이다. 세계에서 가장 많은 에너지를 소비하고 있는 미국도 국제적으로는 '교토 의정서'를 거부하는 태도를 취하고 있지만, 국내적으로는 엄청난 연구비를 투자하며 신재생에너지의 개발에 박차를 가하고 있다. 특히 민주당 정권이 백악관을 장악한 현재, 경제 위기에도 불구하고 엄청난 액수의 돈을 재생에너지와 기후 변화 대응 기술 개발에 투자하고 있다.

이와 같은 경제적 문제뿐 아니라 국제사회에서의 공동 노력도 중요한 문제다. 지난 1992년 브라질 리우데자네이루에서 열린 유엔환경개발회의에서 '기후변화협약Convention on Climate Change'을 채택함으로써 기후 변화에 대한 국제적 활동이 공식화되었다. 이후 수년간의 국제적 논의 끝에 1997년 12월 일본 교토에서 열린 제3차 기후변화협약 회의에서 168개국이 2010년까지 1990년의 이산화탄소 배출 수준의 5.2%를 줄일 것을 결의하고 온실가스 배출량 감축에 관한 구체적인 이행 방안을 담은 '교토 의정서Kyoto Protocol'를 체결했다.

교토 의정서에 따르면 미국, 일본, 유럽연합EU 등 선진국들은 의무 감축 국가로 지정돼 2012년까지 각각 6~8%로 지정된 의무 삭감량을 지켜야 하며, 초과 배출분에 대해서는 온실가스 배출권을 사고파는 거래를 통해 할당량을 충족시킬 수 있다. 그러나 미국이 세계 제1의 오염 물질 배출 국가임에도 불구하고 조지 W. 부시 행정부는 교토 의정서의 근본적인 결함을 주장, 환경 처리 비용 증가와 값비싼 연료 사용에 따른 경비 증가로 국내 경제 성장을 저해할 수도 있다며, 2001년 3월 교토 의정서 비준을 거부하고 지구 온난화를 막을 다른 대안을 마련할 것을 밝혔다.

미국의 탈퇴 선언과 일본의 소극적인 자세로 한때 사문화 위기에 몰렸던 교토 의정서는 독일의 본에서 열린 유엔 기후변화협약 당사국 6차 회의(2001년 7월)에서 미국을 제외한 가운데 유럽연합과 일본, 캐나다, 호주, 러시아 등이 교토 의정서에 비준하여 당초 예정대로 2002년에 협약 내용이 발효될 수 있는 길이 열렸다. 이행 방안에 따르면 나라별로 이산화탄소 배출량을 산출할 때 각국의 삼림 및 농지가 흡수하는 이산화탄소의 양이 감축량으로 인정받게 되었고, 이로 인해 일본은 삭감 목표 6% 가운데 최대 3.8%를 삼림효과로 대체하게 되었다. 그러나 교토 의정서에 따른 실제 온실가스 감축 규모는 당초의 1990년 기준 평균 5.2% 감축에서 1.8% 감축 수준으로 축소되었고, 강제이행 규정 중 법적 구속력이 있는 제재 조치를 일본이 막판까지 반대하여 제외되는 아쉬움을 남겼다.

한국은 1차 의무이행 기간인 오는 2013년까지 온실가스 감축 의무를 부과받지는 않았지만 경제협력개발기구OECD 회원국 가운데 멕시코를 제외하고는 유일하게 의무이행 대상국에 포함되지 않았다. 그러나 한국은 온실가스 배출량이 세계 10위권을 차지하고 있고, 1차 의무이행 기간 중 온난화기체 발생량 증가율이 더욱 높아졌으며, 10년 내에 세계 7위의 배출국이 될 것으로 예상되어 온실가스 감축에 조속히 동참하라는 선진국의 압력이 가중될 것으로 전망된다. 더욱이 최다 배출국이면서도 교토 의정서 탈퇴를 선언한 미국을 참여시키기 위해 한국이 희생될 가능성도 커 보인다.

기후 변화에 관한 문제는 기상학이나 해양 또는 생태계에 대한 기초적인 연구에서 시작해야 한다. 또한 화석 에너지를 대체할 신재생에너지나 산업 공정의 효율을 높이는 공학적인 기술의 개발도 중요하다. 또 최근에는 이산화탄소를 직접 포집하여 저장하는 소위 '탄소포집저장CCS: Carbon Capture and Storage' 기술에 대한 연구도 활발히 진행되고 있다. 그러나 이러한 과학 및 공학적인 연구 이외에 앞에서 살펴본 바와 같은 경제적인 문제, 그리고 외교적인 노력 등에 대한 충분한 이해가 없다면 과학기술자들의 노력과 연구는 잘못된 방향으로 흘러갈 수도 있다는 점을 강조하고자 한다.

생각해볼문제

Question

1 기후 변화가 인간의 산업 활동에 의한 것이 아니라는 주장에는 어떠한 것들이 있고, 그 주장의 근거는 무엇인지 알아보자.

2 '교토 의정서(Kyoto Protocol)'에 한국이 적극적으로 참여해야 한다는 주장에 대해 어떤 의견을 가지고 있으며, 왜 그렇게 생각하는지 발표해보자.

3 기후가 변화하면 생태계에는 어떠한 영향이 나타날까? 육상, 해양, 담수 생태계로 구분하여 자료를 조사하고 서로 교환해보자.

4 온실가스를 배출할 권리를 사고파는 제도인 소위 '온실가스 배출권 제도'라는 것이 국내에서도 검토되고 있다. 그 내용이 무엇인지 알아보고, 이에 대한 찬반 의견을 제시해보자.

5 정부나 국제사회의 노력을 제외하고 개인이 기후 변화를 억제하기 위해 할 수 있는 행동에는 어떠한 것들이 있는지 제안해보자.

읽어볼 책들과 참고문헌

토마스 그레델 · 폴 크루첸, 이강웅 · 김경렬 옮김, 『기후변동』, 사이언스북스, 1999.
마크 라이너스, 이한중 옮김, 『6도의 악몽』, 세종서적, 2008.
비외른 롬보르, 김기응 옮김, 『쿨잇』, 살림, 2008.

| 제8장 |

DNA, 너는 내 운명?

– 생명과학의 발달과 인간의 세상살이

| 송기원 |

우리의 생활로 깊숙이 들어온 생명과학

인류 역사에는 과학과 기술의 발견이나 발명이 인간의 삶과 역사를 바꾼 경우가 많다. 불, 숫자, 종이, 등자鐙子, 나침반, 활자, 증기기관 등이 그것이다. 그렇다면 수백 수천 년이 흐른 미래의 인류에게 현대의 가장 중요한 문화유산으로 기록될 과학이나 기술은 무엇일까. 그것은 아마도 21세기 벽두인 2001년 많은 미디어의 머리를 장식하며 인류에게 희망의 가능성과 불안의 그림자를 동시에 제시한 인간 유전체human genome의 DNA 염기서열DNA sequence 암호 해독일 것이다. 인간 유전체의 암호 해독을 위시하여 복제 양 돌리

돌리(1996~2003)와 보니. 돌리는 세계 최초로 체세포 복제를 통해 태어난 포유류다. 이후 돌리는 정상적인 생식 방법을 통해 보니를 낳았다.

Dolly에서 복제인간의 가능성까지 인류에게 엄청난 영향을 미칠 수 있는 충격적인 생명과학 연구의 결과들이 최근 봇물처럼 쏟아지고 있다.

내가 공부를 시작했던 1980년대 초에도 유전공학을 비롯한 생명과학의 연구 내용이 간헐적으로 미디어를 통해 일반인들에게 소개되기도 했지만 그 관심은 생명 현상을 연구하는 학자들의 몫이었고, 대부분의 시민들은 생명과학이 이렇게 빠른 속도로 우리의 일상에 커다란 영향을 끼치게 될 것이라고 예측하지 못했다. 그러나 20여 년이 지난 지금, 우리는 당장 오늘 저녁거리를 위해 시장에 나가 유전자 재조합 콩으로 만든 두부를 사야 할지 말아야 할지, 노화 방지 과학이라고 선전하는 고가의 화장품을 꼭 구매해야 할지, 조류독감이나 광우병이 무엇인지 알아야 하는 세상에 살고 있다. 즉 우리는 잘 이해하지도 못하면서 이미 생명과학 연구에서 파생된 먹을거리로부터 의료, 건강, 환경 및 사회의 현안들을 매일매일 대면하고 있는 것이다.

또한 가까운 미래에 인생살이를 위해 해결해야 하는 생명과학과 연관된 사회 문제들은 매우 빠르고 상상할 수 없을 정도로 다양하게 확대될 것이다. 공상과학소설 속에서나 가능했던 일들이 우리에게 현실로 다가오고 있는 것이다. 그러나 생명과학의 과학적 지식은 일반인들이 이해하기에는 너무 전문적인데다 과학자들과 일반 대중들의 의사소통 노력 또한 거의 없었다. 특히 과학계의 연구 내용이 지난 20여 년간 많은 영화나 소설의 중요한 모티프가 되어 생명과학과 관련된 사회 이슈들의 담론화가 가능해지기 시작한 서구에 비해 한국에서의 과학은 항상 경제적인 성장 동력으로만 인식되어왔다. 이러한 결과로 생명과학의 발전 내용은 대중들에게 거의 외면당하고 있고, 더 위험하게는 2006년 '황우석 사건'이나 2008년 '광우병 파동' 등에서 볼 수 있는 것처럼, 생명과학의 내용이나 연구 성과가 쉽게 왜곡되거나 대중 선동의 도구로 이용되고 있다. 따라서 생명과학의 연구 결과로 파생된 다양한 사회 현안들에 의해 가장 큰 영향을 받는 일반인들이 그 내용과 파급효과를 제대로 이해하지 못한 상태로 많은 문제들이 우리에게 닥쳐오고 있다.

나는 이 글에서 우리에게 현안으로 다가온 인간의 유전정보 해독의 몇 가지 내용을 간단히 설명하고, 이러한 유전체 해독과 유전자 조절 연구에 의해 파생될 수 있는 '인간살이'와 연관된 화두들을 제시해보고자 한다.

생명체와 무생물 사이의 넘을 수 없는 벽

'생명체와 생명이 없는 무생물의 가장 근본적인 차이는 무엇인가.' 학기 초에 내가 가르치는 '유전학' 수업 시간에 들어가면 제일 먼저 던지는 질문이다. 의외로 생명과학을 전공으로 선택하고 생명 현상의 세세한 부분에 대해 공부하는 학생들도 이런 근본적인 질문을 던지면 금방 대답하지 못한다. 외형이 인간과 매우 유사하고 인간처럼 느끼고 생각할 수도 있지만, 우리는 영화 「바이센테니얼맨」의 주인공 '앤드류'나 「아이로봇」의 '써니'를 생명체라고 부르지 않는다. 왜냐하면 이들은 생식 능력을 갖고 있지 않기 때문이다. 즉 생명체가 갖는 가장 큰 특징은 자신과 유사한 개체를 만들어낼 수

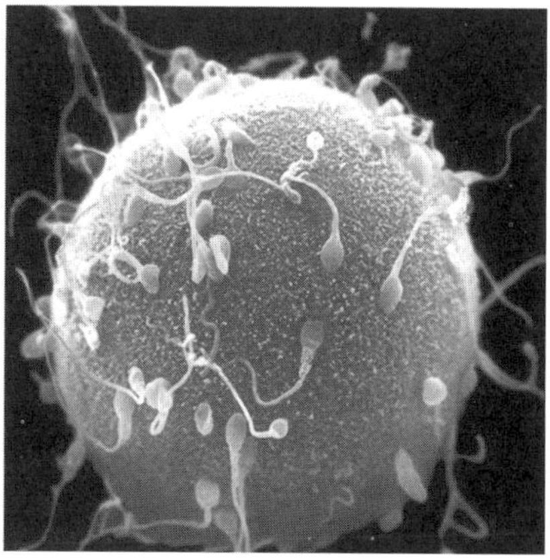

정자와 난자의 수정 모습. 생식 능력은 생물과 무생물을 구분하는 가장 큰 차이점이다.

있는 자기 복제의 생식 능력이다. 생식 능력이 생명체와 무생물 간의 넘을 수 없는 벽인 것이다.

보통 우리가 생명의 가장 작은 단위를 '세포'라고 하는데, 그 이유는 세포가 자기 자신과 유사한 개체를 만들어낼 수 있는 능력을 갖춘 최소 단위이기 때문이다. 그렇다면 자신과 똑같은 개체를 만들어낼 수 있는 생명체의 능력은 어디서 온 것일까?

내가 부모님을 닮도록 해주는 DNA

사춘기가 되면 누구나 '나는 왜 부모님의 얼굴을 닮았을까? 차라리 이효리나 배용준을 닮았으면 좋았을 텐데……' 하는 의문을 갖게 된다. 또 결혼을 하고 나서는 좋든 싫든 앞으로 내 아이가 내 얼굴을 닮게 된다는 것도 알게 된다. 그래서 유전학을 학문으로 발전시키지 않았던 우리 조상들도 '콩 심은 데 콩 나고 팥 심은 데 팥 난다'는 매우 유전학적인 속담을 남겼다. 그렇다면 왜 우리는 부모와 닮는 걸까? 그 이유는 나와 내 부모가 유사한 유전인자를 공유하기 때문이다.

한 세대에서 다음 세대로 계속해서 전해지면서 유사한 생명체를 만들어내는 '유전인자'의 실체는 이제는 우리 모두에게 친숙해진 DNA라는 '핵산'이다. 내가 '핵산'이라는 단어를 처음 접한 것은 초등학교 때 TV의 조미료 광고에 등장한 '핵산 조미료'라는 단어를 통해서였다. 그 후 생명과학을 공부하면서 유전물질인 DNA의 구조를 배우게 되었고, 조미료에 들어 있는 핵산이 곧 우리의 유전인자와 동일한 화학물질인 것을 알고 무척 실망했다.[XX] 복잡하고 때로는 숭고하기까지 한 인간을 형성하는 모든 정보가 조미료의 맛을 내는 성분과 동일한 화학물질이라는 것 자체가 놀라움이었다. 그러면서 생명체라는 것이 다양하고 복잡한 화학물질이 모여 있는 집합체고, 생명이라는 신비롭고 숭고한 현상이 수많은 조직화된 화학반응을 통해 유지된다는 사실을 알게 되었다.

X Tip
생명체 내에는 두 종류의 핵산이 존재하는데 하나가 DNA(Deoxyribonucleic acid)고, 다른 하나는 RNA(Ribonucleic acid)다. 지구상에는 수백만 종(種)의 생명체가 존재하는데, 이 다양한 생명체 거의 모두는 DNA를 유전정보로 사용하고 있다. DNA는 당(糖)과 인, 그리고 A(아데닌), T(티민), G(구아닌), C(시토신) 네 종류의 염기로 이루어져 있다. 1953년 제임스 왓슨(James Watson)과 프랜시스 크릭(Francis Crick)은 처음으로 모든 생명체에서 유전물질로 작용하는 DNA가 A, T, G, C 네 종류의 염기가 쌍을 이루어 무작위로 한 줄로 길게 늘어서 꼬인 나선 구조(helical structure)를 하고 있음을 밝혀냈다.

XX Tip
우리 몸을 비롯한 생명체는 모두 크게 단백질, 탄수화물, 핵산, 지질, 이 네 종류의 성분으로 구성되어 있는데, 그중 핵산이 생명체에 대한 정보를 갖고 있다.

DNA란 우리를 우리의 모습으로 만들어주는 저장된 정보라고 할 수 있다. 마치 컴퓨터가 저장된 정보를 이용하여 작동하는 것처럼 생명체인 우리 몸도 저장된 정보인 DNA를 이용하여 생명현상

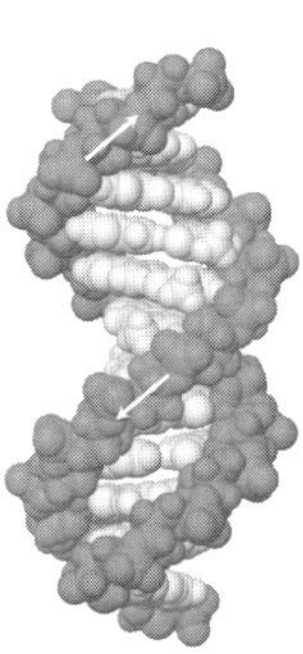

제임스 왓슨(사진 왼쪽)과 프랜시스 크릭. 1953년, 처음으로 DNA의 '이중 나선 구조'를 발견했다.
오른쪽 그림은 DNA의 '이중 나선 구조' 모형.

을 유지한다. 정보만으로는 컴퓨터가 작동되지 않는 것처럼 생명체인 우리 몸도 DNA만으로 작동되는 것은 아니다. DNA를 생명체의 하드디스크라고 본다면 실제 우리 몸을 작동시키는 소프트웨어인 프로그램들이 필요하다. 생명체에서 소프트웨어의 구실을 하는 것이 바로 단백질이다. 지구상에 존재하는 다양한 생명체를 구성하고 생명을 유지하는 모든 기능은 주로 단백질에 의해 수행된다. 그러므로 우리 몸에 DNA의 형태로 저장된 유전정보는 궁극적으로 생명체에서 기능을 수행하거나 부품으로 사용되는 단백질을 만드는 정보를 제공한다.

길게 늘어선 이중 나선구조의 DNA 속에 보통 우리가 유전자라고 부르는 각각의 단백질을 만들어내는 단위가 숨겨져 있다. 각각의 유전자는 DNA를 구성하는 네 종류의 다른 염기인 AAdenine, TThymine, GGuanine, CCytosine가 무작위로 배열된 코드를 제공하여 정확히 그 정보에 해당하는 다양한 단백질이 만들어지도록 한다. 지구상에는 수백만 종의 다른 생명체가 존재하지만 모두 자신을 복사할 수 있는 하드디스크 정보로 A, T, G, C 네 종류의 염기로 구성된 DNA를 사용한다.

왜 인간은 유전정보를 해독하고 싶어 했을까?

인간을 인간으로, 바나나를 바나나로, 즉 다양한 생물체 각각을 만들 수 있는 유전정보 전체를 우리는 그 생물체의 유전체, 즉 게놈

genome이라고 부른다. 우리 몸을 구성하고 있는 수십조 개의 세포 각각에 이 유전체 정보가 담겨 있다. 잘 알려진 대로 2000년 6월, 처음으로 인간 유전체의 정보가 해독되었다고 발표되었다. 인간 유전체를 해독한다는 것은 무슨 의미인가? 인간 유전체 해독은 인간이 갖고 있는 DNA 전체의 A아데닌, T티민, G구아닌, C시토신 네 종류 염기의 개수와 그 순서를 결정하는 작업이다. 이렇게 전체 DNA의 정보를 알면 DNA로부터 만들어지는 우리 몸을 구성하는 모든 단백질을 알 수 있게 된다.

인간 유전체의 DNA 염기서열을 해독하는 작업은 '인간 게놈 프로젝트'를 통해 1990년부터 13년간 진행되어 2003년 공식적으로 완성되었다. 이 작업에는 총 30억 달러(한국 돈으로 3조 원)의 막대한 예산이 투입되었다. 그렇다면 인류는 왜 이토록 많은 인적·물적 자원을 투입하여(인간 유전체 사업은 주로 미국을 중심으로 영국, 일본 등의 협력을 통해 진행되었다) 인간 유전체의 정보를 해독하고자 한 것일까.

어렸을 때 플라스틱 부품과 순차도를 보고 비행기나 탱크 등을 조립하는 장난감을 가지고 논 기억이 있을 것이다. 간단한 장난감을 조립하기 위해서도 부품의 리스트가 필요하듯, 보잉747 같은 매우 복잡한 기계가 어떻게 조립되는가를 이해하기 위해서는 우선 부품 리스트부터 확보해야 한다. 마찬가지로 매우 복잡한 인간이라는 유기체를 이해하기 위해서는 먼저 그 부품 리스트가 필요하다. 인간 게놈 프로젝트를 통해 우리는 이제 우리 몸을 구성하는 부품 리스트 전체를 얻어낸 것이다. 이 부품 리스트를 이용하여 앞으로 어떻게 이들이 조립되어 복잡한 생명체를 만들고 유지하는지 알아갈 수 있을 것이다. 또 어떤 부품이 잘못되었을 때 어떤 질병이 발생하는지도 알게 될 것이다. 이런 이유로 선진국들은 막대한 연구비를 지원하여 그 비밀을 풀고자 했다.

또한 '인간 게놈 프로젝트'는 인간의 유전체 정보가 인류 공동의 유산이라는 믿음 속에 진행되었고, 그 귀중한 정보가 우리 모두에게 공짜로 공개되었다. 여러분도 궁금하다면 지금 당장 NCBI(미국 국립생물정보센터, National Center for Biotechnology Information) 홈페이지에 가서 원하는 유전자의 정보를 확인할 수 있다.

DNA 정보로 드러난 인간의 대동소이大同小異

'인간 게놈 프로젝트'의 결과로 인간 유전체 전체의 염기서열이 발표되었을 때 가장 놀라웠던 사실 중 하나는, 인간을 만들고 유지하는 유전자의 수가 예상보다 무척 적다는 것이었다. 인간은 예상과 달리 고작 2만 5천 개 정도의 유전자를 가지고 있다고 밝혀졌다. 또한 그 놀라움은 인간과 다른 생물체의 유전자 수를 비교하면서 더욱 커졌다. 매우 고등한 동물로 자부하는 인간은 맥주나 빵을 만들 때 넣는 효모보다 겨우 5배 많은 유전자를 가지고 있고, 과일 주변을 날아다니는 초파리의 2배, 그리고 아주 작은 지렁이(꼬마선충)보다는 겨우 1.5배 많은 유전자를 가지고 있는 것으로 밝혀졌기 때문이다.

그리고 인간과 다양한 생물체의 유전체가 해독되면서 알게 된 가장 놀라운 사실은 전혀 연관성이 없어 보이는 다른 생물체들이 가지고 있는 유전체들의 유사성이었다. 예를 들면 빵이나 맥주를 만들 때 넣는, 우리가 보통 생물체라고 인식조차 하지 않는 효모의 유전체에 의해 만들어지는 단백질 중 약 46%가 인간에게도 존재한다. 또한 크기가 1밀리미터인 꼬마선충의 유전체에 의해 만들어지는 전체 단백질의 43%, 우리가 먹는 바나나 전체 유전체 단백질의 50%, 초파리의 전체 단백질의 61%, 그리고 매운탕으로 즐겨 먹는 복어 전체 단백질의 75%가 인간의 유전체에 의해 만들어지는 단백질과 매우 뚜렷한 유사성을 보인다. 즉 겉보기에는 이토록 다른 생명체들이지만 적어도 유전자 수준에서는 생명현상을 유지하는 데 필요한 메커니즘들이 진화하면서 그대로 보존되어 사용되고 있다는 것이다. 2005년 밝혀진 진화상 인간과 가장 가깝다는 침팬지 유전체의 염기서열은 침팬지와 인간이 98% 정도의 유전정보를 공유하고 있음을 제시했다. 침팬지와 인간의 차이는 전체 유전체에서 겨우 2% 유전자의 차이가 만들어낸 결과라는 것이다.

인종, 외모, 능력 등 우리 눈에 매우 다르게 보이는 인간은 99.9% 이상의 동일한 유전정보를 가지고 있다. 즉, 단 0.1% 미만의 유전정보 차이가 인간 사이의 다름을 만드는 이유인 것이 밝혀진 것이다. 정말 대동소이大同小異란 이럴 때 써야 하는 단어가 아닌가 싶다. 또한 인간의 역사에서 반목과 전쟁 등의 원인을 제공했던 민족이나 인종의 차이는 유전체 정보로는 구분할 수 없다고 한다. 유전체의 시각에서 바라보면 우리는 정말로 '도토리 키 재기'를 하고 있는 것이다.

우리의 '세상살이'를 바꿀 수 있는 유전정보

인류가 우리의 몸을 구성하는 모든 정보인 유전정보를 알았다는 것이 지금 당장 내가 세상을 살아가는 데 무슨 영향이 있을까, 라고 의아하게 생각하는 사람도 많을 것이다. 그러나 앞으로 수백 수천 년의 오랜 역사가 흐른 후에는 '인간 유전체 해독'이 과거 종이나 나침반, 증기기관의 발명보다도 인류를 더욱 변화시킨 가장 중요한 유산으로 기록될 것이다. 왜냐하면 우리 몸을 구성하는 부품 리스트인 유전정보의 해독은 우선 유전자 정보의 이상으로 발생하는 암이나 당뇨병 등 일반적으로 유전병이라고 통칭되는 질병들에 대한 이해를 높이고, 그 진단을 매우 쉽게 만들 것이기 때문이다. 또한 태아의 경우 양수를 채취하여 시행하는 유전자 검사를 통해 유전병 등 많은 질병의 발병 가능성을 예측할 수 있다. 물론 현재의 기술로는 우리 몸을 구성하는 어떤 부품이 어떻게 잘못되었는지 진단한다고 하여 그 치료가 모두 가능한 것은 아니다. 이미 유전정보에 따라 개체가 만들어지고 난 후에 잘못된 유전자를 대체할 수 있는 방법(유전자 치료라고 불림)은 아직 성공적으로 개발하지 못했기 때문이다. 그렇기에 우리가 이전에는 운명으로 받아들였던 유전정보를 치

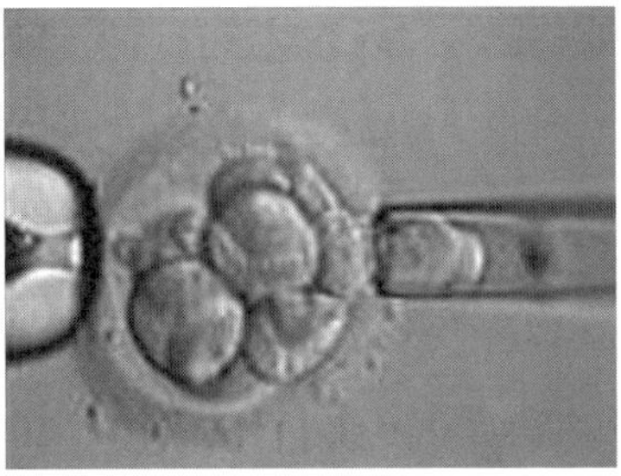

착상 전에 태아의 유전자 검사를 하기 위해 세포를 떼어내고 있다. 유전정보에 이상이 없는 태아를 감별해 착상시키는 시술은 원하는 유전자의 조합대로 자식을 만드는 '맞춤아기'가 가능하다는 것을 보여준다.

료법도 없이 꼭 알아내어 긁어 부스럼을 만들어야만 하는지에 대해서는 여전히 논쟁이 진행 중이다.

태아의 경우 임신 6개월이 지나야만 양수검사로 유전자 검사를 할 수 있다. 그러므로 이때 태아에 유전자적 결함이 존재할 가능성을 안다면 부모들은 거의 사람의 형태를 갖춘 태아를 낙태할 것인가의 문제로 어려운 도덕적 선택을 해야 한다. 따라서 요즘은 집안에 대대로 내려오는 질병과 그 병에 해당하는 유전인자의 이상이 존재할 경우 자연임신이 아닌 인공수정을 통해 태아의 유전정보를 검사한 후 유전정보에 이상이 없는 태아를 감별해 착상시키는 시험관 아기 시술이 많이 시행되고 있다. 이는 우리가 기능을 잘 알고 있는 유전자를 중심으로 어느 정도까지는 원하는 유전자의 조합대로 자식을 만들어내는 '맞춤아기'가 가능하다는 것을 시사한다. 그러나 이러한 시술은 세계화된 자본주의 의료 체제 내에 살고 있는 누구에게나 가능한 것은 아니다. 왜냐하면 인공수정, 유전자 검사, 시험관 아기 등이 모두 일반 의료보험 혜택을 받을 수 없어 많은 비용을 필요로 하는 과정이기 때문이다.

현재 유전체 정보를 상업적 목적에 이용하는 몇몇 회사들은 'DNA 스캔'이라는 검사를 제공하고 있다. 'DNA 스캔'은 개인의 유전체로부터 변형된 유전자들을 모두 찾아내 질병의 가능성을 예측하는 서비스로, '어떤 유전자에 이상이 있으니 어떤 질병을 조심하라' '어떤 질병에 걸릴 가능성은 몇 %이다' 등의 검사 결과를 제시하여 이익을 올리고 있다. 또한 미래에는 머리가 아플 때 타이레놀을 먹는 것처럼 모든 사람에게 동일한 약을 처방하는 것이 아니라, 각 개인의 유전체 정보를 바탕으로 개개인의 유전정보에 따라 가장 적합한 약을 찾아 처방하는 '맞춤형 약'으로 발전해갈 것으로 예측된다.

요즘 텔레비전의 범죄 수사극에서 쉽게 볼 수 있듯이 우리 개개인은 모두 조금씩 다른 DNA 염기서열을 가지고 있으므로 유전정보는 개인의 신원을 확인하는 데도 유용하게 이용되고 있다. 재미있는 예가 오래전 잉그리드 버그만 주연의 영화로도 만들어졌던 러시아의 마지막 황녀 '아나스타샤' 이야기이다. 볼셰비키 혁명으로 총살된 러시아 황실 가족 중 가장 어린 자신만 살아남았다고 주장하며 러시아의 황녀 '아나스타샤'를 자처하던 여인의 신원이 그녀의 사후 병원에 남겨졌던 조직에서 추출된 DNA 정보를 통해 가짜로 판명된 것이다.

그러나 거꾸로 개개인의 유전정보가 데이터화되고 유출된다면 엄청난 사회 문제가 발생할 수 있다. 예를 들어 개인 의료보험이나 생명보험이 현재는 나이에 따라 가입자를 차별하고 있지만, 병에 걸릴 가능성을 유전정보를 통해 예측할 수 있다면 이를 근거로 가입자를 차별하게 될 것이다. 또 집안이나 경제력뿐 아니라 그 유전자 때문에 부모가 결혼을 극심하게 반대하는 일이 일반화될 수도 있다. 아마도 결혼 정보업체에서는 유전정보를 근간으로 '귀골'이 아닌 '귀DNA 그룹'을 선별하고자 할 것이다. 즉 사회에서 유전정보에 근간을 둔 인간 차별이 가능해질 수 있다. 따라서 개인의 중요한 프라이버시로서 혈액 등 생체 샘플에 대한 관리 및 그로부터 쉽게 얻어낼 수 있는 유전정보에 대한 관리와 사용에 대한 법적 장치 등의 마련이 절실하다.

유전정보를 더 좋게 바꾸고 싶은 인간의 욕망

유전

내가 바로 가문의 얼굴이다,
육체는 슬슬 닳아버리나, 나는 살아남으니까,
불쑥 튀어나온 굴곡이며 흔적이며
까마득한 시간에서 이 근처 시간까지,
멀찍한 장소를 불쑥 건너뛰며,
망각을 훌쩍 넘으며 말이다.

세월이 유산이라고 물려준 이 관상,

휘어진 모양새나 목소리나 눈알 모양이나
인간이 헤아릴 시간의 거리를
경멸하는 게, 그게
바로 나다, 왜,
인간 속에 영원한 그것,
이제 그만 죽으라는 명령에도 아랑곳 않는
그것 말이다.

이 시는 토머스 하디Thomas Hardy의 「유전」(연세대 영문과 윤혜준 교수의 번역)이라는 시다. 19세기 말 하디가 이 시를 썼을 때는 이미 멘델Mendel이 유전법칙을 발견한 후였지만, 세상에 알려지지는 않았을 때였다. 그럼에도 하디는 우리의 몸과 목소리 그리고 눈 등의 형질을 결정하는, 그러나 우리의 힘 밖에 있는 영속적인 존재로서의 '유전인자'를 완벽하게 표현하고 있다. 또한 시인은 인간의 조건을 결정하는 결정적인 힘을 갖지만 '인간 속에 영원한 그것, 이제 그만 죽으라는 명령에 아랑곳 않는 그것'인 유전인자를 인간의 의지로 좌우할 수 없다는 부조리를 설명하고자 했다. 그러나 아마도 하디는 인간이 단지 1세기 후에 유전의 실체를 이해하고 그 부조리한 유전의 힘에 맞서게 될 줄은 예측하지 못했을 것이다.

토머스 하디의 시 「유전」에서 표현된 것처럼 유전이 갖는 부조리함에 저항하고 싶은 인간의 근원적인 욕구 때문이었을까? 인간의 유전자를 변형시키려는 노력은 유전인자가 DNA임을 알아낸 후부터 계속 시도되었다. 또한 이런 노력은 생물학적 기능을 수행하는 각각의 유전자를 분리하여 기능을 밝히는 것을 가능하게 한 분자생물학의 발전으로 가속화되었다.

원래 타고난 유전정보를 변화시키는 '유전자 재조합 기술'이란 교배 등 전통적인 방법으로 유전자를 주고받을 가능성이 전혀 없는 생명체들의 유전자들 중 인간이 임의로 유용하다고 판단한 유전자를 다른 생명체에 집어넣어 새로운 유전자를 받은 생명체의 성질을 변화시키는 것을 뜻한다. 예컨대 냉해에 약한 토마토에 추운 바다에서 사는 물고기의 부동不凍 단백질 유전자를 집어넣어 토마토가 추위에 잘 견디도록 하거나, 해충과 바이러스에 잘 견디는 강한 유전자를 집어넣어 해충에 대한 농작물의 저항력을 증가시키는 것 등이다.

유전자 재조합 기술은 현재 그 경제적인 유용성 때문에 미생물뿐 아니라 동물, 식물 등에 폭넓게 적용되고 있으며, 보통 GMO Genetically Modified Organism라고 불린다. 유전자 재조합 기술은 농산물의 유전자 변형을 통한 먹을거리의 증산을 가져왔다. 또한 동물에 적용되어 호르몬이나 중요한 생체 기능 조절물질 등 필수적인 의약품을 대량생산하는 방법으로 매우 유용하게 사용되고 있다. 당뇨병 환자에게 꼭 필요하지만 매우 얻기 어려웠던 인슐린이 유전자 재조합 기술로 쉽게 대량생산이 가능해진 것은 좋은 예다.

유전자 재조합 기술로 파생된 또 다른 문제는 인간에 의한 인간 유전자의 변형 및 선별 가능성이다. 유전자 재조합 동물을 만들기 위해서는 초기 수정된 배아에 원하는 유전자의 DNA를 삽입하거나 원하지 않는 유전자를 제거하는 기술이 필요하다. 인간은 지난 20여 년간 다양한 유전자 재조합 동물을 만드는 과정에서 초기 배아를 조작하여 원하는 유전정보를 갖는 개체를 만들 수 있는, 쉽게 말하자면 '맞춤 동물' 제조를 위한 기술력을 구축했다. 이러한 기술은 인간에게도 그대로 쉽게 적용될 수 있기에 인류는 현재 시행하지 않을 뿐 '맞춤인간'을 위한 기술적 토대를 갖고 있다고도 말할 수 있다. 즉 그것이 행일지 불행일지 모르겠으나, 인류는 이미 유전자의 부조리에 맞설 수 있는 능력을 갖고 있다는 것이다.

우리의 행동도 유전자에 의해 결정될까?

역사적으로 인간의 행동양식에 대한 이해는 그 시대정신과 긴밀히 관계되는 중대한 철학적 논제로서 인간과 사회를 이해하려는 시도의 중심을 이루어왔다. '본성'과 '양육'은 20세기를 뜨겁게 달구었던 인간의 행동을 결정하는 근본적인 요인을 이해하려는 두 가지 상반된 견해다.

17세기 철학자 존 로크 등의 인간 평등 사상을 중심으로 한 합리주의적 전통은 인간의 행동의 차이를 만들어내는 중요한 요소는 경험과 환경이며, 인간성은 후천적 요인에 의해 결정된다고 주장했다. 한편 영국의 경험론에 반대했던 장 자크 루소나 임마누엘 칸트는 인간의 본성이 타고난 것이라고 설명했다. 이러한 상반된 철학적 논의는 찰스 다윈의 『종의 기원*The Origin of Species*』을 기점으로 생물학과 접목되면서 새로운 전기를 맞게 된다. 『종의 기원』에서 다윈은 '인간도 하나의 생물체로서 생물체가 갖는 모든 특징을 갖는다'는 생물체의 보편성을 입증했다. 또한 인간의 본성도 진화 과정에서 오랜 시간 동안 형성된 생명체로서의 보편성에 기초하고 있음을 제시하고자 했다. 다윈의 사촌인 프랜시스 골턴Francis Galton은 이 개념을 확장시켜 인간 행동의 근본적인 요인을 '본성'과 '양육'이라는 두 용어를 처음 사용하며 설명했다. 이렇게 인간의 행동양식을 설명하는 상반되는 논리인 '유전 결정론'과 '환경 결정론'이 치열하게 맞선 20세기를 거치며 인류는 공산주의와 나치즘이라는 양육과 본성의 양 극단의 실험을 통해 값비싼 대가를 치러야 했다.

1980년대 이후, 생물학적 기능을 수행하는 각각의 유전자 분리를 가능하게 한 분자생물학의 발전으로 동성애나 우울증 등 인간의 행동이나 본성을 결정하는 유전자들의 존재가 보고되기 시작했고, 다시 본성과 양육 논쟁에 불을 붙였다. 동성애의 권리에 대한 관심이 뜨겁던 서구 사회에 1993년 처음으로 '동성애 경향'을 결정하는 유전자가 인간의 X 염색체에 존재한다는 보고가 있었다. 로버트 플로민Robert Plomin 같은 뇌 과학자는 동일한 환경에서 자란 일란성 쌍둥이를 연구함으로써 우리가 보통 '개성'이라고 이야기하는 개인적 특징이 유전과 상호 관련되어 있음을 증명했다. 또한 인간의 공격성을 결정하는 유전자의 존재 가능성 등도 제시되었고, 극심한 우울증 등 많은 정신병들도 유전정보와 긴밀히 관련되어 있음이 보고

되고 있다. 최근 유명한 과학 잡지인 『사이언스』에는 인간의 정치적 성향이 DNA에 의해 영향을 받는다는 논문이 발표되기도 했다. 평생 '사랑'에 대해 연구해 『왜 우리는 사랑하는가』란 재미있는 책을 썼던 헬렌 피셔Helen Fisher는 남녀의 로맨틱한 사랑과 보통 우리가 상사병이라고 이야기하는 사랑에 수반되는 행동도 '도파민'과 '노아에피네프린' 및 '세로토닌'이라는 신경 조절 물질들의 상호작용에 의한 화학반응의 결과임을 제시했다.

이러한 보고들은 인간의 행동도 유전자와 이를 정보로 발현되는 단백질의 화학작용을 통해 조절되는 것이 아닌가 하는 의구심을 갖게 하면서 인간의 행동 양상이 유전자에 의해 큰 영향을 받고 있음을 보여준다. 실제로 뇌의 작용과 신경의 반응을 조절하는 도파민이나 세로토닌 등 신경 조절 물질들의 발현에 영향을 주는 특정 유전자들에 의해 두뇌의 발달과 신경 시스템이 조절된다는 것은 이제는 일반적인 상식이 되었다. 만일 인간의 행동이 이러한 뇌와 신경 조절 유전자인 DNA에 의해 결정된다면, 우리는 '인간에게 자유의지가 있는가'란 아주 근본적인 철학적 질문에 직면하게 된다. 또한 성별이나 인종처럼 아무도 자신의 유전자를 선택할 수 없으므로, 인간의 행동에 대한 권리와 책임에 많은 논란을 야기할 수 있을 것이다.

유전자에 의해 인간의 지능 및 행동이 크게 영향을 받는다면 우리가 염려해야 하는 또 다른 문제는 '유전자에 의한 인간 차별'과 '인간 사회의 우생 문화'이다. 인간에게는 다른 인종에 대한 생물학적 우위를 믿고 싶어 하는 본성이 있다. 또한 경제력이든 지적 능력이든 기득권을 갖고 있는 집단은 다른 집단에 대해 배타적인 특성을 보인다. 따라서 인간의 유전정보가 모두 밝혀진 지금, 우리의 유전자 검사가 용이해지고 그 정보가 공개된다면 유전정보를 근거로 인종 차별보다 더 심한 새로운 차별과 계급이 형성될 가능성을 배제할 수 없다. 이러한 이유로 많은 의식 있는 사람들은 DNA 정보를 이용하여 사회 문제에 접근하려는 시도에서 유전적으로 통제되는 전체주의의 가능성을 보며 이를 경계하고 있다.

보통 시험관 아기라고 부르는, 현재 흔하게 시술되고 있는 인공수정은 본인과 배우자의 유전자 풀pool 안에서 부분적으로 원하는 DNA 조합을 갖는 '맞춤아기'를 선별하여 만들 수 있다. 여기에 현재 기술적으로는 가능한 초기 배아의 유전체 내에 특정 유전자를 주입시키는 유전자 재조합이 합법화되고 유전자에 대한 정보가 더 많이 밝혀지게 되면, 유전자의 조합에 의한 우생 문명을 가능하게 하는 충분한 기술적 토대를 형성할 수 있다. 즉 부모의 유전정보와 관계없이 부모가 원하는 유전정보를 태아에게 주거나 대체하는 완벽한 '맞춤인간'의 탄생이 기술적으로 가능할 것이다. 이렇게 된다면 1932년 헉슬리A. Huxley가 『멋진 신세계*The Brave New World*』에서 예견했고, 1997년 유전자의 염기서열인 A, T, G, C를 배열해 제목을 만든 영화 「가타카GATTACA」가 보여준 것처럼, 인간이 시험관에서 예정된 유전정보에 따라 태어나고 유전정보에 의해 운명이 결정되는 너무도 황당한 사회를 만들 수 있다. 경제력을 배경으로 우생학적으로 개량된 우생인간을 창조할 수 있는 가능성은 이제 상상의 산물로 치부될 수 없을 만큼 가까이 다가와 있는 것이다.

인간은 유전자에 의한 운명을 넘어설 수 있을까?

인간의 행동이 유전정보에 의해 결정된다면 정말 DNA가 우리의 운명을 결정할까? 역사에서 소위 위인이라고 알려진 사람 중에는 놀랍게도 유전적 결함을 지녔던 사람이 많다. 손쉬운 예로 천재 과학자 알버트 아인슈타인(난독증dyslexia), 에이브러햄 링컨(마르판 증후군Marfan syndrome), 존 F. 케네디(부신에 의한 피부질환Addi-son's disease) 등을 들 수 있다. 이들은 유전자 검사가 일반화된 현재나 미래 사회에선 태어나지 못했을지도 모르겠다.

다시 묻고 싶다. 정말 DNA가 우리의 운명을 결정하는가? 이 물음에 대한 나의 대답은 인터넷에서 흔히 찾아볼 수 있는 다음과 같은 이야기로 대신한다.

"아버지는 매독 환자고, 어머니는 결핵 환자입니다. 이들 부부 사이에서 태어난 아이들은 현재까지 네 명인데, 그중 맏이는 장님으로 태어났고, 둘째는 사산했고, 셋째는 귀머거리, 넷째는 결핵을 앓고 있습니다. 그런데 이들 부부는 다섯번째 아이를 임신했습니다. 의사는 이들 부부에게 아이를 출산하지 않는 것이 좋겠다는 충고를 했습니다. 이들 부부는 아이를 낳아야 할까요? 아니면 아이를 낳아선 안 되는 것일까요?"

베토벤(1770~1827). 18세기에 유전자 검사가 시행되었다면, 우리는 베토벤의 위대한 교향곡을 들을 수 없었을지 모른다.

여러 종류의 대답이 있겠지만, 이렇게 해서 태어난 아기가 '베토벤'이란 사실을 알고 나면 다들 충격을 받을 것이다. 이런 이야기는 인간의 조건을 결정하는 것은 DNA지만, 그 조건을 넘어설 수 있는 것 또한 인간이라는 것을 명확히 보여준다. '우리가 그 조건을 넘어서고 싶은가?' '인간이 완벽함이 아닌 결함을 통하여 진정한 인간으로 성숙됨을 믿는가?' 어쩌면 이것이 DNA의 정보가 일반화되는 시대를 살게 될 우리가 지금 물어야 할 질문인 듯하다.

유전정보를 손에 쥔 인류의 미래는……

최근에는 무병장수에 대한 인간의 기대로 생명과학 연구에 대규모 자본이 투자되면서 그 발전 속도가 가속화되고 있다. 건강 및 장수에 대한 인간의 욕구와 경제 발전의 의지를 생각해볼 때, 우리가 생태나 윤리 또는 도덕적인 이유로 생명과학의 연구나 발전을 저지하거나 늦출 수는 없을 것이다. 그러나 우리 사회에는 과학자와 일반 대중 간에 과학의 발전 내용에 대해 서로 이해하고 소통하려는 노력이 부재하다. 따라서 생명과학의 발전 내용이 대중들에게 무관심하게 외면당하거나 쉽게 왜곡되는 우리의 상황은 매우 염려스런 실정이다.

그렇다면 우리에게 필요한 것은 무엇인가? 21세기를 살아가는 교양인으로서 과학의 기본 내용을 이해하려는 노력이 반드시 필요하다. 또한 정책 입안자들에게도 생명과학이 21세기 신성장동력이라는 경제적 효과를 넘어, 총체적으로 우리 삶의 질과 형태를 바꿀 수 있다는 것을 이해하고 바른 정책 방향을 제시해 갈 수 있는 소양이 요구된다. 이미 1990년대부터 미국 아이비리그 대부분의 대학들은 전공과 관계없이 전교생에게 생명과학 과목을 필수로 수강하도록 하고 있다. 자세히는 아니더라도 과학의 내용을 정확히 알아야 올바른 판단을 내릴 수 있기 때문이다. 이런 기본 지식의 바탕 위에 적어도 생명과학의 연구 결과들이 생활의 일부로 다가오기 이전에 이들 연구로 파생될 수 있는 '인간살이'와 연관된 화두들을 고민하고 '우리가 치러야 할 대가'에 대한 범사회적인 인식을 만들어 가는 과정이 반드시 필요하다. '너무 늦기 전에' 유전정보와 그 유용성이라는, 지금 우리가 쥐고 있는 '양날의 칼'을 어떻게 사용해야 하는가에 대한 관심과 사회적 고민이 절실히 요구된다.

생각해볼문제

Question

1 '인간 유전체 프로젝트'가 처음 제안되었을 때 그 막대한 예산 때문에 일부 과학자들의 극심한 반대가 있었다. 그 예산을 실제 질병 치료나 유용성이 높은 연구에 사용하는 것이 인류에게 더 효율적이라는 이유에서였다. 여러분이 정책 결정자라면 실용적인 가치에 대한 논란이 있는 이러한 막대한 연구 프로젝트에 대해 어떠한 결정을 내리겠는가? 또한 이러한 연구가 국민이 낸 세금으로 지원되는 것에 대해 어떻게 생각하는가?

2 현재 가능한 'DNA 스캔' 방법으로 여러분의 유전정보에 대해 알고 싶은가? 만약 알고 싶다면, 특별히 어떤 정보에 대해, 왜 알고 싶은가?

3 집안에 대대로 내려오는 유전병의 가능성이 존재한다면 '맞춤 시험관 아기' 시술을 이용하겠는가? 만약 그렇다면, 유전자 검사 후 버려지는 태아에 대해서는 어떻게 생각하는가?

4 인간의 행동에 유전자의 영향이 얼마나 미칠 수 있다고 보는가? 인간의 행동을 유전자의 책임으로 돌리는 일이 어떤 측면에서 정당화될 수 있는지, 또는 인간의 행동과 유전자의 영향을 연결시키는 것이 왜 부당한지에 대해 논의해보자.

읽어볼 책들과 참고문헌

매트 리들리, 하영미 등 옮김, 『게놈: 23장에 담긴 인간의 자서전』, 김영사, 2001.
리처드 도킨스, 홍영남 옮김, 『이기적 유전자』, 을유문화사, 2006.
라메즈 남, 남윤호 옮김, 『인간의 미래: 생명공학이여 질주하라』, 동아시아, 2007.

| 제9장 |

정보기술, 우리는 어디로 가고 있는가?

– 정보기술과 사회의 변화

| 이정우 |

산업혁명 이후 눈부시게 발전을 거듭해온 과학과 기술은 이제 우리 사회나 일상생활과 떼려야 뗄 수 없는 관계에 있다. 최근에 들어서는 인터넷과 휴대폰으로 대표되는 정보통신 관련 기술들이 발전하면서 우리의 일상생활에 깊이 파고들고 있고, 아울러 다른 과학 기술 분야와의 융합을 통해 그 영향력을 넓혀가고 있다. 이렇게 영향을 미치는 부분이 넓어지면서 이제는 '정보혁명' 또는 '지식사회'와 같은 용어들이 어색하지 않을 정도가 되었다. 정보통신 관련 기술들이 앞으로 어떻게 발전하게 될지, 또 우리 사회와 미래에 어떠한 영향을 미치게 될지, 이 장에서는 정보통신 기술이 지나온 발

자취를 돌아보고 다가올 우리 사회의 변화에 대해서 생각해보고자 한다.

과거의 회상

1978년, 대학에 입학하고 나서 일일찻집을 하는 친구들을 도왔던 적이 있다. 초가 먹여진 파란 등사원지에 철필로 그림을 그리고 글씨를 '긁었다.' 이렇게 초를 긁어낸 등사원지를 등사판에 걸고 롤러에 잉크를 묻혀 손으로 굴리면 초가 긁혀진 부분에만 잉크가 스며들어 뒤에 있는 종이에 잉크가 묻어 '복사'가 되었다. 이렇게 한 장 한 장 복사해서 입장권을 만들어 팔았던 기억이 난다. 그러고 보니 교회의 주보도 이런 방식으로 만들었기 때문에 그렇게 글씨가 삐뚤빼뚤했던 모양이다. 신문 구인광고에 가끔 보이던 '필사공'이라는 직업이 어떤 것인지 이해할 수 있었다.

군대에서는 행정병으로 근무했는데, 주요 업무는 문서 작성과

인류의 역사를 패러디한 그림. 직립보행으로 진화한 인류는 이제 컴퓨터 없이는 살 수 없는 생물체로 변해 가고 있는지도 모른다.

처리였다. 타자가 기본이었고, 사본이 필요한 서류는 먹지로 처리했다. 종이를 겹쳐놓고 그 사이사이에 먹지를 삽입해서 타자기의 롤러에 끼워 돌려놓고 힘껏 자판을 두들겨 뒷장에도 먹이 배어 나오게 하는 것이 요령이었다. 기억에 이렇게 한꺼번에 겹쳐놓고 칠 수 있는 한계는 다섯 장이었다. 다섯 장이 넘어가면 힘을 받지 못해 먹이 묻어나지 않았던 것이다. 힘을 주어 한참을 치다 보면 손가락에 쥐가 나기도 했다. 오타라도 날라치면 먹지를 먹인 뒷장들도 하나씩 넘기면서 지우개로 일일이 지워야 했다. 타자로 문서를 꾸며 결재를 올리다가 수정사항이 나오면 또 골치였다. 다시 쳐야 했던 것이다. 빨간 줄로 수정하여 결재를 올려주는 상급자가 얼마나 고마웠던지. 자동수정테이프가 붙어 있는 전동타자기를 쓰는 옆 미군부대 행정요원이 얼마나 부러웠던지……

제대 후 첫 직장은 엔지니어링 회사였는데, 수습 기간이 끝나고 계약 관리 부서에 배치되었다. 턴키 계약과 비용정산 계약의 차이가 무언지 배워가면서 바로 비용정산 작업에 투입되었다. 원자력 발전소 건설 엔지니어링 계약이었는데 한 달에 한 번 천문학적 숫자의 비용 청구서를 받아 계약 조항들과 비교하고 실제 비용임을 확인하여 지급조서를 작성하는 일이었다. 말로는 간단하지만 그 비용이라는 것이 수백 명에 이르는 엔지니어들의 투입 시간에 따른 직급별 인건비 산정, 출장비 정산, 필요 자재 구매 등 그 항목이 수천 개에 이르렀다. 각각의 비용 항목별로 표를 만들어 가로와 세로의 계산을 맞추는 것이 우리 팀의 주 업무였다. 다섯 명의 직원이 주판과 계산기를 들고 거의 한 달 내내 이 숫자 맞추기 작업을 했는데도 가로와 세로의 합계들은 왜 그렇게 계산할 때마다 서로 맞지 않는지…… 20명이 넘는 부서에 한 명 배정된 타자수는 월말이면 이 비용정산 보고서를 타자기로 작성하느라 다른 업무들을 제쳐놓고 야근하기 일쑤였다.

1986년으로 기억하는데, 계약관리 부서 전용으로 워드프로세서를 한 대 구입했다. 전동타자기와 비슷하게 생겼는데, 자판 위에 세 줄짜리 스크린이 붙어 있었고, 입력한 내용을 파일로 저장할 수도 있는 간단한 워드프로세서였다. 워드프로세싱이 주 기능이었지만 딸려온 프로그램 중에는 비지칼크라는 스프레드시트 프로그램이 있었다. 스크린이 세 줄짜리여서 이렇다 할 기능은 볼 수도 없었고 있었으리라 생각되지도 않는다. 그렇지만 당시의 이 워드프로세서는 타자수의 보물이어서 퇴근할 때 덮개로 잘 덮어놓고 퇴근하고 아침이면 덮개가 그대로 덮여 있는지 확인하는 것으로 일과를 시작하곤 했었다. 행정병 가락이 있어서 한번은 야근 중에 작동해보고 덮개를 제대로 덮어놓지 않아 다음 날 아침 혼난 적도 있었다. 지금 같으면 초등학생도 거들떠보지 않을 워드프로세서인데.

워드프로세서를 도입하고 나서 첫번째로 한 일이 이 비용 청구서 정산항목들을 표로 작성하여 파일로 저장해놓는 것이었는데, 이렇게 파일로 한번 저장한 후엔 가로와 세로의 계산을 맞추는 기계적인 업무가 정말로 기계한테 넘어가버렸다. 주판과 계산기를 쓰지 않는데도, 그렇게 맞지 않던 가로 세로의 합계가 맞지 않을 도리가

수동타자기(왼쪽)와 전동 워드프로세서

없게 된 것이었다.

나는 공부를 늦게 시작했다. 1990년에 서른이 넘어서 유학 허가를 받아 미국에 가니 전부 퍼스널 컴퓨터personal computer를 쓰고 있었다. 지금 돌이켜 보면 원시적이기 그지없는 IBM XT에서 AT로 넘어가던 시절이었다. 지금은 사라진 플로피 디스켓을 사용했고, 파란 바탕에 흰 글씨로 스물다섯 줄씩 내려가는 흑백 모니터가 주종이었다. 소프트웨어를 하나 사면 플로피 디스켓을 몇 장씩 주었고, 이를 끼웠다 뺐다 하면서 하염없이 컴퓨터 앞에 앉아서 프로그램을 설치하곤 했다. 특히 연구에 필수적인 통계 소프트웨어들은 열 장 이상의 분량이어서 이를 설치하다가 밤을 새기도 했다.

지금과 그 시절을 비교할 때 또 하나의 큰 변화는 논문 작성 방법에 관한 것이다. 20여 년 전만 해도 한국에서는 자료를 찾으려면 도서관에 가서 색인 카드를 찾고 문헌번호를 적어서 사서에게 제출하고 기다렸다가 대출을 받는 폐가식閉架式 도서관이 대부분이었다. 내가 본격적으로 논문을 쓰기 시작한 시절 미국의 도서관들은 개가식開架式이어서 찾는 것은 편했지만 서가들을 헤매며 필요한 논문들을 찾아서 직접 복사해야 했다. 복사한 자료들을 옆에 쌓아놓고 밤새 뒤적거리며 색인을 만들고 참고문헌을 정리하고 논문을 쓰던 시절이었다. 지금은 대학원생들도 도서관에 가서 자료를 찾기보다는 전자도서관이나 인터넷의 검색 엔진을 많이 이용한다. 일장일단이 있기는 하겠지만 복사한 자료를 옆에 쌓아놓고 참고문헌을 정리하면서 논문을 쓰던 시절로 되돌아가기는 어려울 것 같다.

30여 년 만에 모교로 부임하면서 나는 두 가지 사실에 놀랐다. 모두 도서관과 관련된 것이었다. 첫째는, 내가 공부하던 시절의 도서관 시설이 그대로 남아 있더라는 것이다. 30년 만에 도서관에 다시 들어가서 느낀 경험은 '데자뷔'였다. 내가 앉던 자리, 그 책상, 그 걸상, 참고열람실의 서가, 24시간 개방 열람실의 냄새…… 너무도 변한 것이 없었다. 그런데 연구실에서 인터넷을 통해 학교의 전자도서관에 들어갔을 때, 그 전자도서관 장서의 내용과 범위가 웬만한 미국 주립대학들의 전자도서관 못지않아서 나는 두번째로 놀랐다. 시설은 그대로지만 내용과 방법은 획기적으로 업그레이드가 되어 있는 것이었다.

나는 지금 이 글을 쓰기 위해 컴퓨터를 켜고 워드 프로그램을 구동시키고 자판을 두들기면서 내가 써가는 글이 종이 위에 어떻게 나타날지 배열되는 것을 '직접/실시간으로/실제 크기로' LCD 모니터 화면을 통해 보고 있다. 필요하다면 뒤로 돌려서 다시 읽고 백스페이스 키를 써서 수정하기 위해 열심히 자판을 두들긴다. 내 주위의 아무도 이러한 나의 행동을 이상하게 생각하지 않는다. 틈틈이 인터넷에 들어가 필요한 자료를 찾기도 하고, 참고가 될 만한 글들을 읽기도 한다. 사전은 물론 인터넷 포털에서 제공하는 백과사전을 참고한다.

사회의 변화

이렇게 컴퓨터와 관련된 개인적인 경험을 회고하다 보면 이러한 변화가 사회적으로는 어떠한 변화를 일으켰는지에 대한 생각으로 자연스럽게 이어진다. 우선은 그 당시의 직업 중에서 타자수는 거의 없어지지 않았나 싶다. 출판사나 인쇄 업종에서 특화된 직종으로서의 타이프세터도 이제 거의 사라진 직업이 되었고, 이제 타자는 남녀나 직급에 상관없이 스스로 치는 것이 원칙이 되었다. 기업체의 임원들도 이메일이나 전자 결재뿐만 아니라 자료 입력도 직접 한다. 내 원고를 먼저 쳐달라고 타자수에게 음료수를 사주던 일은 이제 다 지나간 시절의 추억이 된 것이다.

타자수라는 직종이 사라진 것뿐만 아니라 일반 사무직의 업무도 많이 변화했다. 기본적으로 '기계적인' 업무는 대부분 컴퓨터에게 맡겨진다. 예컨대 앞에서 얘기한 가로 세로 숫자 맞추기 같은 업무는 이제 컴퓨터와 데이터베이스의 도입으로 자동적으로 처리된다. 포드 자동차 같은 대기업의 경우 자재 구매와 관련하여 영수증과 청구서, 그리고 자재명세를 비교하고 확인한 후 하청업체에 대금을 지불해주는 회계 지불 담당부서의 인원이 과거에는 500여 명에 달했지만 정보시스템을 도입하여 프로세스를 개선한 후에는 인원이 대폭 줄어들었다는 사례가 정보시스템을 잘 활용한 사례로 알려져 있지만 이젠 이 정도의 활용은 많은 기업들에서 자연스럽게 하고 있는 것 아닌가 싶다.

피터 드러커Peter F. Drucker의 말을 빌리지 않더라도 지금은 '정보와 지식의 시대'라는 점을 피부로 느낄 수 있다. 지식 근로자의 숫자는 물론 정보와 지식에 근거를 둔 비즈니스도 눈에 띄게 늘고 있다. 제조업의 부가가치가 눈에 띄게 줄어들면서 정보, 지식, 소프트웨어, 정보기술 등 '정보'와 관련된 분야의 부가가치가 높게 평가되고 기 시작했고, 과거의 시각으로 보면 그 실체가 불분명한 구글, 네이버 같은 기업들이 득세를 하고 있다.

직접적으로 지식의 양과 관련해서 지난 200년 동안에 생산되고 축적된 지식의 양이 이전까지 생산되고 기록된 지식의 양을 전부 합친 것보다 더 많다고도 한다. 기준점을 지금부터 200년 전으로 잡는 이유는 그 당시에 일어난 산업혁명이 우리의 생활은 물론 지식의 생산과 활용에도 커다란 변화를 가져왔기 때문이다. 산업혁명은 우리의 생활 자체를 변화시킨 대사건이었다. 과학을 우리의 생활 가까이에 가져온 사건이었으며, 공학이 우리 지식 체계의 중요한 부분을 차지하게 된 계기였다. 기술의 개발을 통해서 우리의 생활 양태를 백팔십도 바꾸어놓은 사건이었으며, 과학 기술이 전대 미문의 권력의 원천으로 등장한 시기다. 기술에 근거한 권력의 불균형이 나타나서 새로운 형태의 국가 간·계급 간 갈등이 유발되었고, 전례 없는 세계대전의 소용돌이에까지 이르게 된 것이다.

정보기술의 간단한 역사

산업혁명은 증기기관에서 비롯되었다고 알려져 있다. 증기기관으로 상징되는 에너지와 물질 간의 전환 기술Energy-Matter Transfer Technology들이 이렇게 거대한 변화를 우리 사회 전체에 가져올 줄은 당시의 발명가나 개발자도 예견하지 못했다. 후세의 역사가들은 이러한 변화가 혁명적인 변화였다고 얘기한다. 또한 이러한 혁명의 맥락에서 보면 지금의 사회는 '정보혁명'의 와중에 있다고들 한다.

1946년에 개발된 진공관을 사용한 세계 최초의 컴퓨터 '에니악(ENIAC).' 처음에는 탄도 계산용으로 미국 펜실베이니아 대학의 매컬리(Maculy)와 에커트(Eckert)가 제작했다.

최초의 컴퓨터를 1946년 펜실베이니아 대학 전자공학과에서 개발한 에니악ENIAC으로 본다면, 이제 우리는 정보혁명의 시발점에서부터 60여 년을 지나고 있으며, 1984년 IBM이 개발한 피시주니어 PCjr: Personal Computer Junior를 시초로 본다면 이제 20여 년을 넘어서고 있다. 그리고 인터넷이 상용화된 지 10여 년 남짓 지난 지금 우리는 집집마다 컴퓨터를 몇 대씩 가지고 있으며 인터넷은 당연한 생활의 도구로 자리 잡고 있다.

컴퓨터가 개발되기 시작할 무렵인 1947년, 컴퓨터의 개척자로 알려진 하워드 아이켄Howard Aiken 박사가 미합중국이 필요로 하는 컴퓨터는 여섯 대 정도면 충분할 것이라고 예견했을 정도로 애초 컴퓨터 연구 개발자들은 컴퓨터를 일상생활과 연계시키지 않았다.〻 그리고 1980년대 중반까지만 해도 일반인들은 컴퓨터라고 하면 공학이나 과학을 하는 사람들이나 쓰는 어려운 기계로 인식하고 있었다. 실제로 퍼스널 컴퓨터가 실용화되기 시작하면서도 많은 사람들은 고도의 계산을 빨리 할 수 있는 기계라고 인식하고 있었지, 정보기술과 정보시스템이 이렇게 빠른 속도로 우리의 일상에 침투하여 생활양식을 바꾸어놓으리라고는 예측하지 못했던 게 사실이다.

〻 Tip
아이켄이 이러한 얘기를 실제로 했는지에 대해서는 아직도 논란의 대상이 되고 있다. 화자에 따라서는 IBM의 창설자인 토머스 왓슨(Thomas J. Watson)의 이야기라고도 하고, 케임브리지 대학의 수학 교수인 더글라스 하트리(Douglas Hartree)의 이야기라고 전해지기도 한다. 자세한 내용은 I. Bernard Cohen (1998) "Howard Aiken on the Number of Computers Needed for the Nation," *IEEE Annals of the History of Computing*, 20(30), pp. 27~32를 참고하기 바란다.

그러나 지금은 어떠한 업종이건 컴퓨터는 사업의 필수 항목이 되었고, 업무 중에 인터넷이 불통이 되면 모두들 어쩔 줄 모르는 시대가 되었다. 주머니와 핸드백에는 최초의 컴퓨터보다도 용량과 성능이 더 좋은 '정보기기'들을 넣고 다니면서 영화도 보고 음악도 듣는다. 지구 반대편에서 어떤 일이 일어나고 있는지 텔레비전보다 포털 사이트를 통해서 소식을 더 빨리 듣고, 어떤 물건이 미국과 한국에서 각각 얼마에 팔리는지 바로 비교해볼 수 있다. 대통령이 퇴임하면서 컴퓨터를 들고 나간 것이 문제가 되고, 기업 관련 범죄를 수사할 때 제일 먼저 압수하는 것이 이제는 컴퓨터가 되었다.

최근에는 계산을 한다는 컴퓨팅의 원천적인 의미보다는 서로 연결을 시켜주는 커뮤니케이션의 중요성이 강조되고, 또한 네트워크를 통한 컴퓨터 간의 연계와 흩어져 있는 데이터베이스 통합의 의미가 더 중요하게 부각되었다. 따라서 정보기술보다는 정보통신기술이라는 용어가 더 친근해졌고, 컴퓨터와 네트워크를 활용하여 정보를 생산, 전달, 저장하는 기술을 통칭하는 용어로 그 개념이 변화되어왔다. 이에 따라 사람들이 관련 기술을 바라보고 인식하는 시각도 바뀌었는데, 이러한 시각의 변화는 기술의 변화를 주도하는 역할을 하기 때문에 중요하다.

초기의 컴퓨터는 메인프레임mainframe이라고 일컬어지는 대형 컴퓨터였다. 에니악이나 기타 대형 컴퓨터가 주종이었고, 이 메인프레임에 연결된 터미널을 통해서 사용자가 컴퓨팅 파워를 원거리에서 사용했다. 잘 알려져 있다시피 1980년대 말에 IBM과 마이크로소프트Microsoft가 주도해서 퍼스널 컴퓨팅의 시대를 열었고, 이어서 랩탑, 노트북, 그리고 근래의 넷북으로 진화해왔다. 또한 컴퓨터 상

넷북. 크기는 점점 작아지고 기능은 점점 많아지고 있다. 장지갑 크기의 넷북을 주머니에 넣고 다닐 날이 멀지 않았다.

호간의 작용을 중심으로 보면 처음에는 메인프레임에 연결된 터미널 간의 스타형 연계가 주였으나, 퍼스널 컴퓨터로 대체되기 시작하면서 퍼스널 컴퓨터 간의 연결을 중시하는 로컬 네트워크가 등장했고, 로컬 네트워크들이 서로 연결되면서 광대역 네트워크가 개발되었다. 그리고 이러한 광대역 네트워크를 공통된 플랫폼으로 통합하는 인터넷이 등장하면서 우리의 실생활에 실천적인 변화들이 나타나기 시작한다.

정보기술을 보는 시각의 변화

이렇게 시각이 변함에 따라 정보 시스템을 지칭하는 용어도 변화해왔다. 컴퓨터가 비즈니스에 도입되기 시작한 1960~70년대에는 EDPSElectronic Data Processing System라는 용어가 정보시스템을 지칭하는 것으로 쓰였으며, 실제로 컴퓨팅 파워가 데이터를 처리하는

데 주로 쓰였다. 따라서 이때 각광을 받던 개념들은 컴퓨팅 파워를 제대로 개발하기 위한 시스템 개발 방법론들이었고, 이에 따른 모델링 테크닉들이 개발되기 시작했다.

다음 단계는 1970년대 후반부터 80년대까지인데, '정보시스템'이라는 용어가 이 시기에 등장했고, 정보시스템 앞에 형용사를—예를 들어서 경영정보 등—붙여서 쓰기 시작한 시기이기도 하다. 이러한 용어의 변화에서도 나타나듯이 단순히 데이터를 처리하는 계산기계의 범주를 넘어서 실제적으로 조직의 운영에 있어서 정보를 어떻게 추출하고 이를 분석의 근거로 활용하여 실제 조직의 운영을 어떻게 변화시킬 수 있는지, 전략적 활용 방법은 없는지 등이 관심사였고 정보와 정보시스템의 실제적 활용에 초점이 맞추어졌다.

1990년대에 들어서면서는 데이터베이스가 상용화되기 시작했고, 이러한 데이터베이스들 간의 통합 및 연계가 중요한 문제로 등장했다. 여기에 네트워크 기술의 발전이 가미되면서 데이터베이스의 통합이 현실화되기 시작했다. 아울러서 정보시스템이 단순한 기술적 산출물이 아니라 조직의 구조나 프로세스와도 깊이 연관될수 있다는 인식이 깊어졌고, 이에 따라 정보화된 조직에 맞는 운영 프로세스를 다시 디자인해야 한다는 관점이 등장해서 리엔지니어링이 유행했던 시절이기도 하다. 1990년대 중반부터는 통신 기술의 발달로 인터넷이 상용화되기 시작했고, 이에 따라 컴퓨팅 파워의 문제보다는 연계와 통합의 문제가 더 심각해져 관련 컨설팅이 붐을 이루었고, 이러한 골치 아픈 문제들을 해겨해줄 방책으로 기업용 통합운영소프트웨어 패키지라는 기치 아래 ERPenterprise resource planning 시스템이 큰 히트를 치기도 했다.

정보혁명과 관련하여 2000년대의 가장 큰 사건은 아마도 인터넷으로의 수렴일 것이다. 어떤 기업이든지 홈페이지를 통해서 회사 소개를 비롯한 기본 정보들을 제공하기 시작했고, 전자상거래로 통칭되는 인터넷을 통한 상거래가 활성화되기 시작한 시기이다. 이메일이 기본 의사소통 수단의 하나로 자리 잡아가고, 핸드폰으로 상징되는 무선 통신기기가 실생활에 활용되기 시작했다. 인터넷을 활용하는 새로운 비즈니스들이 등장했고, 인터넷의 긍정적인 효과와 더불어 부정적인 측면들도 부각되면서 법과 제도에 관한 논의도 본격적으로 시작되었다.

인터넷과 정보 '세상'

이렇게 변화해온 관점들을 살펴보면 현재 정보혁명의 중심에는 인터넷이 있다. 1969년 미국 국방성에서 연구 네트워크로 시작된 인터넷이 실제로 상업적으로 쓰이기 시작한 것은 1990년대 중반이고, 2000년대에 이르러서야 새로운 바람을 일으키며 '정보혁명'의 총아로 등장했다. 부분적으로 우리의 인텔리전스를 대체해줄 수 있는 컴퓨팅 파워의 향상, 데이터를 보다 쉽게 전달하도록 해주는 통신 매체와 기술의 발달과 같은 부분적인 변화를 넘어서 사회 전체적으로 가상공간이 형성되고 이를 통해 지식정보사회로 전환한다

영화 「마이너리티 리포트(Minority Report)」에서 탐 크루즈가 미래형 컴퓨터를 작동하는 모습. 불이 들어와 있는 장갑이 새로운 유형의 유저 인터페이스다. 눈에 보이지는 않지만 서로 다른 데이터들이 통합되어 있는 데이터베이스를 전제로 하고 있는 시스템이다.

는 혁명적인 아이디어가 실제로 실현될 가능성을 보여주기 시작한 것이다.

인터넷 기술의 시초는 아주 단순했다. 통신망을 활용해 컴퓨터들을 연결할 수 있는 통신 프로토콜로서 'TCP/IP'* 가 개발되었고, 이 TCP/IP는 당시 전문 연구자들이 연구하던 표준들에 비해서 기술적으로 비교적 간단하고 설치가 쉬우며 또한 각 컴퓨터들의 자발적인 참여에 근거한 기술이었다. 이러한 TCP/IP는 간단한 통신 방법에 근거한데다 이를 구성하는 HTML** 도 역시 간단한 기술이었지만, 개념적으로 정보를 인터넷에 '올릴' 수 있고 서로 연계할 수 있게 되면서 '정보' 세상이 형성되기 시작한 것이다. 다시 말해서 전통적으로 물류와 같이 흘러가던 정보가 물류에서 분리되어 자기들만의 세상으로 모이기 시작하면서 물류의 흐름과 같이 통제되고 관리되던

* Tip
컴퓨터 간의 통신을 위해 미국 국방부에서 개발한 통신 프로토콜로서 'Transmission Control Protocol/Internet Protocol'의 약자. 현재 인터넷에서 사용되는 통일된 통신 프로토콜로 세계 어느 지역의 어떤 기종과도 정보를 교환할 수 있다. 대중에게 공개된 표준으로 거의 모든 운영 체계에서 구현되고 있다.

** Tip
'Hyper Text Markup Language'의 약자로 문서 간 내용의 연계를 정의하는 태그에 근거한 아주 간단한 프로그래밍 언어다.

'정보'가 물류의 흐름에서 떨어져 나왔을 뿐만 아니라 자기들끼리 통합되고 모일 수 있게 된 것이다. 인터넷이라는 공통된 플랫폼에서 이러한 정보들이 서로 만나면서 새로운 형태의, 물리적 제한성을 뛰어넘는 상호작용이 일어나기 시작한 것이다.

이러한 면에서 인터넷이 갖는 의미는 개개의 컴퓨터들이 서로 연결되면서 그동안 작은 섬처럼 떨어져 있던 데이터와 정보들이 공통된 플랫폼으로 모이면서 새롭게 진화하는 데 있다. 이렇게 물질의 흐름으로부터 분리된 정보 혹은 데이터들이 인터넷으로 모이면서 우리가 사는 세상은 실제의 물리적인 세상과 그 옆에 나란히 존재하는 가상세계로 나뉘었다. 지식과 정보만으로 이루어진 가상세계에서는 물리적인 한계 때문에 실제 세계에서는 하기 어려웠던 일들이 가능해졌고, 이에 따라서 새로운 생활의 양상, 새로운 비즈니스 모델들이 나타나게 된 것이다.

동사무소? 주민자치센터?

오래전부터 행정구역상의 '동洞'에는 동사무소가 있었다. '동회洞會'라고도 불리던 이 사무소는 주민등록 등초본 및 제증명, 병무 및 민방위 등의 과로 나누어져 있어서 주민들에게 여러 가지 필요한 서류들을 발급해주었다. 옛날얘기지만 필요한 서류를 빨리 받기 위해서 급행료를 냈다는 에피소드도 있고, 아는 사람이 있으면 빨리 발급해준다는 에피소드 역시 나이 든 사람들에게는 익숙한 이야기다. 이랬던 동사무소가 지금은 어떻게 변했는가? 지금도 과별로 업무가 나뉘어 있고 필요한 서류에 따라 담당자가 달리 배정되어 있기는 하지만 전부 컴퓨터와 모니터를 앞에 놓고 민원인의 신청에 따라 컴퓨터에 입력하여 데이터베이스에서 찾은 뒤에 프린터로 인쇄해 발급해준다. 도장도 이미 다 찍혀 있고 발급 과정도 간단하다. 종래에 문서실을 따로 운영하면서 주민등록과 인감증명 등 필요한 서류를 신청하면 문서실에 가서 찾은 뒤에 이를 뽑아다가 복사를 하고 나서 사본에 원본과 동일하다는 도장을 찍어주던 것보다 훨씬 빨라졌다. 아울러 구청에서만 발급이 가능하던 호적증명 등의 서류도 이제는 동사무소에서 발급해주고, 외무부에서만 발급받을 수 있던 여권을 이제는 구청에서도 발급받을 수 있다. 전부 연계된 데이터베이스 때문에 가능해진 일이다.

시·군·구 행정정보시스템의 개발과 구축을 맡았던 개발자에 따르면 이제 주민등록 등초본 및 제증명 등 동사무소 안에서의 과별 업무 분류는 시스템 안에서는 큰 의미가 없다고 한다. 권한 인증만 받으면 누구라도 발급하거나 발급받을 수 있다고 한다. 실제로 지하철역 등에 민원서류 발급기가 설치되고 인터넷을 통해서 누구나 직접 서류를 뗄 수 있는 셀프서비스가 등장하는 것을 보면 이는 사실인 것 같다.

이러한 기술적 환경의 변화와 아울러서 이제 동사무소나 동회라는 용어는 '주민센터' 또는 '주민자치센터'라는 명칭으로 변해가고 있다. 명칭의 변화뿐만 아니라 실제 기능 면에서도 변화가 급속하게 일어나고 있다. 증명 발급 같은 판에 박은 일들은 컴퓨터와 네트워크의 몫으로 넘어가고 동사무소의 공무원들은 보다 창의적이고 정책적인 의미가 있는 일을 맡고 있는 것이다. 기존 사무실 공간을 줄여 주민들이 모일 수 있는 공간을 마련하고, 공연을 유치하고, 체육실을 만들고, 컴퓨터실을 설치하는 등 시설 면에서의 변화와 더불어 자치위원회를 운영하고 내 고장 탐방 행사를 홍보하고 화합의 장을 만드는 등 그 업무도 '고객 중심'으로 변화해가고 있는 것이다.

동사무소의 예를 들었지만 이러한 변화는 동사무소에만 국한된 것이 아니라 우리 사회 전반에서 일어나고 있다. 판에 박은 일의 원리를 습득하고 이를 수행하면서 평생 같은 직장에서 일을 해왔던 '산업혁명'의 전사들은 이제 이러한 판에 박은 일들이 컴퓨터와 네트워크의 역할로 넘어가면서 새로운 형태의 보다 창의적인 업무를 수행하도록 세상 전체가 변화해가고 있는 것이다. 이러한 변화는 우리의 일상생활과 직결된 많은 부분들을 바꾸어나가고 있다.

변화의 흐름

변화의 큰 흐름은 네 가지 정도의 관점으로 나누어볼 수 있을 듯하다. 첫째는, 업무의 프로젝트화다. 기본적으로 판에 박은 많은 업무들을 컴퓨터에 의존하게 되면서 개인의 업무는 프로젝트화하고 있다. '프로젝트project'라는 말이 일반에게 알려지고 프로젝트 관리가 일반화되기 시작한 것은 1950년대의 미 해군 전함, 특히 폴라리스 미사일 잠수함 건조 프로그램에 쓰이면서였다. 제한된 자원으로 고유한 제품 또는 서비스를 개발하기 위한 한시적인 노력 및 활동이라고 정의되는데, 반복적이고 지속적인 성격을 가지는 '운영operation'과는 달리 한시성과 고유성을 그 특징으로 한다. 앞의 동사무소의 예에서 보듯이 개인의 업무가 증명서를 발급해주던 판에 박은 일에서 주민들을 위한 새로운 일을 계획하고 시간 안에 수행하고 마무리하는 프로젝트의 형태로 변화되고 있는 것이다. 이에 따라서 개인이 발휘해야 하는 역량의 내용도 변하고 있다.

두번째는, 이와 관련해서 사회에서 요구되는 인재상의 변화다. 프로젝트는 성격상 여러 분야의 전문가들이 시한을 정해놓고 협업을 하게 된다. 업무와 관련된 지식을 배워 이를 개인의 능력껏 수행하는 것뿐만 아니라, 다른 분야의 전문가들과 협력하여 소통하면서 일이 되도록 해나가야 하고 창의적으로 필요한 지식을 새롭게 하면서 새로운 프로젝트를 수행해나가야 한다. 이러한 면에서 지식 자체의 중요성보다는 지식을 어떻게 배우고, 아는 지식을 어떻게 활용하면서 다른 분야의 전문가들과 부딪히며 더 살을 붙여 나가야 하는지, 내용의 습득보다는 이러한 활용 방법을 습득하는 데 초점이 맞추어져야 할 것이다. 지식은 학교에 다닐 때만 배우는 패러다임에서 인생의 어떤 단계에서든지 교육을 받고 지식을 스스로 습득해나가는 새로운 패러다임으로 바뀌어가고 있는 것이다. 이러한 면에서 지식정보 사회에서의 교육은 창의적 사고와 의사소통 능력, 그리고 문제해결 능력을 기르는 데 초점을 둘 수밖에 없을 것이며,

단순히 정보나 지식을 축적하여 전달하기보다 배우는 능력을 개발해주어야 한다. 기하급수적으로 증가하는 지식의 습득이 목적이 아니라, 지식화될 수 있는 정보를 수집하고 이를 활용하여 문제 해결을 위한 대안들의 분석, 해답을 끌어내는 능력, 이를 위한 의사 전달 능력, 그리고 새로운 상황이나 문제에 도전하는 태도가 더욱 중요해진다.

세번째는, 관리나 경영에 있어서의 구조적 변화다. 산업사회에서 조직의 패러다임은 사다리에 비유되는 통제와 분업 중심의 조직이었다. 같은 분야에 종사하는 사람들을 모아놓는 분업과 아울러, 이러한 분업 체계를 계층적으로 통제하는 관료적 조직의 형태가 산업사회의 기술과 물류를 경영하기에는 적합한 조직이었다. 하지만 조직에 정보시스템이 도입되고 프로젝트성 업무가 증가하면서 이러한 분업과 통제의 패러다임은 그 효율성을 상실하고 있다. 많게는 12단계까지 이르는 관료적 계층 체계는 사실 정보가 흘러다니는 통로이고 이러한 통로에서 정보에 근거해 의사결정을 내리는 체계로서 생산 과정과 물류를 통제하기 위해 발달된 산업시대의 조직 형태다.

정보화된 조직에서는 이 중 많은 부분이 컴퓨터에 의해 처리될 수 있어 네트워크를 통한 정보 전달 속도가 빨라지고 아울러서 의사결정의 속도도 빨라질 것이다. 많은 미래학자들이 예견하는 미래의 조직 형태는 간소화된 보고 체계와 연공에 따른 승진이 아니라 창의적인 프로젝트의 성과에 따른 인센티브형 조직이다. 기업의 운영에 있어서도 생산성 증대나 비용 절감을 위해서 정보화된 자동화 시스템이 활발히 도입되고 있고 실제 인력들은 프로젝트성 업무에 투입되는 경향이 두드러지고 있다. 필요할 때 언제든지 인력을 투입할 수 있는 시간제 인력이나 임시직 고용사원 제도가 확대되고 있으며 분야에 따라서 개인 프리랜서들의 활동이 심화되고 있다. 조직의 운영에 있어서도 산업화 시대의 권위적인 피라미드식 위계질서로부터 개개인의 역할이 균등하게 중요한 수평적 조직 형태로 변화되고 있으며 개인을 서로 연결해주는 네트워크의 중요성이 점차 커지고 있다.

네번째는, 비즈니스 자체의 변화다. 앞에서 언급한 업무의 프로젝트화, 새로운 인재상, 그리고 새로운 조직 형태로의 변화의 근간에는 비즈니스 자체의 변화가 자리 잡고 있다. 지금 주목을 받고 있는 기업 중에는 10년 전, 20년 전에는 존재하지 않던 비즈니스와 관계된 기업도 꽤 된다. 쉬운 예로는 마이크로소프트나 인텔 등이 있고, 휴대폰 비즈니스를 이끌고 있는 통신사들도 무섭게 성장을 해온 산업이다. 최근에는 '구글'이나 '네이버' '다음'처럼 정보만을 다루는 기업들도 전에는 없던 새로운 비즈니스를 추구하고 있다. IT서비스 산업이라고 불리는 시스템 개발 및 지원업체들도 우후죽순처럼 자라왔다. 상품을 중개하거나 상품 정보를 중개하는 에누리닷컴이나 옥션, 지마켓 등도 새로운 산업으로 등장하고 있다.

이러한 새로운 기업들의 등장뿐만 아니라 기존의 기업들도 '지식정보화'를 추구하면서 새로운 비즈니스 모델들을 찾는 데 노력을 기울이고 있다. 내부적으로는 정보시스템을 도입하여 효율성을 높이고 상품과 서비스 면에서도 정보와 지식의 요소들을 활용하고 융합하면서 끊임없이 새로운 상품과 서비스를 개발하지 못하면 살아남기 어려운 시절로 들어서고 있다. 정보의 근간인 데이터베이스의 통합이 이루어지고 정보의 흐름이 자유로워지면서 정보는 이제 통제할 수 있는 범위를 벗어나 온 세계가 하나로 연결된 인터넷을 통해 시간과 장소에 관계없이 빠른 속도로 움직인다. 아울러 쉽게 취득 가능한 정보의 풍부함은 전례 없이 깊어지고 양적으로도 기하급수적으로 팽창하고 있다. 앞으로 어떠한 비즈니스가 어떠한 방향으로 나타나고 발전하게 될지, 프로젝트성 직무를 잘 수행할 역량이 있는 개인들의 네트워크형 조직들이 그 방향타를 잘 잡아야 할 것이다. 왜냐하면 이에 따라서 사회상도 바뀔 것이고 권력의 이동도 일어날 것으로 예상되기 때문이다.

위기는 기회

우리는 새 시대의 문턱에 들어서고 있다. 이제 세계는 산업화 시대에서 지식정보 시대로 패러다임이 변해가고 있다. 시간과 공간의 개념이 확장되고, 이러한 확장은 세계화와 국제화의 밑바탕이 되고 있다. 사이버 공간은 무한정 넓어지고 있고 지구촌의 크기는 사이버 공간에서 더욱더 작아지고 있다. 현실과 사이버 공간이 만나는 부분에서 디지털 컨버전스가 일어나고 있으며, 이는 지금까지 우리가 겪어보지 못한 새로운 현상들로 다가오고 있다. 위기이자 기회로 우리에게 다가오고 있는 것이다. 이러한 변화의 근저에는 더욱 더 커다란 변화의 씨앗이 담겨 있을 것만 같다. 불확실성은 갈수록 더 높아지지 않을까 싶다. 불확실성의 시대에는 구더기 무서워 장을 못 담그는 태도보다는 일단 장을 담그고 그다음에 구더기를 어떻게 할 것인지 생각하는—리액티브reactive보다는 프로액티브proactive한—태도가 필요할 것이고, 이러한 태도로 창의성을 발휘할 기회가 더욱 많아질 것이다. 그래야 위기가 기회로 탈바꿈할 것이기 때문이다.

생각해볼문제

Question

1 조지 오웰의 『1984』라는 소설에는 '빅 브라더Big Brother'가 등장한다. 이 빅 브라더가 활용하는 기술이 현재 우리의 정보통신기술과 흡사한 양상을 띠고 있다. 정보통신기술이 우리에게 가져다주는 미래가 이러한 세계가 될지 아니면 편하고 좋은 미래가 될지를 결정하게 될 요소들은 무엇일까?

2 정보통신기술이 발달하면서 십여 년 전에는 없었던 통신산업이 등장해서 다른 산업들을 제치고 현대 산업의 총아로 등장했다. 지금 장동건과 전지현은 휴대폰 광고로 막대한 수익을 올리고 있는데, 과연 장동건과 전지현은 10년 후에 무슨 광고에 등장할지 생각해보자.

3 지식정보화 사회에서는 한 사람이 평생에 여섯 번 정도 직업을 바꾸게 될 것이라고 얘기하는 미래학자가 있다. 당신이 가질 직업들을 차례 대로 생각해보고, 그 순서대로 직종을 생각한 이유가 무엇인지 이야기해보자.

읽어볼 책들과 참고문헌

제러미 리프킨, 이희재 옮김, 『소유의 종말』, 민음사, 2001.
클레이튼 크리스텐슨 외, 이진원 옮김, 『미래 기업의 조건』, 비즈니스북스, 2005.
피터 드러커, 이재규 옮김, 『넥스트 소사이어티(Next Society)』, 한국경제신문사, 2007.

| 제10장 |

먹거리, 환경, 그리고 참살이

– 환경적 이슈들과 우리 삶의 질

| 박준홍 |

2009년 현재, 삼겹살 100그램당 가격은 1,000원에서 2,000원 사이이다. 유통 단계별로, 유질별로, 그리고 친환경 혹은 유기농 재배 여부에 따라서 그 가격이 상당 폭으로 변동하는 경향이 있다. 하지만 쇠고기 가격에 비하면 몇 배가 싸다(물론 이러한 비교는 한국산 쇠고기 가격 대비 한국산 삼겹살 가격에 국한된다). 상대적으로 저렴한 비용으로 인해서, 삼겹살은 서민의 먹을거리로 사랑받고 있으며, 언론에서는 종종 그 가격을 국민의 체감 경제 지표로 활용하기도 한다.

삼겹살 가격을 논하고자 이 글을 쓰는 것은 물론 아니다. 그보다는 과학 기술적 특성을 가진 환경적 이슈가 사회 경제적 요소들에 연쇄적인 파급효과를 제공하면서 국민경제에 영향을 끼친다는 점을 부각하기 위해서다. 이러한 환경 문제의 특수성을 논함으로써 과학 기술과 사회의 상호 연계성을 이해하는 데 도움을 주고자 한다.

환경 요인에 의한 사회 경제적 파급효과는, 그 효과가 점차 증폭되는 경우가 있는가 하면, 감소되는 경향을 보이다가 결국 시장에 끼치는 영향이 무시해도 좋을 정도로 미미해지는 경우도 있다. '삼겹살 가격을 오르게 하는 환경적 이유'는 그 파급효과가 증폭되는 경우다. 반면, 환경의 질이 매우 낮은 지역이거나 아토피를 발생시키는 주택 환경이라는 분명한 환경 요인에도 불구하고 교육 환경, 교통 혹은 재개발 여부와 같은 비환경 요인들에 대한 국민들의 관심이 환경에 대한 관심보다 훨씬 더 커서 환경 요인의 사회적·경제적 파급효과가 감소하는 경우도 있다.

일반적으로 환경 요인이 사회 경제적 요소들과 연쇄적인 상호작용을 거치면서 그 파급효과가 증폭되는 경향은 삶의 질을 우선시하는 선진국이나 진보적인 도시 계층에서 볼 수 있고, 환경 요인이 사회 경제적 파급 과정에서 소멸하는 경향은 개발도상국이나 경제적으로 부유하지 못한 도시 계층에서 흔히 볼 수 있다. 따라서 환경 요인에 대한 사회 경제적 반응은 한 국가 혹은 사회의 수준을 분석하는 데 활용될 수 있다. 이러한 관점에서 우선 환경 요인의 사회 경제적 파급효과의 유형을 분석한 뒤 한국이 선진국이 되기 위해서 극복해야 할 환경적·경제적·사회적 문제들에 대해서 논의해보자.

환경 요인이 국민경제에 영향을 주는 유형

Tip
런던협약(London Dumping Convention): 선박, 항공기 또는 해양 시설의 폐기물 해양 투기 및 해상 소각을 규제할 목적으로 1972년 채택해 1975년 발효한 해양 오염 방지 조약이다. 현재 72개국이 가입하고 있으며, 한국은 1992년 가입해 1994년부터 가입국으로서의 효력이 발생했다.

'런던협약'은 폐기물의 해양 투기를 금지하는 국가 간 협약이다. 한국도 최근에 런던협약에 가입했으므로, 우리 역시 폐기물의 해양 투기를 점차적으로 줄이다가 2012년에는 해양 투기를 완전히 금지해야 한다. 그런데 이러한 폐기물 관련 국제협약이 삼겹살 가격을 올리는 원인 제공을 한다니…… 왜 그럴까?

돼지를 기르는 축산농가를 포함한 축산업계는 축산분뇨 폐기물을 다량으로 배출할 수밖에 없다. 축산분뇨 폐기물은 흔히 생고형물biosoild로 구분되는데, 일반 고형폐기물과의 차이점은 수분을 다량 함유하고 있다는 것이다(보통 함수율 90% 이상). 이러한 생고형물은 국내 위생매립장으로의 반입이 법적으로 금지되기 때문에 현재로서는 축산분뇨 폐기물 처리장에서 자체 처리하든지 아니면 해양 투기업자에게 넘기는 수밖에 없다. 물론 영세한 축산농가의 입장에서는 축산분뇨 폐기물로 처리하는 것보다 해양 투기업자에게 톤당 얼마씩 주고 넘기는 편이 훨씬 '경제적'이었다. 그런데 이러한 해양 투기가 법적 제재에 의해서 점차 제한되는 중이어서, 전에는 상대적으로 비용이 절감되었던 해양 투기 처리비용이 점차 증가하는 추세다. 또한 해양 투기가 궁극적인 해결책이 될 수는 없으므로, 축산농가 중에는 축산분뇨 폐기물 처리시설을 설치 운영하는 빈도

축산분뇨를 해양에 투기하는 장면. 축산분뇨 폐기물 처리시설을 갖추는 것보다 경제적이라는 이유로 많이 이용되어왔지만 법적 제재에 의해서 점차 제한되는 중이다.

가 높아지고 있다. 이러한 추가 처리비용은 영세한 축산농가에게는 경제적 부담이 될 수밖에 없고, 결국 그 부담은 소비자에게 일부 전가된다. 이것은 삼겹살 가격이 상승하는 환경 요인 중 하나가 되고 있다.

앞서 논의된 경우의 특징은 환경 요인이 연쇄적인 과정을 통해 삼겹살 생산 과정의 비용 상승을 불러와 시민경제에 영향을 끼친다는 점이다.

또 다른 경우는 환경 요인이 육류 식품시장에 영향을 끼쳐 삼겹살 가격의 상승을 가져오는 것이다. 예컨대, 조류독감 확산은 육류 시장에서 닭이나 오리고기에 대한 시장 수요를 대폭 감소시키는데,

이는 쇠고기보다 가격 경쟁력이 높은 돼지고기를 선호하는 경향 때문에 결과적으로 삼겹살 가격이 상승하게 된다.

좀더 차근차근 살펴보자. 현재의 공장식 조류 사육 방식에서는 닭이나 오리들이 건강하게 자랄 수 없다. 인간과 마찬가지로 조류도 충분한 운동을 해야 건강을 유지하고 질병에 대한 면역력도 키울 수 있는데, 공장식 조류농장의 환경은 이런 조건들을 충족시키지 못한다는 것이 문제다. 이들 공장식 조류농장들은 생산성 극대화를 위해 매우 제한된 공간 내에서 조류의 움직임을 최소화하게 만들고(사실은 거의 움직일 수 없는 열악한 조건이다), 이 같은 사육 방식은 조류가 각종 질병에 쉽게 노출되는 주요 원인이 된다.

공장식 조류 사육장. 생산성 극대화를 위해 제한된 공간 안에서 닭을 키우다 보면 조류독감 등의 집단 발병에 취약해질 수밖에 없다.

만약 공장형 사육 방식과 같은 고밀도 환경 조건에서 조류독감이 발생한다면 집단 질병 발생은 도미노처럼 연속적이고 대형화될 것이 너무도 뻔하다. 그리고 이 도미노적인 집단 조류독감 발생은 육류 식품시장에 직접적인 영향을 준다. 조류독감 바이러스는 열에 무척 약하므로 닭과 오리고기를 끓여 먹으면 건강에 무해하다는 과학적인 근거에도 불구하고, 일반 시민들은 경쟁 육류 상품인 돼지고기를 선호하게 된다. 쇠고기도 물론 좋은 대안이겠지만 그 가격이 돼지고기보다 비싸다 보니 시장의 원리에 따라 돼지고기 수요가 증가하는 것이다. 이는 삼겹살을 포함한 돼지고기의 전반적인 가격 상승을 유발한다. '특정 환경 생태 유해성 문제'가 육류시장의 구조를 변화시키는 파급효과를 거쳐서 시장경제와 접목되는 대목이다.

환경 요인이 경쟁 상품의 시장성에 영향을 주는 것이 조류독감의 경우라면, 최근 미국산 쇠고기 수입 파동 중 일시적으로 상승했던 삼겹살 가격은 그 파급 유형이 보다 복잡하다. 조류독감의 경우 환경 요인(조류독감 확산) 자체가 연쇄적인 과정을 통해서 육류시장에 영향을 준 것이라면, 미국산 쇠고기 수입 파동의 경우는 환경 요인(광우병) 자체의 직접적인 영향보다는 사회적·정치적인 '이슈'에 의해서 그 유해 가능성에 대한 정보가 왜곡되면서 경쟁 육류 상품의 시장성에 영향을 준 점이 다르다고 하겠다.

광우병의 발생은 생산성 중시의 축산 사육 방식에서 비롯된다는 점에서 조류독감 확산의 경우와 유사하다. 일부 국가에서 쇠고기의 생산성을 높이기 위해 동물성 사료를 쓰면서 광우병이라는 심각한 보건 유해성 문제를 발생시킨 실제적인 경우들도 있다. 하지만 2008년 미국산 쇠고기 파동은 과학적으로 입증된 광우병 발생 가능성보다 국민 정서에 의해 광우병의 실제 발생 가능성에 관계없이 쇠고기 집단 기피 증상을 보였고, 이것이 육류 상품 시장에도 영향을 준 경우다. 과학적 근거나 가능성에 비해 시장이 과민하게 반응했다는 점은 조류독감의 경우와 유사하지만, 조류독감의 경우 시장이 자율적으로 선택한 것이라면 광우병 문제는 다소 정치적인 이해와 감성에 의해서 시장의 심리가 왜곡된 경우라는 점이 다르다고 하겠다.

삼겹살 가격을 상승시키는 환경 요인들이 국민경제에 영향을 미치는 여러 유형들을 살펴보았다. 이러한 유형들 사이에는 원인과

〈그림 1〉 2008년 월별 소 · 돼지 가격 비교

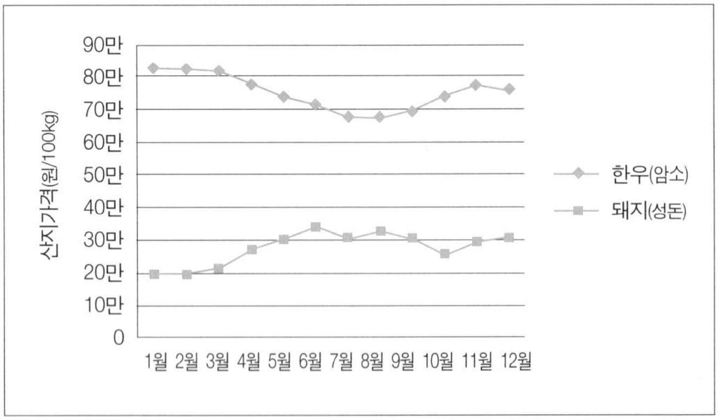

* 산지 가격은 가축시장 및 농장 조사 가격을 농협중앙회에서 단순 평균한 것임.
출처 : 농협 축산유통부

과정상의 차이점도 있지만, 동시에 공통점도 존재한다. 유형에 관계없이 환경적 인자가 시장에 영향을 주는 과정이 즉각적이지는 않다는 점이다. 주가, 환율, 유가와 같은 경제적 지표들은 직접적이고 즉각적으로 주식시장이나 관련 업종의 시장성에 영향을 준다. 하지만 환경적인 인자가 시장에 영향을 주는 과정을 보면 하나의 환경 요인이 다면적인 요소들(환경적·사회적·정치적 및 대중 심리적 요인들)에 연쇄적으로 영향을 주면서 점차 증폭되다가 국민경제와 사회의 수면으로 나왔을 때는 심각한 사회적·국가적 문제로 대두된다는 특징이 있다.

환경 이슈의 사회 경제적 파급효과 유형

유형 1: 환경 이슈가 생산비용에 영향을 주어서 시장경제 변화(해양투기 금지; 파급효과+)

유형 2: 환경 이슈가 과학적 정보에 대한 대중의 자율판단을 통해서 시장경제에 영향을 준 경우(조류독감; 파급효과+)

유형 3: 환경 이슈가 과학 기술적 이슈는 상실하고 정치화되어서 시장경제에 영향을 준 경우(미국 쇠고기; 파급효과+)

유형 4: 환경 이슈가 국민의 이성 단계에서는 중요하나, 삶 속에서는 상실되거나 우선 순위가 낮아지는 경우(부동산; 파급효과-)

먹거리와 참살이

우리집 둘째 아이는 여섯 살인데도 아이스크림을 피하는 데 익숙해졌다. 딸아이는 계란을 포함하고 있는 음식들에 알레르기가 있고, 새 차나 새집에서 새어 나오는 환경 오염물질에도 매우 민감한 편이다. 사실 이 때문에 딸아이가 아이스크림을 좋아할 수 없게 된 것이다. 아이스크림의 원료에 계란 성분이 포함되기 때문에 아이스크림을 먹을 수 없고, 계란이 포함된 국수, 튀김 등도 먹을 수 없다. 외식이나 간식거리 중에 계란 성분이 들어가지 않은 음식을 찾기란 거의 불가능한데도 말이다.

사정이 이렇다 보니, 우리 아이는 또래 아이들이 너나없이 좋아하는 아이스크림보다 돼지고기를 더 좋아하게 되었고, 우리는 가급적 유기농으로 키운 돼지고기를 포함한 친환경 제품들을 먹이려고 애쓴다. 처음에는 가격이 문제였다. 유기농 방식 혹은 항생제 사용을 줄인 방식으로 키운 돼지의 삼겹살은 가격이 만만치 않다. 채소와 과일은 더욱더 그러하다. 앞에서 살펴본 여러 환경 요인과 함께, 축산업자들이 사용하는 항생제 및 인체 유해성 물질들에 대한 전국민적인 우려는 서민의 식품이어야 할 삼겹살 가격의 상승을 불러왔다. 친환경 유기농 돼지고기에 돈을 쓰는 것이, 딸아이를 사랑하는 한 아빠의 기우에 의한 사치라면 얼마나 좋을까! 그러나 불행하게도 먹을거리에 대한 나의 우려가 단순한 기우가 아님을 보여주는 과학적 근거들은 차고 넘친다.

전공이 환경공학이다 보니 축산폐수 처리 현황에 대한 자료를 조사하기 위해 돼지농장을 찾는 경우가 많은 편이다. 돼지도 닭이나 오리처럼 매우 좁은 공간에서 고밀도로 사육된다. 돼지들이 먹는 사료의 성분을 알아보니 항생제와 구리가 '성장 촉진제'라는 미명 아래 사용되고 있었는데, 국내의 다른 돼지농장들도 사정은 비슷하다는 것을 나중에 알게 되었다.

항생제는 좁은 공간에서 사육되는 돼지들을 질병으로부터 보호하는 효과도 있지만, 돼지들을 살찌워서 생산량을 증대시키는 효과도 있다고 한다. 물론 돼지고기 생산자 입장에서는 일거양득일 것이다. 하지만 돼지고기를 먹는 소비자 입장에서는 항생제 사용이 건강한 돼지 사육을 통한 양질의 생산품을 제공한다는 목적보다, 생산성 증대를 통해 이윤 추구만을 노리는 것 같아서 배신감을 느끼기 쉽다. 구리 역시 돼지의 성장을 촉진하는 효과가 있기 때문에 사료에 섞어서 먹이는데, 이유야 어찌 됐든 항생제와 구리를 먹인 돼지고기가 우리 식단에 올라온다고 생각하니 안 그래도 화학 유해물질과 환경호르몬에 민감한 딸아이에게 이런 돼지고기를 먹여도 되나 하는 걱정이 앞선다. 나중에 좀더 알아보니 항생제나 구리가 일정량 이상 인체에 흡수될 경우 생리학적인 문제가 유발될 가능성에 대해서도 많은 보고가 있었다.

축산업계의 항생제 사용은 또 다른 유형의 보건환경 문제를 유발할 수도 있다. 동물의 소화기관인 장에는 수많은 세균이 존재하는데, 이들은 소화 및 신진대사에 유익한 역할을 한다. 하지만 이들이 축산분뇨의 형태로 환경에 노출될 경우에는 인체병원성을 유발하는 원인으로 작용할 수도 있다. 항생제가 사료에 투여된 경우, 돼지의 장에 기생하는 세균 중 일부는 항생제 내성을 띠게 되어 특정 항생제에 의해 멸균되던 세균이 멸균되지 않는 현상을 불러온다. 이러한 항생제 내성을 지닌 세균이 인체에 병원성을 일으키는 종류의 세균이라면 보건상 심각한 문제를 일으킬 수도 있는 것이다.

최근 시장에서는 유기농 비료를 사용한 채소들이 더 비싼 가격에 팔리는데, 유기농 비료란 축산분뇨를 혐기성 발효를 통해 비료로 만든 것을 말한다. 그런데, 만약 축산분뇨에 포함되어 있는 항생제 내성을 지닌 병원성 세균이 비료 살포시 유기농 채소로 옮겨간다면? 혹은 발효된 축산분뇨 비료를 다루는 농부들에게 항생제 내성을 지닌 병원성 세균이 감염을 일으킨다면?

Tip
혐기성 발효(anaerobic fermentation): 산소가 공급되지 않은 상태에서 미생물에 의해 일어나는 발효를 말한다. 농가에서 많이 사용하는 퇴비는 혐기성 발효를 거쳐 만들어지는 대표적인 비료이다.

혹자는 이야기한다. 이와 같은 경우로 사람이 죽은 적은 없었다고. 그래서 실질적으로는 문제가 없는 것에 너무 민감해한다고 말이다. 하지만 최근 미국에서 시금치에 있는 병원성 세균으로 인해 한 어린이가 숨지는 일이 발생했다. 그 원인으로 가장 가능성이 높은 것은 항생제 내성 병원성 세균에 의한 감염이다. 희생된 미국의 어린이는 세균 감염 후 병원의 항생제 투여에도 불구하고 병세가 급속하게 악화되어 결국은 사망한 것이다. 축산분뇨 유기농 비료를 논밭에 뿌리면 축산분뇨 속에 있는 세균들이 빗물에 섞여 토양에 침투했다가 지하수로 유입될 수도 있다. 이렇게 오염된 지하수를 마시는 농가에서는 항생제 내성 병원성 감염의 유해성이 높아진다. 물론 이들 세균들이 상수원을 타고 도시로 유입된다면 매우 심각한 보건상의 문제가 대두될 수 있다.

환경 및 보건상의 이유로 항생제와 구리를 사용하지 않고 방목을 통해 키웠다는 유기농 돼지고기의 유통이 점차 늘고 있다. 돼지고기뿐 아니라 친환경 유기농 상품은 최근 몇 년 사이 전반적으로 수요가 급증했고, 친환경 유기농 상품 생산업체들 또한 증가했다. 딸아이를 위해서, 그리고 아토피나 화학물질의 노출에 민감한 아이들을 위해서 반가운 일이다. 문제는 이러한 친환경 및 유기농 여부에 대한 신뢰성에 관한 것이다. 이들 친환경 유기농 상품들이 항생제와 구리를 넣지 않은 사료에, 충분한 축산 공간에서 건강하게 키워진 것이라면 얼마나 좋을까?

'친환경 유기농 인증'을 받으려면 일정한 규정을 준수해야 한다. 규정 준수 여부는 해당 부서의 지방공무원이 현장 실사를 통해서 판단한다. 그러나 '현장 실사만으로 사육 기간 내내 친환경 유기농 공법이 철저하게 지켜졌다고 판단할 수 있을까'라는 질문은 접어두더라도, 최근 급속하게 증가한 친환경 유기농 농가에 비하면 현장 실사와 관리를 해야 하는 공무원의 숫자가 턱없이 부족한 것이 현실이다. 이런 상황에서 긴 사육 기간 동안 친환경과 유기농의 기준들이 과연 잘 지켜질 수 있을까. 나는 이에 대해 매우 부정적이다. 농민들의 양심을 못 믿는 것이 아니라, 현재의 축산농가의 영세적인 구조 때문이다. 이러한 구조에서는 양심적인 농부들이 더 큰 손해를 볼 것이 뻔하기 때문이다. 항생제나 구리를 사용하지 않고 방목을 한다면 더 넓은 농장을 구입하거나 생산량을 줄일 수밖에 없을 것이다. 그런데 비양심적으로 '친환경 유기농 인증'만 획득하고 항생제나 구리를 몰래 사용해서 생산성을 키우는 농가가 있다면 양심적인 축산농가는 결국 경쟁에서 도태되고 말 것이기 때문이다.

그럼 해결책은 무엇일까. 친환경 유기농 인증 평가 시스템을 국

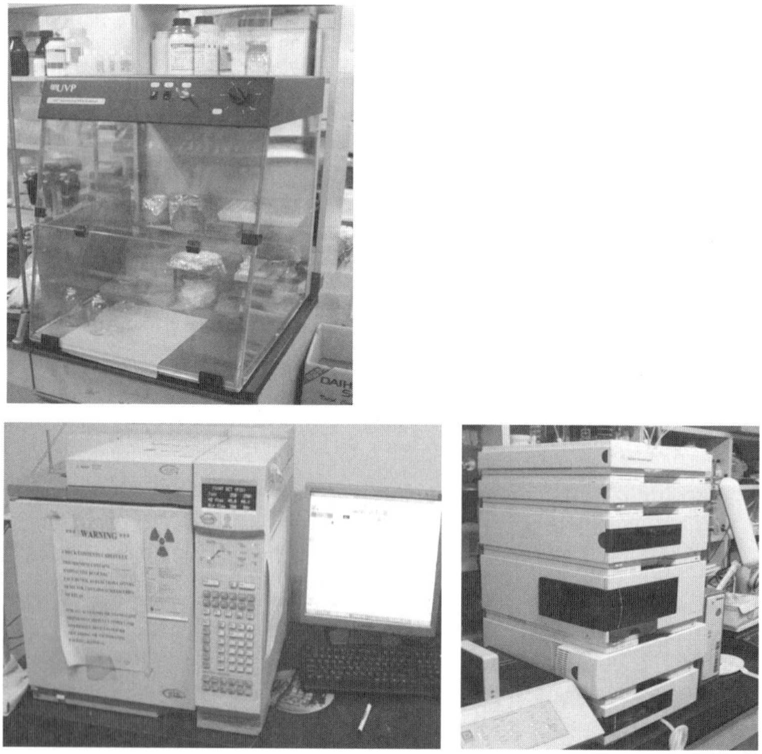

환경유해성 분석기기들. 환경미생물 분석용 벤치(위), 대기 중 휘발성 오염물질 분석기(아래 왼쪽), 수환경내 유해 유기물질 분석기(아래 오른쪽). 아직은 기기들이 크고 비싸서 상용화하는 데는 오랜 시간이 필요할 듯하다.

가 차원에서 개선 보충하는 것이 궁극적인 해결책이 될 것이다. 혹은 최종 소비자가 항생제와 같은 환경 보건 유해성 물질을 쉽게 측정할 수 있도록 저가의 휴대용 분석기가 실용화된다면 실질적인 친환경 유기농 상품을 판별할 수 있게 될 것이다. 하지만 친환경 유기농 인증 평가 시스템의 개선을 위해서는 수많은 의사결정 과정과 함께 상당히 큰 규모의 국고 투자를 요구한다. 소비자용 휴대용 분석기 개발은 진행 중이지만 실용화 및 상용화까지는 상당한 시간이 걸릴 것이고, 이 시간을 앞당기기 위해서는 상당 규모의 연구개발비가 필요한 것이다.

또 다른 대안은 친환경 유기농 산업을 영세적 구조에서 탈피하여 기업화하는 것이다. 친환경성을 추구해서 기업의 신뢰를 향상시키고 이를 이익 창출에 연계하려는 것이 최근의 기업 경영전략의 국제적인 경향이다. 이러한 기업체들과 축산업계의 연계를 통해 최종 생산물의 항생제 및 구리 농도를 평가하고 친환경성과 유기농 기준을 관리한다면, 그리고 이러한 과정을 투명하고 진실하게 운영한다면 국민들로부터 신뢰받을 수 있을 것이다. 이러한 기업화 혹은 기업체와의 연계 방안은 기업체의 친환경 경영에 대한 의지만 있다면 '친환경 유기농 국가 인증 시스템 확충 개선안'이나 '휴대용 분석기 실용화'보다는 단기간에 이루어질 수 있을 것이고, 적은 투자로도 기업과 농가의 수익성이 높아질 것이다.

친환경 유기농 국가 인증 시스템의 실질적인 구현, 최종 소비자의 식탁에 오를 음식 내 유해물질 진단을 위한 휴대용 분석기 기술의 실용화, 그리고 친환경 유기농 산업의 기업화 혹은 기업의 참여 방안 중 어느 것이든, 친환경 유기농을 실현할 수 있다면 먹을거리에 대한 국민들의 신뢰도는 급상승할 것이다. 문제는 비용이고, 이에 따른 친환경 유기농 생산물의 가격 상승도 뒤따를 것이다. 국가 정책의 전환은 국민 세금으로 확보된 국고의 지출을 의미하고, 신기술의 저가 보급을 위해서는 연구개발비와 민간 및 공공 부분의 투자가 담보되어야 한다. 친환경성을 통한 기업의 이윤 창출 또한 초기에 막대한 투자 없이는 불가능할 것이다. 이러한 사정들로 인해 '짝퉁'이 아닌 진짜 친환경 유기농 생산품의 가격은 현재보다 더 높아질 수밖에 없다. 현재와 같이 친환경 유기농 기준의 규제와 품질 관리를 위한 국가 정책 시스템과 분석 기술이 부재(혹은 부족)한데다, 축산업계가 영세적인 구조에서는 외부적인 요소만으로 친환경 유기농 생산품의 가격을 강제적으로 낮출 수는 없기 때문이다.

우리 몸과 차세대의 주역인 아이들에게 '짝퉁 음식'을 주는 것은 허용될 수 없는 일이다. 특히 과학적으로 보건 환경 유해성이 입증된 경우에도 '짝퉁 친환경 유기농 음식'을 국민에게 허용하는 것은 정부가 책무를 다하지 못하는 것이다. 따라서 가능한 한 빨리 이러한 문제들을 국가 차원에서 또는 기업 차원에서 대처하는 것이 환경 선진국에 진입하는 첩경이 될 것이다.

환경 선진국 진입을 바라며

앞에서 살펴본 바와 같이 환경과 보건에 대한 국민 개개인의 관심이 날로 높아지고 있다. 이에 따라 친환경 유기농 상품의 시장이 확대되고 있고, 개인 차원이나 민간기업 차원에서도 친환경에 대한 인식을 생활 속에서 실질적으로 구현하려는 노력들이 다방면에서 펼쳐지고 있다. 반면 친환경 유기농 상품에 대한 신뢰성을 검증해 줄 수 있는 국가 차원의 시스템은 매우 취약하고, 진짜 친환경 유기농 상품을 적당한 가격에 국민에게 보급하려는 구조적 개선의 노력은 미약해 보인다. 이러한 차이를 좁히는 것이 환경 선진국으로 가는 지름길이 될 것이다. 이를 위해서는 먹을거리의 친환경성에 대한 신뢰 증대와 합리적인 가격으로 국민에게 공급하는 생산 유통 구현에 국가적인 지원이 집중되어야 할 것이다.

대한민국은 세계사적으로 유례가 없을 정도의 급속한 경제 성장뿐만 아니라 민주화를 달성했다. 지금 우리는 선진국 대열의 문턱에 와 있지만, 선진국 진입을 확고히 하기 위해서는 삶의 질에 있어서 가장 중요한 요인인 환경 문제에 대한 범국민적인 인식의 전환이 필요해 보인다. 환경 교육의 확산, 환경 생태는 물론 체력 단련과 친환경 유기농 먹을거리에 대한 국민 개개인의 높은 관심, 그리고 환경과 녹색경제에 관여하는 시민단체의 출현과 활동 등에서 한국은 이미 선진국형 면모를 보이고 있다. 그러나 부동산이나 동력성장 산업 분야, 그리고 개발에 치중한 국토개발사업 들에서 환경적 요소들을 무시하는 경향이 있는 것을 보면 아직 개발도상국 수준에 머물러 있지 않나 하는 씁쓸한 조바심이 드는 것도 사실이다. 그러나 환경 문제에 있어서만큼은 국민들이 신뢰할 수 있는 사회 풍토 및 국가 정책 마련이 반드시 필요하고, 또 국민들이 환경 관련 문제를 과학적으로 판단할 수 있도록 지속적인 교육과 문화 기반 형성이 시급하다. 국민 건강을 비롯한 삶의 질과 직결된 문제이기 때문이다.

생각해볼문제

Question

1 환경 문제로 시작되어 국가 경제 전반에까지 파급되는 예를 2가지 이상 찾아보자.

2 한국에서 국민 개개인이 민감하게 여기고 사회적인 파급효과가 큰 환경적인 이슈에도 불구하고 국가 경제에 영향을 주지 않은 예를 제시해보자. 그리고 그 이유와 원인에 대해서 함께 토의해보자.

3 현재의 영세적인 농업 구조는 지하수, 토양 그리고 지표수의 환경에 악영향을 미칠 가능성이 현저하게 높다. 농업의 대기업화가 이러한 문제의 해결책이 될 수 있는지 구체적인 사례를 찾아보자.

4 유럽의 일부 국가는 농업을 비환경 산업으로 규정하고 농축산 관련 산업 현장을 해외로 옮기고 있다. 하지만 최근에 국제 곡물시장의 불안정으로 국가 간 식량자원 확보 경쟁이 증가하는 경향이 있다. 농축산 산업에 있어서 어떠한 친환경 정책이 우리나라와 국제적인 상황 모두에 적합하다고 생각하는가?

읽어볼 책들과 참고문헌

레스터 브라운, 한국생태경제연구회 옮김, 『에코 이코노미』, 도요새, 2003.
마이클 레드클리프트 외, 이기홍 외 옮김, 『지구환경과 사회이론』, 한울아카데미, 1997.
레스터 W. 밀브래스, 이태건 · 노병철 · 박지운 옮김, 『지속가능한 사회』, 인간사랑, 2001.
구자건, 『우리가 정말 알아야 할 환경상식 100가지』, 현암사, 1995.
환경부, 『환경백서』, 환경부, 2008.

| 제11장 |

만약 태양과 산소가 사라진다면, 당신은?

– 세상을 통제하는 미생물

| 김응빈 |

지난 두 세기는 학문의 각 영역들이 자신의 분야에서 최고의 전문성을 고양시키고 정체성을 확립한 기간이라고 할 수 있다. 그중에서도 특히 과학은 경이로운 발전을 이루어 이른바 과학 기술의 시대를 열었다. 하지만 동시에 인문학, 사회과학, 예술, 자연과학 등은 자신만의 울타리를 견고하게 구축함으로써, 전문성의 시대라고 일컬어지는 21세기에 학문 간의 단절은 극에 달해 있다.

과학자에게 건강한 인문정신이 결여되면 과학으로 인류의 안녕과 번영을 견인하는 것이 아니라, 자칫 과학으로 인간과 자연을 황폐화시킬 수도 있다. 마찬가지로 인문학자가 인문학의 울타리에 갇혀 과학과 기술에 무지하다면 세계를 올바로 이해할 수 없으며, 그것은 인문정신에도 위배된다. 또한 과학 기술을 이해하지 못하는 예술은 더 이상 진화할 수 없으며, 과학 기술의 영향력을 외면하는 사회과학은 더 이상 사회과학으로서의 가치를 지키기 어려울 것이다. 인문학과 과학 기술이 소통해야 하는 이유가 바로 여기에 있다. '과학 기술 그리고 사회STS' 교육은 인문학과 과학 기술의 만남을 위한 실천적 노력의 일환이어야 한다. 그런 소통을 염두에 두고 미생물을 대상으로 우리의 실생활에 필수적인 몇 가지 과학의 개념과 원리를 살펴보도록 하자.

어느 영화 속 주인공

십여 년 전인 1998년, 세모의 신촌 거리에서 마주쳤던 영화 포스터로부터 이 이야기를 시작하고자 한다. 「태양은 없다」라는 제목 위로 활짝 웃고 있는 멋진 두 남자 배우(이정재, 정우성)의 사진에 시선이 끌려 다가서는 순간, 시야에 포착된 '마지막은 폼 나게 가는 거야!'라는 광고 문구.

"태양이 없는데 무슨 폼이 나지. 깜깜해서 앞이 보이지도 않고 광합성[Tip]이 중단되어 모두들 배고픔에 시달리다 마지막을 맞이할 텐데……"

괜한 꼬투리를 잡으며 걸음을 옮기려는데, 문득 떠오르는 생각이 발길을 멈추게 했다. 빛이 닿지 않는 바

Tip
햇빛 에너지를 받아 식물 세포의 엽록체 또는 미생물에서 당이 만들어지는 과정: CO_2 + H_2O + 빛 에너지 → 포도당($C_6H_{12}O_6$) + O_2. 포도당은 생명체의 기본 구성 분자이자 생명 활동에 필요한 주 연료다.

영화 「태양은 없다」(1991) 포스터. 이 영화와는 관련이 없는 말이지만 지구상에는 태양 없이 살아가는 생물들도 제법 많다.

다 깊은 곳에 사는 생물은 어떻게 생명을 이어갈까?

인간은 심해저를 탐사하기 전까지 깊은 바다에 어떤 생물도 살지 않을 것이라 생각했다. 햇빛이 전혀 미치지 않아 생물이 광합성으로 양분을 만들 수 없다고 생각해서였다. 수심이 3천 미터나 되는 바다 깊은 곳을 탐사하기 시작한 건 고작 40여 년 전의 일이다. 심해저를 탐사한 과학자들은 놀라움을 금치 못하며 햇빛이 닿지 않는 곳에도 다양한 생명체가 살고 있다는 사실을 발견해냈다.

심해의 화산 분화구에서 나오는 분출수에는 유황 성분H_2S과 수소H_2를 비롯하여 많은 양의 화합물이 들어 있다. 심해에 사는 어떤 세균들은 햇빛 대신에 이러한 화합물에 들어 있는 에너지를 이용해 바닷물에 녹아 있는 이산화탄소를 유기탄소(당류)로 합성한다. 햇빛이 미치지 못하는 심해 생태계에서 이러한 세균들은 생산자로서 심해 생태계 먹이그물의 중심에 있게 된다. 나아가, 세균은 좀더 큰 생물체의 먹이가 되고 먹이사슬의 기본을 형성함으로써, 관벌레tube worm, 조개, 새우 등의 다양한 생물체가 살아갈 수 있는 '낙원'을 제공한다. 그렇다면 영화 「태양은 없다」의 진정한 주인공은 미생물이란 말인가?

심해저에 사는 관벌레에 대해 좀더 알아보자. 지렁이의 먼 친척뻘인 이 동물은 성체의 길이가 약 2미터까지 자라는데, 놀랍게도 입, 내장, 항문이 없다. 대신 전체 몸무게의 절반에 해당하는 트로포솜trophosome이라고 하는 변형된 소화관을 가지고 있고, 바로 이곳에서 관벌레가 필요로 하는 영양소가 만들어진다. 트로포솜에는 조직 1그램당 약 30억 마리 이상의 세균이 들어 있는데, 이들 대부분이 유황 성분에 들어 있는 에너지를 이용하여 이산화탄소를 원료로 당을 합성한다(식물은 빛에너지를 이용하여 이산화탄소를 묶어서 당

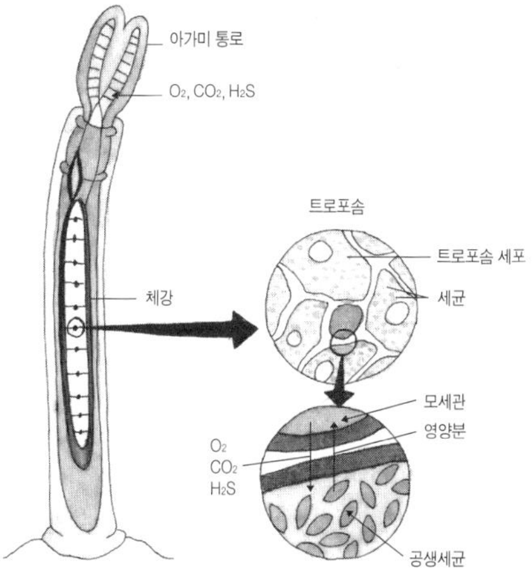

심해저에 사는 관벌레는 소화기관이 없다. 이들은 유황 성분에 들어 있는 에너지를 이용해 트로포솜이라는 변형된 소화관에서 공생세균의 도움을 받아 영양소를 만든다.

을 합성한다는 사실을 상기하기 바람). 관벌레는 산소뿐만 아니라 유황 성분과도 결합하는 특수한 헤모글로빈을 가지고 있어서 공생 세균이 이용할 수 있도록 이 두 물질을 트로포솜으로 운반한다. 안락한 집을 제공하고 식재료를 배달한 대가로 관벌레는 이들 공생 세균들이 생산한 당과 죽은 세균을 영양분으로 공급받는 것이다.

미(美)생물과 미(微)생물

다음 각 항목에 열거된 생물의 이름을 보고 느낀 점을 5점 척도로 표시하시오.

〔5점(매우 친근감이 간다) __________ 0점(매우 혐오스럽다)〕

- 동물 대표: 코알라, 앵무새, 호랑나비
- 식물 대표: 개나리, 진달래, 장미
- 미생물 대표: 방선균, 대장균, 유산균

예상컨대 동물과 식물 대표 생물의 평균 점수는 쉽게 4점을 넘을 것이고, 미생물 대표의 경우에는 나와 같은 직업병 환자(?)가 아니라면 대부분 2점 이하의 점수를 주리라 예상된다. 왜 사람들은 미생물에 대해 호의적이지 않을까? 그것은 아마도 보이지 않아서 잘 모르기 때문이 아닐까?

미생물은 자신의 생명 활동을 통해 직접 또는 간접적으로 동물과 식물 등 다른 생물들의 삶에 절대적인 영향을 미치는 존재다. 우리가 호흡하고 있는 산소도 과거 미생물의 생명 활동의 결과물이며, 쓰레기 매립지였던 난지도가 아름다운 공원으로 복원된 것처럼 인간이 더럽힌 환경을 정화시키는 주역도 바로 미생물이라는 사실을 우리는 기억해야 한다.

앞에 나열한 세 종류의 미생물 대표가 사람에게 미치는 영향을 간단히 살펴보자. 방선균은 소중한 항생제의 원료를 생산하는 세균이며, 대장균의 경우에도 대부분은 대장 안에서 사람이 합성하지 못하는 비타민을 만들어주는 고마운 존재들이다. 유산균에 대해서는 우리가 즐겨 먹는 유산균 음료와 김치를 생각한다면 그 중요성을 쉽게 이해할 수 있을 것이다. 유산균은 이름 그대로 유산乳酸을 생성하는 세균으로 이들이 내놓는 유산은 주변에 있는 유해균의 활동을 억제하여 인체에 큰 도움을 줄 뿐만 아니라, 면역력을 강화하고 비타민을 생성하며 콜레스테롤 수치를 낮추는 기능 등을 하는 것으로 알려져 있다.

인간 세상에도 선한 사람만 있는 것이 아니듯이 미생물의 세계에도 못된 것(병원성 미생물)들이 있고, 이들이 인류의 보건에 위협이 된다는 것도 분명한 사실이다. 그렇지만 극소수 병원성 미생물의 해악이 너무 부각되어 인간에게 도움을 주는 대다수의 미생물이 함께 매도되는 것은 바람직하지 않다. 미꾸라지 한 마리가 물을 흐린다는 속담처럼 몇 종류의 병원성 미생물 때문에 '균菌'* 자 붙은 모든 미생물이 병원체라는 억울한 오해를 받는 일은 없어야 한다. '微生物미생물'을 '美生物미생물'이라 부르지는 않더라도.

Tip
'○○균'이라는 이름을 들으면, 사람들은 질병을 일으키는 미생물이 아닐까 걱정하는데, 실제로 질병을 일으키는 미생물은 소수에 불과하며 대부분의 미생물은 인간을 비롯한 지구상 모든 생물체의 생명 유지 중추(keystone of global health)다.

숨 쉬기

일반적으로 에너지는 일할 수 있는 능력이라고 정의되는데, 물체가 그 상태를 바꾸어 다른 물체에 일할 수 있는 상태에 있을 때 그 물체는 에너지를 가지고 있다고 한다. 그렇다면 생명체의 에너지는 '삶을 유지하는 활력' 또는 '환경을 변화시킬 수 있는 능력'이라고 표현할 수 있을 것 같다. 그러고 보니 요즈음 유행하는 "생각이 에너지다. 세상을 바꾸는 것은 생각이다"라는 광고 문구도 나름 말은 된다는 생각이 든다.

흔히들 '다 먹고살기 위해서 하는 짓인데'라는 말을 하곤 한다. 다시 말해서 살기 위해서는 먹어야 한다는 것인데, 도대체 왜 먹어야만 하는가? 답은 삶을 유지하는 활력, 즉 에너지를 얻기 위해서다. 결국 '먹고살기 위해서 하는 짓'이 '생존경쟁'** 이며, 이것이 곧 생물학적 삶인 셈이다.

Tip
에너지(식물과 광합성미생물에 의해 복잡한 탄소 분자 형태로 저장된 태양 에너지와 화합물에서 포획하여 세균이 저장하고 있는 화학 에너지)를 획득하기 위한 생명체들 간의 경쟁.

생명체는 먹이(사람에게는 음식물)로부터 에너지를 어떻게 획득하며, 얻어진 에너지는 어떻게 사용할까? 이 질문에 대한 답은 '물질대사metabolism'다. 물질대사는 세포 내에서 일어나는 수천 가지의 화학반응과 물리적 활동이라고 설명할 수 있는데, 한마디로 '세포 안에서 일어나는 물질과 에너지의 흐름'이라고 할 수 있다. 물질대사는 분해 과정인 '이화작용catabolism'과 합성 과정인 '동화작용anabolism'으로 나눌 수 있다. 이화작용에서는 고분자 화합물이 작은 조각으로 분해되면서 에너지를 생산하고, 또 이 조각들은 새로운 고분자 화합물의 합성에 이용된다. 이렇게 에너지를 사용하여 새로운 고분자 화합물을 합성하는 과정이 동화작용이다. 따라서 이화작용과 동화작용은 에너지를 매개체로 긴밀히 연결되는데, 이를 '에너지 연계energy coupling'라고 한다.

에너지를 만드는 대표적인 과정은 바로 호흡이다. 여기서 '호흡'이란 숨 쉬기(폐에서 이산화탄소를 내보내고 산소를 들이마시는 과정) 그 자체 이상을 의미한다. 요컨대 우리 몸속에 들어온—정확히 말해서 세포 안에 들어온—산소에 의해서 마무리되는 세포 호흡을 의미한다. 점심시간에 먹은 한 공기 밥의 운명을 정리해보자. 다당류 탄수화물이 주성분인 밥은 구강, 위장, 소장을 통과하면서 물리적·화학적 소화를 통해 포도당과 같은 단당류 형태로 분해된 다음 혈액에 의해 각 세포로 전달된다. 세포에 도달한 포도당$C_6H_{12}O_6$은 일련의 산화 반응을 통해 단계적으로 분해되어 최종적으로 이산화탄소CO_2로 전환된다. 그런데 이쯤에서 혹시 눈치를 챈 독자들도 있으리라. 산소를 이용한 호흡이 광합성의 역반응이라는 사실을.

결국 광합성을 통해서 만들어진 당이 호흡에 의해 분해되면서 에너지가 방출되는 것이다. 즉, '햇빛 → 당 → 세포에너지 → 열'로 이어지는 순서가 에너지의 흐름이다. 특히 생명체 내에서의 에너지 흐름은 수소 이온H+과 전자electron를 매개체로 이루어진다. 마치 야구 경기에서 타자가 방망이를 휘두른 힘이 야구공에 실려 이동하는 것처럼. 아래 그림에 나타난 대로 분해 단계마다 포도당에 저장되어 있던 에너지가 수소 이온과 전자에 담겨 방출되면 세포는 이 에너지를 사용하고, 남겨진 수소 이온과 전자는 산소와 결합하여 물이 된다. 즉 산소는 수고하고 지친 수소 이온과 전자를 품에 안아 쉬게 함으로써 대부분 생물(모든 생물이 아님에 유의 바람)의 삶을

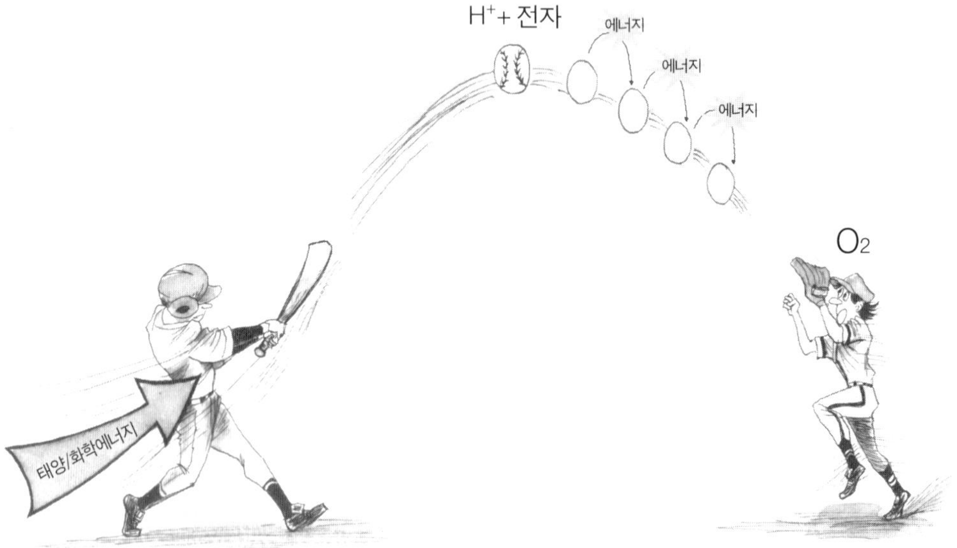

유지시키고 있는 것이다.

> Tip
> 일반 사전의 정의에 따르면, 연소(燃燒)란 물질이 공기 또는 산소 중에서 빛과 열을 내면서 타는 현상이다. 여기에 약간의 전문성을 더하면 연소는 '열과 불을 수반하는 산화반응'이라고 재정의할 수 있다. 가정에서 사용하는 도시가스의 연소에서 보듯이 연소는 화학에너지를 열에너지로 변화시키는 수단으로 이용된다. 연소 과정에서는 빠르게 한꺼번에 에너지가 방출되지만 세포 호흡에서는 천천히 단계적으로 에너지가 방출된다는 속도의 차이가 있을 뿐, 세포 호흡과 연소는 기본적으로 같은 반응이다(알코올램프 뚜껑을 닫으면 불이 꺼지듯, 산소가 없으면 불이 꺼진다는 일상의 경험을 상기해보자).

두 얼굴의 산소

'산소 같은 여자' '산소 미인' 등과 같은 문구가 여성용 화장품 광고에 등장하는 것을 보면 우리는 산소를 무척이나 좋아하는 것 같다. 사실 산소가 없으면 우리는 곧바로 질식사하고 말 테니 너무나도 당연한 일이다. 내친김에 산소를 '생명의 약'이라고 찬양하고 싶은데, 이것이 그리 녹록하지가 않다. 이른바 '활성 산소'라고 불리는 독성 산소족의 횡포(?) 때문이다.

앞에서 물질대사를 세포 안에서 일어나는 물질과 에너지의 흐름이라고 설명했다. 이 경우 에너지의 흐름은 곧 전자의 흐름이다. 전자는 절대 홀로 존재할 수 없기 때문에 전자를 주는 물질이 있으면 반드시 받는 물질이 있어야 한다. 이를 화학적으로 표현하면 전자를 주는 것이 '산화oxidation'이고 반대로 전자를 받는 것이 '환원reduction'이다. 어떤 물질이 전자를 줄 것인지 아니면 받을 것인지는 상대적으로 결정된다. 다시 말해서 모든 물질은 만나는 상대에 따라서 전자를 주기도 하고 받기도 한다는 얘기다. 여기서 우리가 섭취한 음식물에서 나온 전자를 최종적으로 받아들이는 것이 산소이고 이 과정이 바로 세포 호흡이라는 사실을 상기해보자.

세포 호흡에 참여한 산소는 대부분 물로 환원되지만, 일부는

'과산화물Superoxide' 음이온O_2^-과 과산화수소H_2O_2 같은 활성 산소가 된다. 적정한 수준에서 활성 산소는 우리 몸의 임파구를 도와 체내로 침입하는 유해 인자를 제거한다. 하지만 너무 많은 활성 산소가 세포 내에 있게 되면 DNA와 단백질 등 중요한 세포 구성 물질에 손상을 입히게 된다. 이에 맞서기 위해 산소 호흡을 하는 모든 생명체들은 과도한 활성 산소의 행패를 차단하는 메커니즘을 가지고 있다. SODsuperoxide dismutase 효소는 활성 산소 두 분자를 상대적으로 독성이 약한 과산화수소와 산소로 바꾸고, 카탈라아제 효소는 과산화수소를 독성이 없는 물과 산소로 분해한다. 만약 이런 효소를 가지고 있지 않다면 그 생명체는 어떻게 될까? 불행하게도 우리에게는 산소가 '생명수'와 같지만, 이 효소를 갖지 않은 생명체에게는 산소가 '사약'과 같을 것이다. 산소를 만나면 죽어버리기 때문이다. 그래서 이들은 생명 부지를 위해 산소를 피해 꼭꼭 숨어야만 한다.

Tip
태초의 지구 대기에는 산소가 없었다고 하는데, 현재는 산소가 약 20%를 차지하고 있으니 양적인 측면에서 보면 엄청난 대기 오염 사건이라고 할 수 있을 것이다. 이로 인해 원시 지구에 살았던 생명체들의 운명이 극과 극으로 갈리게 되었을 것이다. 즉 활성 산소 처리 시스템을 갖추지 못해서 멸종하거나 서식지를 옮긴 경우와 이에 적응하여 번성한 경우.

비호감 정도를 따지자면 글머리에 언급한 '균' 자 못지않은 것이 '혐嫌'이라는 글자다. 이 글자가 붙으면 '혐오스럽다'는 단어가 떠오른다. 그런데 얄궂게도, 살아보겠다고 산소를 피해 삶의 터전을 옮긴 저들에게 이 두 개의 비호감 글자가 모두 부여되어 '혐기성嫌氣性 세균'이라고 부른다. 이 억울한 생명체를 위해 한마디만 변호를 하자면, 혐기성 세균은 절대로 해로운 생물이 아니라는 것이다. 공기(산소)가 없다는 뜻의 'anaerobic'을 일본식 한자로 번역하면서 생긴 오류일 뿐이다. 이 경우는 '비非산소요구성 세균' 정도로 개명을 해주는 것이 도리가 아닐까 싶다.

그런데 여기서 하나의 의문점이 생긴다. 도대체 산소 없이 살아가는 이들은 어떻게 호흡을 한단 말인가? 에너지 생산 효율이 다소 떨어지기는 하지만 전자를 받아주는 산소의 역할을 다른 화합물이 대신하면 되니까(이것을 산소를 이용하는 산소 호흡[유기 호흡]과 대비하여 무산소 호흡[무기 호흡]이라고 함) 산소 없이 살아가는 데 큰 문제는 없다. 게다가 대부분의 세균은 SOD와 카탈라아제 효소를 가지고 있으면서 추가로 무산소 호흡을 할 수 있는 능력을 가지고 있으니 이들의 삶에 대해 측은지심惻隱之心을 품을 필요는 없다. 우리들의 편협한 사고의 틀 안에서 보면 산소가 없는 환경이 나쁠 것 같지만, 이들의 입장에서 보면 다른 생물이 거의 접근할 수 없는 자신들만의 독립된 서식지를 갖게 되는 것이니 나쁠 것이 전혀 없는 삶일 것이다.

주제 파악

이제 이 글의 제목에서 제시한 질문에 답할 차례다. 만약 태양과 산소가 사라진다면, 우리(사람)는 모두 곧 죽게 될 것이다. 매우 유감스럽지만 엄연한 사실이다. 그렇다면 과연 미생물들의 답변은 어떨지 궁금해진다. 아마도 이렇게 콧노래를 부르지 않을까? "태양 없으면 무기화합물 이용하면 되고~♪~ 산소 없으면 무산소 호흡하면 되고~♪~ 능력대로 살면 되고~♬" 그렇다. 이들에게는 우리가 가지지 못한 능력이 있다. 다양한 환경에 적응하여 삶을 영위할 수 있는 바로 그 능력.

우주 대폭발설에 의하면 지구는 거대한 수소H_2의 집합체가 높은 압력과 온도에 의해서 보다 무거운 원소로 전환되고, 결국 폭발한 후에 다시 여러 개로 뭉쳐져서 만들어진 천체 중 하나라고 한다. 약 45억 년 나이의 지구가 탄생한 초기 2억 년 동안에는 지구의 표면 온도가 100℃ 이상이었을 것이라 추정된다. 지구가 얼마나 빨리 식었는지에 대해서는 정확하게 알 수 없지만 지구가 상당히 뜨거운 상태에서 최초의 원시 생명체가 출현했으며, 이 시기에는 수소가 다른 원자들과 반응하여 암모니아NH_3, 메탄CH_4, 수증기H_2O 등이 증가하여 환원성 대기가 형성되었을 것으로 추측된다.

여기서 앞에서 설명한 내용을 토대로 최초 생명체의 삶(에너지 획득 방법)에 대해 생각해보자. 초기 생명체는 열에 대한 내성이 강하며 암모니아와 메탄 같은 화합물을 이용한 무산소 호흡을 통해서 에너지를 획득했을 것이라는 가설에 머리를 끄덕일 수 있다면, 지금까지의 내용을 제대로 이해한 것이다.

현재까지 발견된 최고最古의 생명체 화석은 35억 년 전쯤의 세균의 것이다. 최초의 생명체가 정확하게 언제 탄생했는지는 모르지만 세균을 비롯한 미생물들이 적어도 35억 년 동안 생명의 진화를 주도해왔다는 것은 확실하다. 가장 혁신적인 사건은 '산소 발생형 광합성 미생물'의 출현이다. 이로 말미암아 무산소 상태의 환원형 대기가 점점 산화형 대기로 변화됨에 따라 산소를 이용하여 호흡하는(268쪽 그림 참조) 생물의 진화가 가능해졌다. 반대로 활성 산소를 견딜 수 없는 미생물들은 생사의 기로에서 살기 위해 산소를 피해 숨어버리거나, 새로운 환경에 적응하도록 변화할 수밖에 없었을 것이다.

동일한 화합물을 이용하더라도 산소를 이용한 호흡을 통해서 상대적으로 많은 양의 에너지를 얻을 수 있는 생물체들은 나날이 더 큰 집단으로 번성하면서 새로운 형태의 생물로 진화할 수 있는 기회를 증가시킬 수 있었을 것이다. 화석 기록 증거에 따르면 지구 대기 중에 산소가 축적되는 시점부터 다양한 생물체들이 급속도로 나타나기 시작했다.[Tip] 즉 미생물이 없었다면 지구상의 다양한 삶은 애당초 시작되지도 못했을 것이라는 사실이 확증된 셈이다.

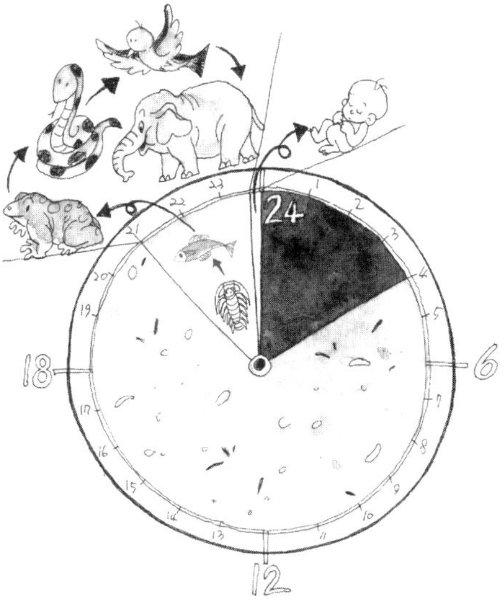

Tip
45억 년 지구 역사를 24시간으로 환산하면 최초의 생명체인 원시 미생물은 새벽 4시경에 탄생하여 밤 9시까지는 미생물들만의 세상이었고, 삼엽충 → 어류 → 양서류 → 파충류 → 조류 → 포유류로 이어지는 생물 진화의 역사는 나머지 3시간 사이에 일어났으며, 특히 인간은 자정이 되기 직전에 출현했다고 볼 수 있다.

더불어 살기

이미 앞에서 언급한 대로 많은 사람들은 미생물을 전염병과 연관해서 생각한다. 사실상 미생물학은 질병에 대한 일련의 연구로부터 시작된 과학이고, 미생물학의 눈부신 발전 덕분에 오늘날 대부분의 전염성 질병을 제어할 수 있게 되었다. 물론 일부 병원성 미생물이 여전히 인류 보건에 심각한 위협이 되고 있는 것도 사실이다. 그럼에도 불구하고 대다수의 미생물은 사람에게 해롭지 않다는 사실을 거듭 강조하고자 한다. 이러한 미생물들은 우리에게 전혀 해를 주지 않고 오히려 큰 혜택을 주고 있다.

혹시 우리가 매일 엄청나게 배출하고 있는 생활폐기물(음식물 찌꺼기, 배설물, 생활하수 등)에 대해 생각해본 적 있는가? 그저 버리고 나면 눈에 안 보이니까 별로 신경 쓰지 않고 살지만, 미생물의 활동이 없다면 우리는 더 이상 깨끗한 물을 먹을 수도 없게 될 것이고 머지않아 우리가 버린 쓰레기 더미에 묻혀버리게 될 것이다.

별로 유쾌한 예는 아니지만 암모니아NH_3 가스를 한번 생각해보자. 지금은 거의 사라져버렸지만 1980년대 이전에 초등학교를 다닌 사람이라면 재래식 화장실과 그 향기(?)를 생생하게 기억할 텐데 이것의 주범이 바로 암모니아였다. 유기질소 화합물(대표적인 예로 단백질을 들 수 있는데, 이 용어가 생소한 경우에는 그냥 고기 또는 달걀을 생각해도 무방함)이 분해되면(썩으면) 다량의 암모니아가 발생한다. 이 암모니아의 고약한 냄새를 없애주는 것이 미생물이다. 세균들이 고약한 냄새 나는 화합물을 에너지원으로(먹이로) 이용하여 암모니아를 질산염NO_3^-으로 산화시키면서 일단 냄새를 제거해준다. 또 이렇게 생겨난 질산염을 산소 대신 전자 수용체로 이용하여(268쪽 그림 참조) 호흡하는 세균들이 있으니 이들의 능력이 얼마나 대단한가. 이러한 무산소 호흡을 거치게 되면 질산염은 궁극적으로 질소 가스N_2가 되어 대기로 들어가니 나름 고위층으로 신분이 상승하는 셈이다. 그러나 항상 위에만 있을 수는 없는 법, 일단의 세균들은 질소 가스를 환원시켜 다시 암모니아로 만들어버리니$N_2 + 8H \rightarrow 2NH_3 + H_2$ 이것이 바로 그 유명한 '질소고정'이다. 원래의 모습으로 돌아온 암모니아는 다시 순환 여행을 하게 된다. 특히 암모니아가 바로 질소 비료라는 점을 고려하면 공기 중의 질소를 식물의 성장에 이용될 수 있는 질소 화합물인 암모니아로 전환시키는 세균의 활동은 농업에 필수적이며 비료 비용 절감에도 크게 기여한다는 것을 알 수 있다.

미생물은 다양한 대사 능력 덕분에 심해의 화산 분화구에서 동물의 소화관까지 지구에 존재하는 생명체 중 가장 널리 퍼져 있으며, 그들의 다양성은 지구상 다른 모든 생명체의 다양성을 모두 합친 것보다도 많다. 그러나 이 중에서 현재의 기술로 배양할 수 있는 것은 약 1퍼센트에 불과하다. 따라서 자연계에는 아직 우리가 접하지 못한 무수한 미지의 미생물들이 존재하고 있는 셈이다.

인간이 환경을 침범해 나가면서 더 많은 생물들에게 영향을 끼치게 되면 우리는 많은 생물을 파괴하고 우리가 모르는 사이에 세상의 미생물 균형에 문제를 유발할 수도 있다. 그러나 아직도 미생물과 환경은 모르는 것 투성이의 새로운 연구 분야다. 우리는 미생물의 세계 안에서 살아간다. 우리가 무엇인가를 하면 그들은 변화하고, 그러면 다시 우리가 변화하게 된다. 이러한 미생물과의 조화는 인간이 존재하는 한 계속될 것이다. 분명한 사실은 미생물 없는 삶은 곧 종말이라는 것이다.

생 각 해 볼 문 제

Question

1 위대한 미생물학자 파스퇴르(L. Pasteur)는 "자연계에서 한없이 작은 것들의 역할이 한없이 크다(The role of the infinitely small in nature is infinitely large)" 고 말했다. 이 말의 의미를 구체적인 예를 들어 설명해보자.

2 주변 사람들에게 미생물이 단순히 질병의 원인인 것만이 아니라 그 이상의 큰 의미를 지닌다는 사실을 설명해보자.

3 최초의 원시 생명체가 출현했던 시기의 지구 대기와 현재 지구 대기의 차이점을 설명하고 이에 대해 추론해보자. 또 산소 호흡과 무산소 호흡의 공통점과 차이점을 설명해보자.

4 이 장의 내용에 근거하여 미생물과 인간의 바람직한 관계에 대해 논의해보자.

읽어볼 책들과 참고문헌

제임스 B. 나르디, 노승영 옮김, 『흙을 살리는 자연의 위대한 생명들』, 상상의 숲, 2009.
제레미 다이아몬드, 김진준 옮김, 『총, 균, 쇠』, 문학사상사, 1998.
닉 레인, 양은주 옮김, 『산소』, 파스칼북스, 2004.
김응빈, 『한눈에 쏙! 생물지도』, 궁리, 2009.
천종식, 『고마운 미생물, 얄미운 미생물』, 솔, 2005.

| 제12장 |

나눔 속에서 더욱 풍성해지는 지식의 열매

– 지식경영을 통한 사회의 과학 기술 경쟁력 확보

| 박희준 |

지식

현재 '지식'을 의미하는 낱말인 'Knowledge'는 고어古語에서 '성적 관계'를 의미했던 적이 있다.[Tip] 아마도 '지식'이라는 낱말이 지니고 있는 '생산'적 의미 때문일 것이다. 과학, 기술 등의 이름으로 분류되는 지식은 인류 사회의 생산성을 향상시켜 보다 풍요로운 사회를 만들어가고 있으니까 말이다.

'생산'의 의미를 담고 있는 '지식'은 구체적으로 어떻게 정의될 수 있을까? 지

Tip
'Knowledge'의 사전적 정의를 찾던 중 '[고어] 성적 관계, 성교'라는 뜻밖의 정의를 접하고는 무척 당황했던 기억이 있다. 과거에 '성적 관계'를 의미했던 단어 'Knowledge'가 지금은 '지식'을 의미하는 단어로 변화된 이유는 무엇일까? 성적 관계와 지식 모두 무엇인가를 생산해낸다는 점에서 그 이유를 찾을 수 있지 않을까? 우리는 결혼을 하고 성적 관계를 통해 종족을 보존하며, 또한 지식을 통해 생활을 영위하기 위한 생산 활동을 하니까 말이다.

식 검색 사이트 '네이버 지식인NAVER 지식iN'을 통해 검색된 '지난해 각 대학의 모집 단위별 입시 경쟁률'은 지식일까? 아마도 입시 관련 통계가 누군가에 의해 어떠한 목적으로 분석되어 이용되지 않는다면 지식도 정보도 아닌 단순한 '자료'에 불과할 것이다. '연세대학교 주변 맛집'은 어떨까? 지식이라기보다는 유용한 '정보'에 해당할 것이다. 그렇다면 '최근 금융시장 위기에서의 주식투자 방법'은 지식일까? 누군가가 검색된 내용에 근거해 필요한 자료를 수집·분석하고 주식투자에 관한 의사결정을 내린다면 지식이라고 말할 수 있을 것이다.

일반적으로 우리는 자료, 정보 그리고 지식을 혼용하고 있다. 하지만 자료는 어떠한 사건으로부터 관찰되고 지각되는 사실로서 문자, 숫자 등의 부호를 통해 기록되며, 자료가 어떠한 목적에 따라 체계적으로 정리되어 자료 사이 혹은 자료와 상황 사이에 어떠한 관계가 만들어져 누군가에게 의미를 부여할 때 자료는 의미를 갖는 정보로 변환된다. 반면 지식은 필요한 자료와 정보를 체계적으로 수집하여 저장하고, 수집된 자료를 분석하여 정보를 만들거나 덜 가치 있는 정보를 보다 가치 있는 정보로 만드는 데 활용하는(우리의 뇌 속에 존재하는) '사고의 틀'을 일컫는다. 물론 우리의 뇌 속에 존재하는 지식 또한 '네이버 지식인'에서 검색된 '최근 금융시장 위기에서의 주식투자 방법'처럼 문자 혹은 숫자 등의 부호를 통해서 표현되고 정리될 수 있다.

성적 관계를 통해 종족 보존을 위한 생산을 하듯 지식은 무엇인가를 계속 생산해낼 때 지식으로서의 가치를 지닌다.

지식 창출

우리는 우리의 지식을 활용해 일상생활 속에서 끊임없이 새로운 것을 받아들이고, 또한 새로운 것을 받아들이는 과정을 통해 새로운 지식을 만들어간다. 수년 전에 감명 깊게 보았던 영화를 오늘 다시 본다면 또 다른 느낌과 함께 또 다른 감명을 받을 것이다. 혹은 예전과는 달리 아무런 감명도 받지 않을지 모른다. 수년을 지나오면서 우리는 많은 경험을 해왔고, 그 경험은 우리에게 또 다른 지식, 즉 사고의 틀을 만들어주었기 때문이다. 친구와 함께 같은 영화를 관람해도 각자가 느끼는 감동의 크기가 다른 것도 살아오면서 각자가 다른 경험을 해왔고, 그 다른 경험이 우리에게 다른 사고의 틀을 만들어주었기 때문이다. 이렇게 지식은 경험을 통해서 끊임없이 변화해간다. 중요한 것은 새로이 만들어지는 지식은 이미 존재하는 지식과 연계되어 만들어진다는 것이다.

우리 가정에서 흔히 볼 수 있는 만도위니아의 김치냉장고 '딤채(김치의 고어)'의 탄생 과정을 살펴보자. 에어컨 시장의 정체와 시장 내 다른 기업들과의 과도한 경쟁으로 기업 경영의 어려움을 겪던 만도위니아는 에어컨식 냉장 기술을 활용하여 김치를 숙성 보관할 수 있는 냉장고를 만들어 새로운 시장을 개척하고자 연구를 시작했다. 조리학 교수와 요리 전문가들이 100만 포기의 김치를 함께 담그면서 김치 숙성과 보관을 위해 가장 적합한 방법을 찾기에 골몰하던 중, 결국에는 우리 조상들의 지혜로부터 해답을 구했다. 김치의 숙성을 위해서는 김장철인 11월 하순의 땅속 온도인 5도에서 10도 사이가 가장 적합하고, 김치의 보관에는 12월 초순 이후의 땅속 온도인 0도에서 영하 1도 사이가 가장 적합하다는 사실을 발견하고 온도의 편차가 1도 이내로 유지되는 냉장고를 개발하게 된 것이다. 또한 온도와 함께 김치의 보관에 가장 중요한 요소로 김장독처럼 이음매가 없는 용기에 김치가 보관되어야 한다는 사실을 깨닫고 일체형 몸체의 냉장고를 설계하게 되었다.

우리 조상들의 지혜와 만도위니아의 에어컨식 냉장 기술이 만나 '딤채'라는 히트 상품을 만들어내게 되었으며, '딤채'는 만도위니아를 경영 위기로부터 구해낼 수 있었다. 새로운 지식은 이미 우리가 가지고 있는 지식을 잘 정리하고 다양한 관점에서 활용함으로써 만

만도위니아가 에어컨식 냉장 기술을 통해 히트시킨 김치냉장고 '딤채.' 만도위니아를 경영 위기로부터 구해냈을 뿐만 아니라 한국인의 식습관과 주방의 풍경을 달라지게 만들었다.

들어질 수 있다. 최근 우리 사회는 개인, 기업, 정부 할 것 없이 모두가 경쟁력을 갖기 위해 창의적인 지식 창출에 몰입해 있다. '딤채'의 예에서 보았듯이 창의적인 지식 창출을 위해서는 우리가 이미 알고 있는 것을 체계적으로 정리하여 또 다른 목적으로 또 다른 관점에서 활용될 수 있도록 하는 노력이 필요하다.

존재하고 있는 현상을 체계적으로 정리하여 또 다른 목적으로 또 다른 관점에서 활용하는 것을 '새로운 지식의 창출'이라고 한다. 많은 경우, 지식의 창출은 우연이나 실수에서 비롯된다. 플레밍A. Fleming 박사가 페니실린penicillin을 발견하게 된 것 역시 뜻하지 않게 조수가 실수로 열어놓은 창문으로 곰팡이균이 날아 들어와 박사의 세균 배양 접시에 떨어졌기 때문이라고 한다. 박사는 때마침 실험실을 정리할 생각으로 푸른곰팡이균이 떨어져 못쓰게 된 패트리 접시를 버리려고 했는데, 그때 문득 푸른곰팡이균 속의 항균물질이 배양 중이던 포도상구균을 갉아먹었음을 발견하게 되었던 것이다. 이 우연한 사고로 포도상구균 배양기에 발생한 푸른곰팡이 주위가 투명한 상태, 즉 살균 상태임을 깨닫게 되었고, 결국 그것이 페니실린이라는 놀라운 신약의 발견으로 이어지게 되었다.

하지만 페니실린이 대량생산되어 수많은 인류의 목숨을 구한 것은 단지 플레밍 박사의 연구실에서 일어난 우연한 사건의 결과만은 아니다. 우연이나 실수에서 비롯된 지식의 발견은 인간의 창의력과 결합될 때 인류 사회의 생산성을 향상시킬 수 있으며, 이러한 창의력은 다음 세 가지의 요인이 충족될 때 가능하다.

첫번째, 해당 분야의 전문 지식이 필요하다. 페니실린이 발견된 이후 십 년간은 페니실린을 정제하는 기술이 부족해 실용화되지 못했다. 하지만 플로리H. W. Florey와 체인E. B. Chain, 두 사람의 과학자가 가지고 있던 관련 분야의 전문 지식에 의해서 페니실린이 정제되고 효과적인 약제로 만들어질 수 있었던 것이다.

두번째는, 동기 부여를 위한 상황적인 요인이 마련되어야 한다. 대량생산 체제를 통해 페니실린의 실용화가 가능해진 것은 부상당한 병력을 치료해 전쟁에 재투입함으로써 제2차 세계대전을 승리로 이끌어야 했던 영국군의 절박한 필요 때문이었고, 결국 이 때문에 페니실린의 실용화도 가능해진 것이다.

마지막으로는, 창의력 향상을 위한 기술의 습득이 필요하다. 기술교육과 훈련을 통해 습득될 때 창의력은 보다 수월하게 발휘될 수 있기 때문이다. 최근 많은 기업들은 보다 활발한 조직의 지식 창출을 위해 직원의 창의성을 향상시킬 수 있는 교육 훈련 프로그램을 개발해 운영하고 있다. 이러한 프로그램에 널리 활용되고 있는 방법론 중의 하나가 '트리즈TRIZ' 이다. 트리즈는 지금껏 등록된 모든 특허 관련 정보를 분석하여 진보하는 과학 기술의 방향성과 발전 유형을 정의하고, 정의된 유형을 활용하여 문제를 해결함으로써 새로운 지식을 창출하는 방법이다. 한 제품에 대한 사용자의 요구가 기능에 따라서 상충될 경우, 시간의 변화에 따라 제품의 물리적인 구조를 다르게 함으로써 발생되는 상충 문제를 해결할 수 있다. 예컨대 폴더형 또는 슬라이드형의 제품 구조를 통해 통화 시와 휴대 시의 휴대폰 크기에 대한 상충되는 두 가지 요구를 모두 충족시킬 수 있는 것이다.

Tip
러시아어 Teoriya(이론), Resheniya(해결), Izobretatelskih(창의), Zadach(문제), 즉 '창의적인 문제 해결 이론(Theory of Inventive Problem Solving)'의 약어로 기술 과제를 시스템적으로 혁신하기 위한 창조적 문제 해결 방법론이다.

그러나 지식의 원활한 창출을 위해서는 앞서 설명한 개인과 조직의 창의력 외에도 사회적 네트워크가 필수적으로 요구된다. 조직과 개인의 창의력을 아우를 수 있는 사회적 네트워크가 마련되면 지식 창출 활동이 보다 활성화되어 인류 사회의 생산성 향상 또한 보다 가속화될 수 있기 때문이다.

예컨대 출산율의 급속한 감소로 이유식 시장이 성장을 멈추고 시장 내 기업 간 경쟁이 더욱 심해지는 상황에서, 한 이유식 생산 업체는 출산율이 감소하는 대신 노인 인구 비율이 증가하고 있는 사회

현상을 인식하고 치아가 좋지 않은 노인층을 대상으로 제품명과 포장을 바꾼 결과 새로운 시장을 개척하여 기업의 매출을 늘릴 수 있었다. 새로운 시장의 개척은 기존의 지식을 새로운 관점에서 바라보고 해석하고자 했던 마케팅 부서의 노력의 결과였다. 하지만 아쉬운 점은 단지 제품명과 포장 및 마케팅 전략만을 달리할 것이 아니라, 마케팅 부서와 연구개발 부서가 아이디어를 공유했더라면 하는 것이다. 만약 제품의 맛과 제품을 구성하는 영양소까지도 노인층에 특화된 제품을 개발했다면 더 큰 매출 신장도 가능했을 것이다.

더 나아가 네트워크를 활용한 개인, 조직 간의 지식 공유는 기업에서뿐만 아니라 사회에서도 강조되어야 한다. 다양한 사회적 네트워크를 통해 개인, 조직, 분야 간의 활발한 지식 공유가 이루어질 때 우리는 과학 기술의 진보를 통한 가속화된 인류 사회의 생산성 향상을 기대할 수 있게 될 것이다.

지식경영과 생산성 향상

인류 역사를 통해 우리는 보다 많은 것을 보다 적은 비용으로 생산하려고 노력해왔으며, 이러한 노력은 보다 나은 지식을 만들어냄으로써 가능했다. 인류 역사와 함께 지식이 생성되고 세대를 거쳐 전수되면서 인류의 생산성을 향상시켜온 것이다. 농경사회에서, 아니 그 이전의 수렵사회에서도 생존을 위한 지식의 생성과 전수는 지속적으로 행해졌다. 수렵활동의 방법은 세대를 거쳐 전수되었고, 이 과정에서 보다 적은 노력으로 많은 수렵이 가능하게 되었다. 또한 문자, 숫자 등의 부호와 활자의 발명은 인류의 지식 생성과 전수를 훨씬 수월하게 만들었다. 특히 산업혁명을 통해서 지식은 체계적인 기술과 도구로 변환되었으며 '생산성 혁명'을 통해 효율성 측면에서 인류의 생산성을 획기적으로 향상시킬 수 있었다.

Tip
산업혁명을 통해서 사람의 손을 대신할 수 있는 기계의 등장으로 대량생산 체제가 갖추어졌고, 대량생산된 물자를 수송할 수 있는 교통이 발전하였으며, 생산성 혁명을 통해서 대량생산 체제를 과학적으로 관리할 수 있는 경영 기법을 만들어냄으로써 인류의 생산성은 급작스레 향상되었다.

주지하는 바와 같이 지식의 활용은 인류의 역사가 시작되면서 점진적으로 향상되어오던 노동생산성을 획기적으로 향상시켰다. 17세기 데카르트R. Descartes의 '요소환원주의Reductionism'에 근거한 18세기 애덤 스미스Adam Smith의 '분업Division of Labor'은 20세기 초 프레드릭 테일러Fredrick Taylor의 테일러리즘Taylorism과 포디즘Fordism으로 발전되었다. "전체는 언제나 부분의 합과 같다"라고 정의한 데카르트의 요소환원주의에서 출발하여 부분 최적화에 초점을 둔 경영 패러다임은 지난 한 세기 동안 인류 경제 발전의 원동력이 되어왔던 것이다.

하지만 20세기 중 · 후반부터 공급이 수요를 앞지르는 공급 과잉 시대에 접어들면서 효율성의 개선을 통한 노동생산성 향상만으로는 기업이 시장에서 경쟁력을 유지하기 힘들게 되었다. 따라서 기업들은 '부분 최적화'를 통한 생산성 향상이 아닌 '전체 최적화'를 통한 고객의 가치 향상을 통해 시장에서의 경쟁력을 지니려 애써왔다. 또한 효율성 향상에 초점을 둔 경영 패러다임은 효과성에 초점을 둔 경영 패러다임으로 바뀌어가고 있다.

효과성 향상과 전체 최적화에 초점을 둔 경영 패러다임이 요구되는 현재의 경영 환경에서 지식경영은 많은 기업에게 성장과 발전의 기회를 제공할 것으로 예상된다. 기업의 체계적인 지식경영 활동은 산업혁명과 생산성 혁명을 통해서 경험했던 것과는 비교할 수도 없는 폭발적인 생산성 향상을 이루어갈 것이다. 공급 과잉 시대의 치열한 경쟁과 급변하는 시장 환경 속에서도 기업이 존속하면서 성장하기 위해서는 기업의 지식을 체계적으로 관리하고 경쟁력을 만들어갈 수 있는 새로운 지식을 창출해야 한다.

1960년대에 피터 드러커Peter F. Drucker는 생산요소로서의 지식의 중요성을 강조하면서 '지식사회'를 정의하기도 했다. 개인, 조직, 국가 등 모든 차원에서의 효과적인 지식경영을 위해서는 지식경영에 대한 올바른 이해가 필요하며, 이를 위해서는 지식경영의 대상인 지식에 대한 올바른 이해가 우선되어야 한다. 지식에 대한 이해를 기반으로 할 때 조직의 지식경영에 대한 접근 방법도 마련되기 때문이다.

지식을 유기체가 아닌 관리 대상으로 인식하는 기계론적 패러다임에 근거한 이분법적 분리주의는 지식의 생산과 소비, 탄생과 소멸이 자연스럽게 조화를 이루는 지식 생태계를 파괴한다. 또한 지식을 생산하고 보유하는 주체로부터 지식을 분리시켜 보다 효율적으로 관리할 수 있다는 가정은, 많은 조직이 정보기술을 활용한 지식 관리 시스템 중심의 지식경영을 운영하도록 했다. 그리고 생태계적 패러다임에 근거한 유기적 관계주의는, 지식을 정보기술을 활용한 지식 관리 시스템에 의해서 관리되는 객체가 아닌 지식의 생산 주체와 지식 생태계 구성요소 간의 역동적인 상호작용에 의해서 성장하고 발전하는 유기체로 인식함으로써, 지식 자체가 아닌 지식을 생산하고 소비하는 주체와 환경의 관리에 초점을 둔다.

그러나 많은 조직들은 지식을 창조하고 공유하는 주체인 인간에 관심을 갖기보다는 이들의 활동을 관리하는 기술에 관심을 가짐으로써 지식경영을 통해 기대만큼의 성과를 거두지는 못하고 있다. 이러한 문제는 '지식'과 '경영'이 접목되면서 시작된 불협화음이라고도 볼 수 있다. 유기적 관계주의에 근거한 지식생태학적 관점은 지식경영이 '지식'과 '경영'의 잘못된 만남이며 두 개념어의 모순어법oxymoron 또는 오용catachresis이라고 주장한다. 지식은 양과 질을 객관적인 기준에 의해서 측정하고 평가하기 어려운 대상인 반면에, 경영은 대상을 객관적인 기준에 의해서 측정하고 평가할 때 가능하기 때문이다.

지식경영은 지식을 객체나 고정자산으로 인식하고 기술적인 수단을 통해서 효율적으로 관리하고자 하는 노력이 아니며, 지식이 자연스럽게 창조되고 공유되어 활용되는 선순환 구조를 지원하는 기제나 환경을 관리하고자 하는 노력으로 인식하고 있다. 지식경영의 개념을 도입하여 운영하는 조직은 앞서 설명한, 지식을 보는 두 가지 관점 간에 균형 잡힌 시각을 가지고 조직의 목적과 여건에 따라서 조직에 적합한 지식경영 전략을 마련하는 것이 필요하다.

효율성 향상을 통한 생산성 향상을 위해 지나친 국토개발을 함으로써 우리 주위의 자연환경을 해치고 생태계를 파괴하는 사례가 속출하고 있다. 자연 생태계뿐만 아니라 지식 생태계에서도 지식관리의 효율성을 지나치게 강조한 나머지, 지식이 자연스럽게 생성되어 공유되고 활용됨으로써 생성된 지식의 혜택이 보다 많은 사람들에게 돌아가는 선순환적인 구조가 훼손되고 있다. 지식관리의 선순환적인 구조는 신뢰를 바탕으로 하는 관계 속에서 만들어지고 유지될 수 있는 만큼, 효과적인 지식경영을 위해서는 신뢰와 공유의 조직문화, 사회문화를 만들어가는 것이 바람직할 것이다.

과학 기술 발전을 위한 지식경영의 역할

앞서 설명한 기업의 생산성 향상에 초점을 둔 지식경영의 역할을 확대해 국가의 경쟁력 강화를 위한 과학 기술 발전에 초점을 맞춰보자. 물론 국가의 과학 기술 수준은 기업의 지식경영을 통한 경쟁력 확보를 통해서도 향상되겠지만, 여기서는 보다 적극적인 방안을 찾아보고자 한다.

우선 국가를 구성하는 개인과 조직이 수행하고 있는 각 분야의 연구개발 노력과 결과물을 서로 공유할 수 있는 네트워크를 구성하고 네트워크의 활용을 촉진할 수 있는 방안을 모색함으로써, 중복 투자를 방지하고 연구개발 결과 간의 시너지 효과를 만들어낼 수 있다면, 국가의 과학 기술 수준을 보다 짧은 시간 안에 더욱 높은 수준으로 끌어올릴 수 있을 것이다.

우리는 '싸이월드www.cyworld.com'의 일촌관계를 통해서 지인들과 소통하며 함께 기쁨과 슬픔을 나눈다. 정보통신 기술의 발전은 시간적·공간적 제약을 극복하고 우리 사회 구성원의 관계를 더욱 촘촘하게 만들고 있다. 싸이월드의 가입자들은 네 단계의 일촌관계를 거치면 모든 가입자와 서로 연결될 수 있다는 조사 결과도 있었다. 정보통신기술의 발달로 만들어진 사회 구성원 간의 네트워크를 단순히 지인과의 교제가 아닌 과학 기술의 발전을 위해 활용하기 위해서는 몇 가지 전제조건이 만족되어야 한다. 우선 사회 구성원 각각의 열린 마음과 구성원 간의 신뢰가 필요하다. 서로의 전문성과 지식의 나눔에 대한 보상제도가 마련되고 구성원의 신뢰를 바탕으로 공정하게 운영되어야 한다. 최근 많은 기업과 연구소들은 그들의 벽을 허물고 그들이 필요한 기술과 지식 및 아이디어를 조직 외부로부터 구하는 경우가 늘어가고 있다. 보다 적은 비용으로 창의적인 아이디어를 구할 수 있기 때문이다. 조직 내의 연구개발 인력이 해결하지 못하는 문제가 조직 외부의 비전문가 혹은 집단에 의해서 해결되는 사례도 어렵지 않게 찾을 수 있다. 생필품을 생산하는 굴지의 기업 P&G도 신상품 개발과 관련된 많은 아이디어를 기업 외부에 형성된 글로벌 네트워크를 통해서 얻고 있다.

이제는 개인도 조직도 스스로의 벽을 허물고 열린 자세로 우리를 연결하고 있는 네트워크에 다가서야 한다. 최근의 급변하는 환경 속에서, 생존을 위해 필요한 모든 지식과 기술을 지속적으로 습득하고 또한 개발할 수 있는 충분한 역량을 가지고 있는 주체는 존재하기 힘들다. 그래서 우리 사회의 구성원들은 지식의 나눔을 통해서 또 다른 지식을 생산하고 유통시켜 우리의 삶을 보다 윤택하게 만들어야 할 것이다.

생 각 해 볼 문 제
Q u e s t i o n

1 '딤채'의 예와 같이 기존의 지식이 새로운 관점에서 해석되고 또 다른 지식과 결합되어 히트 상품을 만든 예를 찾아보자.

2 페니실린 이외에 우연한 기회를 통해서 발견된 지식과 그 지식이 인류의 창의력과 결합되어 인류의 생산성을 크게 향상시킨 경우를 찾아보자.

3 우리가 늘 접하는 포털 또는 블로그에서는 어떠한 대가 없이도 지식 공유가 활발하게 이루어지고 있지만, 지식 공유를 위한 체계적인 시스템과 보상체계를 운영하고 있는 많은 기업에서는 오히려 조직원 간의 지식 공유가 기대만큼 이루어지지 않는 이유가 무엇일까?

읽어볼 책들과 참고문헌

유영만, 『지식생태학』, 삼성경제연구소, 2006.
이홍, 『지식점프』, 삼성경제연구소, 2004.
피터 드러커, 이재규 옮김, 『21세기 지식경영』, 한국경제신문, 2002.
최창일, 『트리즈마케팅』, 더난출판, 2007.

| 제3부 |

과학기술과 윤리

방연상 | 강호정

| 제13장 |

공공의 선善 실현을 위한 '착한' 과학과 기술

– 겸손한 과학과 기술을 향하여

| 방연상 |

스코틀랜드는 영화 「브레이브 하트Brave Heart」의 나라이며, 세계 최초의 복제 양 '돌리Dolly'의 고향이기도 하다. 나는 그곳에서 여러 나라, 특히 과거에 식민지였던 나라에서 온 학생 및 학자들과 만나며 전통적인 인문학에 도전하는 새로운 인문학을 공부했다. 이는 나의 사고 구조에도 신선한 충격을 주었다. 특히, 르완다Rwanda에서 온 친구를 통해 들은 1994년의 인종말살 사건(100일 동안 100만 명의 르완다 사람들이 살해당한 사건)은 나의 인문학적 사고에 특별한 계기를 마련해주었다. 놀랍게도 그 사건의 근본적인 시발점은 아프리카인에 대한 유럽인의 과학적인 인종 연구였다고 한다. 즉

이 인종 연구는 사회 경제적 착취와 식민탈취의 영속화를 위해 기획된 효과적인 사회과학이론이었던 것이다.

전통적인 유럽의 철학과 종교, 사회, 문화이론, 문학작품 그리고 과학이론이 서양 제국들의 식민지 정책과 경제적 착취, 인종 차별과 편견, 그리고 종교 탄압에 정당성을 제공했다는 사실은 다음과 같은 의문을 품게 하였다. '내가 하는 공부와 학문이 생각처럼 순수한 것인가?' '그것은 나보다 더 크고 보이지 않는 거대한 시스템이 만들어내는 결과물은 아닌가?' '이것이 우리의 판단을 조작하고 인간의 도덕성까지도 약화시키는 것은 아닌가?' '더 두렵게는, 우리가 인간성이 상실되고 있는 것조차도 알지 못하는 상황에 빠진 것은 아닌가?' '과연 우리는 자신을 만들어낸 구조 혹은 사회로부터 자유로울 수 있는가?' '새로운 가능성은 무엇인가?'

만들어진 자유

요즘 인기 있는 전자제품 중 하나는 길을 안내하는 GPSGlobal Positioning System, '내비게이션'이다. 정체지역을 피해 길을 잃지 않고 안전하고 편안하게 가기 위해 운전자는 '내비게이션'에 목적지를 입력한다. '내비게이션'은 운전자가 지정한 도착지까지 거리를 계산하고 친절한 안내를 시작한다.

그러나 어느덧 운전 중에 발견하게 되는 것은 운전자로서의 경험과 감각을 포기하고 기계에서 나오는 목소리에 순종하는 자신의 모습이다. 운전자는 안내에 따르지 않을 경우 혹시 잘못된 방향으로 가지는 않을까 하는 막연한 두려움을 느끼기도 한다. 목적지로 가는 길이 오직 한 길밖에 없다는 착각에 빠진 듯 운전자는 기계에서 나오는 목소리를 무조건 따른다. 어느 순간부터 운전자는 자신의 자율권과 판단력을 포기하고, 창밖의 아름다운 자연을 잊어버린다. 디지털 지도의 세계 속으로 들어간 운전자는 아무런 자율성과 판단력과 기억력을 갖지 못한 채 가상세계 속에 머무는 '내비게이션'의 한 점이 되어버리고 만다.

사실 인간은 인류의 시작부터 자연을 이용하고 의도적으로 변형시키면서 그것을 사회적인 것으로 만들어왔다. 그리고 우리는 이를 '문화'라고 불러왔다. 이런 의미에서 문화는 인간의 삶을 풍요롭게 하기 위한 목적에서 형성되었다고 할 수 있다.

GPS를 이용하는 것이 편리하기만 한가? 디지털 지도의 세계 속으로 들어간 운전자는 아무런 자율성과 판단력과 기억력을 갖지 못한 채 가상세계 속에 머무는 '내비게이션'의 한 점이 되어버리고 만다.

그런데 요즘 인간이 만든 문화는 본래의 의미를 상실한 채 인간 위에 군림하고 인간의 자유를 억압 및 통제하고 있다. 반면 인간은 이러한 시스템 너머의 어떠한 가능성도 포기한 채 수동적인 존재가 되고 있다. 다시 말해 문화는 인간화의 과정과 비인간화의 과정을 동시에 수반하는 딜레마에 빠진 것이다. 인간은 이러한 딜레마 속에서 과학과 기술을 통해 새로운 세상을 창조해나가는 과정에 있다. 그런데 여기서 중요한 것은 우리가 창조하려는 세상이 단지 과학과 기술로 결정되는 세계가 아니라는 사실이다. 인간이 추구하는 새로운 세상의 실현을 위해 더욱 중요한 것은—인간이 지닌 지식의 한계와 편견이 있음에도 불구하고—인류의 '공공선' 실현을 위한 열망과 꿈이다.

이런 꿈을 실현하기 위해서 인간은 오랫동안 자신의 제한성과 편견, 두려움과 불확실성을 극복하고, 위험 요소를 제거하며, 효율성을 높이려는 많은 노력을 기울여왔다.

과학과 기술의 발전은 인간의 필요를 조절하고 제한성을 극복하는 노력의 과정이라 할 수 있다. 이러한 면에서 과학과 기술은 세상을 인간화하는 데 가장 중요한 역할을 한다는 찬사를 받아왔지만, 비인간화의 과정을 가속화시킨다는 비판 역시 받고 있다.

특히 지적받는 문제는 과학적 지식이 인간을 자연적이고 유기적인 삶의 경험으로부터 유리시키고 인간을 단지 화학적 반응들의 집합체로 축소시킬 수 있다는 위험성이다. 또 현대 기술이 인공세계

artificial world를 창조하여 이것이 현실 세계를 대체할 수 있다는 신화를 고안한다는 것이다.

기술을 통한 효율성의 창출이라는 최고의 가치가 물질세계를 넘어 인간의 보편적인 활동, 즉 교육 · 정치 · 문화예술 그리고 윤리의 영역에까지 깊이 파고들었다. 그 결과, 효율성은 인간의 보편적인 활동을 판단하는 기준이 되었고, 인간의 삶은 그것을 극대화하는 하나의 과정으로 축소되었다. 요컨대, 과학과 기술이 일으킨 자연정복과 사회구조 변화가 이제는 인간의 본질에 대한 정복에까지 이르게 된 것이다.

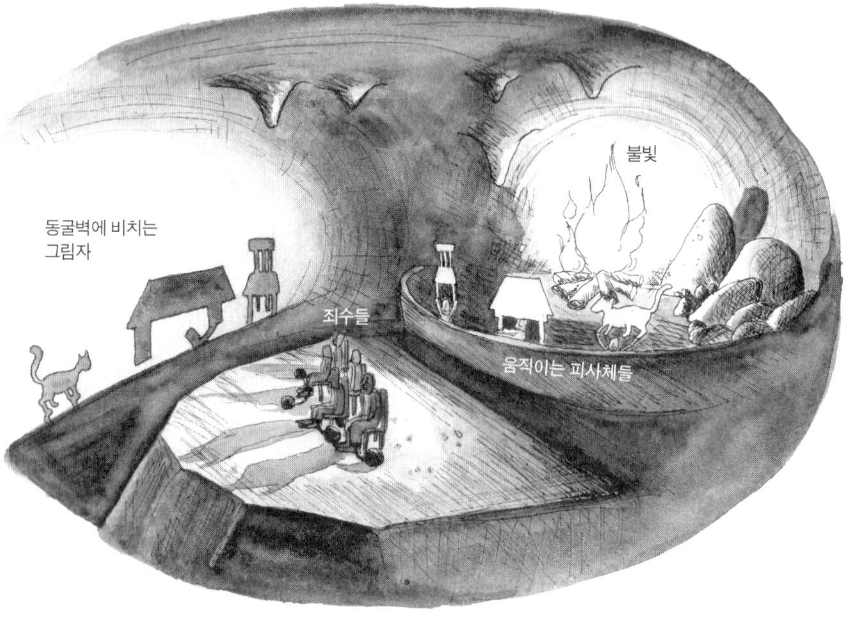

이 세상이 시작될 때부터 사람은 인간성 속에 존재하는 제한성, 편견 그리고 무지에 대한 두려움과 위험성에 노출될 수밖에 없는 상황을 극복하려고 노력했다. 고대의 철학자 플라톤Platon은 인간의 감각과 인식의 한계를 '동굴이론'이라는 상징으로 표현했다. 동굴 안의 인간은 이성과 감각의 제한성에 묶여 동굴 밖의 세상을 인식조차 하지 못한다. 한편 동굴 밖의 세상은 새로운 가능성을 상징한다. 하지만 동굴 밖의 세상을 보고 돌아온 사람이 아무리 그것을 설명해도 동굴 안의 사람들은 이를 듣지 않고 무지無知에 안주해버린다. 같은 맥락에서 영화 「매트릭스Matrix」는 이 동굴 안의 세상을 두려움과 불확실성은 없지만 감시와 통제가 있는 세계로 묘사한다. 그리고 이 세계로부터 인간성을 회복하고 인간 해방을 성취하려는 인간들의 꿈과 노력을 표현한다.

과학적인 지식과 기술의 발전이 현대인들에게 부와 장수를 가져다주고, 삶의 질을 향상시킨 것은 사실이다. 그러나 동시에 우리가 생각해야 할 물음은 '과연 기술사회가 만들어내는 해악으로부터 인간이 보호받을 수 있을 것인가' 하는 문제다. 기술사회로 발전하면서 수반된 위험은 우리 삶의 한 요소가 되었기 때문이다. 그렇다면 우리의 과제는 '이러한 문제와 위험성에 노출된 삶을 어떻게 잘 살아갈 것인가'를 성찰하는 일이다. 그것은 위험과 해악에 노출된 현대사회의 조건에 대응하는 단지 '위기관리risk management적 예방'을 위한 고민이 아니다. 그것은 인간이 이러한 불확실성과 무지에 대해 어떻게 반응할 것인가에 대한 근본적인 물음이다.

과학 기술과 관련된 다음의 질문들은 매우 심각하고 중요하다.

과학의 가치와 다른 근본적인 가치들이 대립될 때 '어떻게' 그리고 '무엇을' 선택할 것인가?

우리의 조정권 밖으로 나갈 가능성이 있는 것들을 만들어내는 우리의 능력에 어떻게 대처해야 하는가?

우리가 개발하는 혁신적인 기술이 어떠한 불평등과 폭력을 조장하는가?

그 기술이 문화와 환경에는 어떠한 해를 끼치는가?

단지 정치권력으로부터 독립적인 과학 기술 정책을 결정해야 한다는 패러다임을 넘어서 과학 기술 자체에 대한 스스로의 비판적인 성찰이 필요하다. 지난 수십 년 동안에 일어난 사고와 문제들을 살펴보면서 권력에 이용된 과학 기술의 문제뿐만 아니라 과학 기술 자체가 내포하고 있는 위험 요소를 인식해야 한다. 인간에게는 알지 못하는 것, 불확실한 것, 애매모호한 것, 조정할 수 없는 것 들이 있다. 따라서 우리는 인간 이해 능력 밖의 것들이 분명히 있으며, 우리 이해력에는 한계가 있다는 사실을 솔직히 인정해야 한다.

과학적 지식과 통제

과학과 기술을 이해하는 데 가장 중요한 요소는 지식의 속성이다. 과학은 단지 인간의 인지활동과 지식에 그치지 않고 기술적인 권력을 정당화한다. 전통적으로 사람들은 지식을 무조건 선한 것으로 받아들였다. 하지만, 오늘날 사람들은 인류에 대한 과학과 기술의 공헌과 폐해를 함께 논의하고 있다. 지금은 과학과 기술의 도덕적인 상태에 대한 숙고가 필요한 시기다.

현대사회에서 뜨거운 논쟁의 대상이 되었던 프랑스 철학자 미셸 푸코도 지식과 권력의 구조적인 연결성에 대해 심각한 문제를 제기했다. 푸코는 특히 소위 자연세계에 대한 이해라고 받아들여온 과학지식의 정치적이고 이념적인 결탁에 대해서 문제를 제기했다. 그는 '과학은 순수학문적이다'라는 통념이 사실이 아님을 드러냈다. 그는 지식이 권력에 정당성을 제공하고 반대로 권력이 지식을 창출하는 구조를 비판했다. 푸코에 따르면, 이 구조 속에서 현대인들은 '누군가'에 의해서 그리고 '무엇인가'를 위해서 길들여지며 감시당하고 있다. 특히 과학과 기술은 이 권력 구조를 정당화하고 지속시키는 데 이용되고 있다. 또한 그 둘은 지식이라는 이름으로 사람들이 이 권력 구조에 도전하지 못하도록 유도하고 있다는 것이다.

특히, 푸코의 용어 중 하나인 '생명관리정치Bio-Politics'는 권력이 과학 지식과 특정한 기술을 이용하여 개인 및 집단을 통제하는 행위를 의미한다. 그에 따르면, 이를 통해 감시와 조정, 통제의 사회가 형성되지만 그것을 당연한 것으로 받아들이는 현상이 학교, 공장, 병원 들에서 버젓이 나타나고 있다. 다시 말해서 인간의 주체성은 특정한 구조를 유지시키기 위한 도구가 되고, 항상 다른 요소들, 특히 지식과 권력의 통제 기능 속에서 정의된다. 뿐만 아니라 인간은 이 통제 밖에서는 존재할 가능성을 생각조차 할 수 없게 된다.

이러한 푸코의 관점에서 다음의 역사적 사례들을 생각해볼 수 있다. 19세기를 지나면서 '생물학적 진화론'은 '사회적 다윈이론'이라는 정치이념으로 변화되었다. 그 결과 계층 및 국가 간 갈등은 소위 '자연선택이론'에 의해 정당화되었고, 식민지배와 정복 및 착취가 자행되었다. 특히 인류 역사 가운데 잔인성의 극치를 보여준 사건 중 하나인 '홀로코스트Holocaust'는 과학과 기술, 그리고 권력의 결탁이 빚어낸 만행이라 할 수 있다. 특히 다윈의 생물의 진화이론, 특히 자연선택이론은 나치의 계획적인 학살을 정당화하고 합리화하는 데 이용되었다. 또한 소위 '적자생존survival of the fittest'의 개체 간 경쟁 원리는 정권의 권력 체계를 유지하는 이론적인 배경이 되었다. 과학 분야의 생물학적인 이론은 인종의 순수성을 지킨다는 명분으로 유대인을 대량 학살한 나치 정권에 결과적으로 이념적인 정당성을 제공했다. 기술은 이러한 나치의 인종말살정책을 가장 효과적으로 실행하는 도구로 악용되었다. 그 결과 600만 명 이상의 유대인들이 조직적으로 대량 학살되었다. 이 학살은 '뉘른베르크Nürnberg 재판'에서 '인류에 대한 범죄crimes against humanity'로 규정되었고 과학과 기술 역시 이러한 죄목으로부터 자유로울 수 없게 되었다.

오늘날 인간은 과학과 기술의 발전을 통해서 자신의 두려움과 불확실성을 제거하고 시스템의 효율성을 높이는 데 주력하고 있다. 그리고 실은 위험성이 더 높은 기술을 통해 인간의 주관적인 감정과 제한성을 넘어서는 그 무엇, 감각이나 시간, 공간에 의해서 변화되지 않는 그 무엇인가를 만들려고 노력하고 있다. 가령, 우리는 에너지 문제를 해결하기 위해 핵에너지에 의존한다. 또한 많은 양의 원유를 단시간에 운반하기 위해 대형 유조선을 제작한다. 하지만 이 모든 일에는 엄청난 환경 파괴의 위험이 도사리고 있다. 현실을 살펴보면, 위험 요소를 축소하기 위해 만들어진 테크놀로지가 오히려 문제를 일으키고 이 문제를 다시 테크놀로지로 해결하기 위해서 네트워크가 만들어진다. 인간은 이 네트워크의 그물망에 걸려들어 테크놀로지 자체에 의문을 제기하는 것조차 금지당한다.

우리는 자신의 삶을 풍요롭게 하고 스스로를 오해와 편견, 위험으로부터 지키고자 보호벽을 세웠지만, 궁극적으로 이 보호벽의 포로가 된 것은 아닌지 살펴봐야 할 것이다. 인간이 마치 영화 「매트릭스」에서처럼 시스템을 유지시키기 위한 배터리로 전락하고 있지는 않은지 곰곰이 생각해봐야 한다.

영화 「매트릭스」에서 '매트릭스'는 최고조에 도달한 테크놀로지 사회다. 여기서 인간들은 기계를 위해서 태어나고 기계의 유지를 위해 이용된다. 매트릭스의 목적은 인간을 기계를 위한 배터리로 종속시키는 것이다. 기계는 인간이 스스로 노예 상태에서 깨어나지 않도록 환영을 유지하고, 특히 테크놀로지가 우리를 노예로 만드는 것이 아니라 사실상 우리를 보호하고 있다고 세뇌한다. 사실 매트릭스에서 컴퓨터는 인간을 파괴하지는 않지만 그 대신 가축으로 만들어버렸다. 테크놀로지는 살면서 갖게 되는 두려움, 불예측성, 불확실성을 개선하고 극복하기 위해 사용되었다. 하지만 여기에는 무언가를 얻기 위해 다른 중요한 대가를 지불해야 하는 '파우스트적인 거래'가 뒤따른다. 영화는 이러한 사실을 지적하고 있으며 인류는 이미 여러 차례 이러한 경험을 치른 바 있다.

인류는 1980년대 이래로 인도 화학공장의 대규모 폭발(1984), 우주왕복선 챌린저Challenger 호의 폭발(1996), 소련의 체르노빌Chernobyl 핵발전소 붕괴(1996), 그리고 미국과 유럽에서 있었던 혈액 공급 과정의 에이즈 바이러스 감염, 영국에서 발단되어 세계로 퍼져나간

「매트릭스」(1999) 영화 포스터. 매트릭스의 시공간은 인공두뇌를 가진 컴퓨터가 인간을 인공자궁(인큐베이터)에서 재배해 에너지원으로 활용하는 끔찍한 시대를 배경으로 한다.

광우병 위기, 여러 가지 우주 프로그램의 실패, 유조선 기름 유출과 같은 어려움을 겪었다. 이와 더불어 인류는 대기 변화와 환경 파괴로 인해 더욱 심각해지고 있는 피해와 위기에 직면해 있다. 이는 지역과 정치적인 환경을 넘어 여러 곳에서 전 지구적으로 발생하고 있기 때문에, 우리는 인간이 통제하고 있다고 믿는 과학 기술 시스템에 대해 심각하게 재검토하지 않을 수 없게 되었다.

인간의 아름다운 삶을 위하여

우리는 흔히 과학을 가치중립적인 학문이라고 생각하고, 과학적 지식을 진리 자체로 여기는 경향이 있다. 그러나 진리로 여겨지는 과학적 지식 또한 연구자와 연구 자체에 미치는 외적인 영향력에서 자유로울 수 없다는 사실을 기억할 필요가 있다. 다시 말하면, 과학적 지식은 연구자와 연구에 영향을 미치는 다양한 변수들에 의해 선택되고 통제되며 때로는 조작될 수 있는 위험을 안고 있는 '가치에 기반한 연구'라는 점에 주목해야 한다. 이런 이유에서 과학적 연구를 통해 얻어진 결과는 가치중립적일 수 없다. 과학적 지식을 추구하는 과정에서 연구자의 관심을 형성하고 추동하는 다양한 외적 요인들이 존재하고, 연구자는 이러한 외적 요인들에 의해 영향을 받지 않을 수 없기 때문이다.

현대사회에서 자본과 과학의 결합은 과학적 연구를 통해 얻어진 지식이 가치중립적 지식이 아니라는 사실을 여러 예를 통해 보여주고 있다. 이는 과학의 도구화라는 문제와 연관하여 생각해볼 수 있다. 가령, 담배회사들이 대학이나 연구기관에 연구비를 지원하여 흡연과 폐질환, 흡연과 심장질환과의 상관관계를 연구하도록 하는 경우에, 연구자들은 연구의 지속성과 발전을 위해 담배회사의 이해관계와 연관되지 않을 수 없는 딜레마에 직면한다. 이 같은 자본과 과학의 교환관계 속에서 행해진 연구는 공신력 있는 대학이나 연구기관에서 발표한 과학적 사실이라는 객관적 지식의 형태로 대중에게 전달된다. 연구 결과에 영향을 미친 외적인 요인들에 대한 언급은 생략된 채 가치중립적인 과학 지식이라는 과학의 신화로 재탄생하게 되는 것이다.

의료 목적과 여기에 따른 수익성이 잘 맞아떨어진 인간복제의 시도에 대해서도 이 같은 비판이 가능하다. 바이오테크놀로지의 지속과 발전을 위해서는 막대한 연구비의 지원이 불가피하고, 이 같은 지원에 힘입어 발전한 과학 기술의 경우에는 자본의 이해관계와 얽혀 있기 때문에 기술 발전에 따른 수혜자 또한 제한적일 수밖에 없다. 또한 과학 기술의 발전이 국가 선진화 전략과 맞물리게 되면서 선진화라는 명목으로 사회적 약자들에 대한 국가적 차원의 배려를 축소함으로써, 과학 기술의 발전과 선진화라는 미명 아래 이들의 희생을 강요하게 되는 경우가 발생할 수도 있다는 점을 주목해야 할 것이다.

이 같은 이유에서 우리는 과학 기술이 가져오는 혜택에 주목할 뿐만 아니라 그것을 추동하는 동기가 무엇인지, 무엇이 그것을 가능케 하는지에 대한 비판적인 성찰을 수행해야 한다. 왜냐하면, 과학과 기술은 가치중립적 사실에 대한 진위 여부를 판단하는 것이 아니라, 연구에 동기와 지속성을 부여하는 다양한 외적인 요인들에 의해 '의미와 가치가 부여된 연구'를 수행하고 있기 때문이다. 그러므로 우리의 과제는 과학과 기술의 발전이 사회구조 내의 어떠한 이해관계 가운데 추진되고 있는지 주목하면서 윤리적 관점에서 과학과 기술의 발전이 가져오는 인간성의 침해 문제에 대해 지속적인 비판과 견제를 하는 것이다.

또한 과학 기술의 발전에 따른 혜택이 사회 구성원 모두에게 돌아가는가 하는 문제도 고려의 대상이 되어야 한다. 과학과 기술의

1969년 7월 21일, 우주선 아폴로 11호는 인류 최초로 달 착륙에 성공했다. 그러나 항공우주과학의 눈부신 발전 이면에는 과학이 국가의 체제 유지와 정치적 선전 도구로 이용되어온 측면도 있었다.

'발전'이라는 개념이 진정으로 사회 구성원 전체에게 혜택이 돌아가는 '공공선'을 목적으로 하고 있는지, 아니면 사회 일부 계층의 이익을 위해 다수의 희생을 강요하는 데 이용되고 있지는 않은지에 대한 진지한 성찰이 필요하다.

예컨대, 1960년대 미국과 소련이 경쟁적으로 달 탐사와 항공우주 관련 연구에 천문학적 자본을 쏟은 이유는 무엇이었는가? 이는 잘 알려진 대로 냉전의 양대 축이었던 두 국가 사이의 경쟁과 선전을 위한 정치적 계산 때문이었다. 결국, 항공우주과학의 눈부신 발전 이면에는 과학이 국가의 체제 유지와 정치적 선전의 도구로 이용된 어두운 그림자가 드리워져 있는 것이다.

어떤 이들은 여기에 큰 문제의식을 갖지 않고 결국 우주시대를 열어가는 좋은 결과를 가져왔으니 나쁠 것은 없다고 생각할지 모른다. 그러나 우주 탐험을 위한 투자와 빈민층의 의료보건 향상을 위한 사회적 투자 가운데 어느 것이 더 인류의 공공선을 실현하는 데 더욱 절실하고 긴급한 요청인지에 대한 윤리적 물음을 던질 필요가 있다는 사실을 부인할 수 없을 것이다. 따라서 과학 기술의 발전을 위한 노력이 곧바로 인류의 삶의 질을 향상시키거나 공공선의 증진에 기여하는 것은 아니며, 이것이 과학 연구에 대하여 지속적인 윤리적 비판과 질문을 제기해야 하는 이유가 되는 것이다.

그러므로 현대를 살아가는 우리는 눈부신 과학 기술의 발전이 인류 사회의 공공선에 이바지할 것이라는 믿음에 대해 비판적 질문을 제기할 수 있어야 할 것이다. 이는 과학과 기술이 '누구'에 의해,

'무엇'을 위해 연구되고 있는지에 대한 비판적인 안목을 기르는 것과 관련이 있다. 아울러, 과학이 인류의 복지와 공공선의 증진을 위해 활용될 수 있도록 지속적인 촉구를 하는 것이 중요하다.

또한 21세기의 과학도들은 자신이 수행하고 있는 연구가 과연 인류 사회를 위해 어떠한 기여를 할 수 있는지에 대해 끊임없이 자문하며 과학적 사실을 가치중립적인 진리라고 믿는 의식으로부터 해방될 필요가 있다. 과학도가 사회적 조건에 따라 형성된 연구의 틀 안에서 결과가 예상된 실험을 정확히 수행하는 것에 만족한다면, 진정 과학의 가치를 스스로 평가절하하는 것이다. 그리고 스스로를 윤리와 철학이 부재한 매우 단순한 기능인으로 제한하는 것이다. 과학도에게 필요한 것은 실험실 너머의 사회를 볼 수 있는 눈이며, 사회와 과학과 기술과의 관계를 파악할 수 있는 예리한 통찰력이다. 그리고 과학을 통해 인류 사회의 공공선 실현에 기여하겠다는 높은 자부심과 철저한 윤리의식이다.

즉 과학도는 단순히 사회에서 원하는 연구를 수행하는 차원을 넘어 연구의 우선순위를 결정하는 사회의 통념과 가치 체계, 또는 사회 내 정치 권력에 대한 비판적 안목을 길러야 한다. 뿐만 아니라 과학도는 공공선을 저해하는 사회와 과학과 기술의 결탁에 거침없이 비판의 목소리를 낼 수 있는 윤리적 태도를 함양해야 한다. 또한 연구 결과 조작과 같은 부당한 요구뿐 아니라, 인류애를 거스르는 동기를 지닌 연구 자체를 거부할 수 있는 윤리적 책임의식을 분명히 가지고 있어야 한다. 그렇지 않을 경우, 기술 관료주의적인 조직

내에서 한 개인은 윤리적 책임을 조직 상층부에 떠넘긴 채 비윤리적인 행동을 스스럼없이 자행하고 이를 정당화할 위험이 있다. 우리는 이러한 역사적 실례를 홀로코스트의 유대인 학살에 동참했던 의사들에게서 확인한 바 있다. 그들이 뉘른베르크 재판에서 자신들은 단지 명령에 따른 것일 뿐 아무런 책임이 없다고 스스로를 합리화했을 때 수많은 사람들은 파괴된 인간성을 직시하고 큰 충격을 받았다. 과연 단지 명령에 따랐다는 이유만으로 인간으로서의 윤리적 과오가 무마될 수 있는 것일까? 또한 이러한 비인간적이고 참혹한 비윤리적 행태가 우리 세대에서 어떠한 형태로든 반복되지 않으리라고 그 누가 확언할 수 있을까?

그러므로 인간애가 결여된 사고, 감정이 없는 기술, 타인에 대한 인간적 존중이 없는 과학을 우리는 경계해야 한다. 이는 연구자 자신과 사회 내의 희생되기 쉬운 약자 및 인류 사회 전체를 비인간화하는 결과를 초래할 수 있기 때문이다.

결국 우리가 계속해서 확인하게 되는 중요한 사실은 과학과 기술은 인류 사회의 공공선을 그 목적으로 지향해야 한다는 것이다. 이를 위해 과학자나 기술자들은 다양한 지식들을 균형 있게 수용하여 인류의 공공선과 아름다움을 추구하는 윤리적 태도를 갖추어야 한다. 그렇게 할 때만이 연구자 자신이 평생을 바쳐 얻은 과학과 기술의 발전이 소수자들의 이익이나 정치 권력의 정당화에 악용되는 일을 방지하고 보다 선한 인류 사회 실현에 의미 있는 기여를 할 수 있을 것이기 때문이다.

이러한 맥락에서 과학과 기술과 사회와의 긴밀하고 역동적인 관계 속에서 살아가는 현대인들에게 가장 중요하고 시급한 과제는 타인과 함께하는 윤리적 인간으로서의 정체성을 갖는 일이다. 이는 과학 기술 발전의 추구 이전에 우리 모두가 선택해야 할 가장 근본적인 과제라고 할 수 있다. 개인의 이해관계에 얽매이지 않는 윤리적 인간으로의 전환은 자기에 대한 관심을 넘어 타인의 고통에 책임감을 함께 느끼는 것이다. 윤리적 인간으로의 전환은 우리들의 삶을 낯설고 어려운 길로 인도한다. 그러나 이는 자신의 안전과 안락함만을 추구하는 자기애自己愛적인 감옥에서 벗어나 배고픔과 질병으로 고통당하며 눈물 흘리는 소외된 이웃의 곁으로 우리를 인도한다. 윤리적 인간으로의 전환은 과학자와 기술자로 하여금 자신의 명성과 성취만을 생각하는 이기심을 벗어던지고, 타인의 고통에 대한 책임을 짊어지는 인간애적인 연구자가 되게 한다.

과학적 연구자들이 책임의식을 갖는 윤리적인 자아로의 전환을 결단할 때 우리는 과학적 연구가 인류의 삶의 질을 증진시키고 공공선에 기여하는 참된 과학으로 인류 사회에 자리매김하는 것을 보게 될 것이다. 윤리적 물음이 과학적 연구에 있어서 불필요한 걸림돌이 아니라, 과학적 연구를 참되게 하는 진정한 물음이라는 것을 인식하고 이를 받아들인다면 과학과 기술은 이해와 효율성이라는 가치를 넘어서 공공선 실현이라는 새로운 방향으로 나아갈 수 있을 것이다.

과학과 기술은 타인에 대해 윤리적인 책임을 지는 연구, 그리고 과학과 기술 자체에 대한 향유를 넘어 타인의 배고픔과 고통스러운 외침에 책임지는 학문이 되어야 한다. 과학과 기술이 사회 정의와 공공선을 궁극적 목적으로 하는 새로운 학문으로 전환될 때 우리는 과학적 연구를 통해 인류에 대한 새로운 희망과 해방의 가능성을 기대할 수 있을 것이다.

생각해볼문제

Question

1 과학도가 자연과학을 하면서 '인문학적/윤리적' 감수성을 가진다는 것과 과학 자체가 관계성과 선을 지향하도록 학문을 한다는 것은 어떤 차이가 있는지 살펴보자.

2 윤리적인 성찰이 없는 과학 기술의 진보가 인간을 진정으로 행복하게 할 수 있을까? 윤리적 성찰 없이 진행되었던 과학 기술이 불러온 비극적인 예를 찾아보고, 과학기술자가 책임져야 할 윤리의 범위가 어디까지일지 토의해보자.

3 「매트릭스」의 알약을 선택하고 인식론을 넘어선 과학이란 어떤 모습일까 상상해봅시다.

4 고통받는 이웃(약자, 소수자)을 향한 '책임을 실천하는 삶'을 계획해보자. 그리고 우리의 미래와 일상에서 실천할 수 있는 구체적인 목표를 세워보자.

읽어볼 책들과 참고문헌

데이비드 마이클스, 이홍상 옮김, 『청부과학: 환경·보건 분야의 전문가가 파헤친 자본과 과학의 위험한 뒷거래』, 이마고, 2009.

폴 파머, 김주연·리병도 옮김, 『권력의 병리학: 왜 질병은 가난한 사람들에게 먼저 찾아오는가』, 후마니타스, 2009

| 제14장 |

과학자들이 의사소통하는 방법

– 효과적인 과학 글쓰기와 표절 문제

| 강호정 |

수학 잘하면 이과 가고, 글 잘 쓰면 문과 가는 것이 우리 고등학교의 현실이다. 아니 수학 못해서 문과 가고, 글 쓰는 것 못해서 이과 가는 것이 더 적확한 현실일지도 모르겠다. 학문에 대한 충분한 정보도 없이 이러한 단순한 이분법적 사고로 평생의 직업이나 갈 길이 결정되기도 한다. 이런 사고로 인한 또 하나의 문제점은 '이과생은 글을 잘 못 써도 된다'는 생각이다. 과학기술자는 기계나 컴퓨터를 이용해서 복잡한 수식을 풀고, 실험실에서 시험관을 들고 실험을 수행하는 사람이지 글을 쓰는 것과는 거리가 먼 사람이라고 오해하기도 한다. 그러나 과학기술자의 하루하루는 글을 쓰는 일에

서 시작해서 글을 쓰는 일로 끝나기 십상이다. 연구계획서, 실험노트, 연구 보고서, 학위논문, 학술지 논문 등과 같은 과학 전문 문서뿐 아니라, 이메일, 사용설명서, 특허출원서, 기획서, 제품사양서 등 매우 다양한 종류의 글을 쓰고 이를 통해 의사소통해야 한다. 오죽하면 'Publish or Perish,' 즉 '논문을 발표하거나, 못하면 학교를 떠나라'는 무서운 말이 과학계에 떠돌겠는가? 또한 글을 잘 써야 할 뿐만 아니라 글쓰기와 관련된 윤리적인 문제로 인해 정부 고위직에 오르려는 학자들이 발목을 잡히기도 하는 경우가 비일비재하다.

이 장에서는 과학기술인에게 있어서 글쓰기가 얼마나 중요한 일인지, 또 어떻게 하면 효과적으로 글을 쓸 수 있는지, 그리고 이러한 글쓰기에 있어서 어떠한 윤리적인 문제들을 고려해야 하는지에 대해 논의해보고자 한다.

과학기술자에게 글쓰기가 중요한 이유

과학기술자들이 수행하는 일의 상당 부분이 글쓰는 일과 연관되어 있다. 이러한 예는 현대 과학자들의 역할 모델로 많이 이용되는 미국 대학의 자연과학 계열이나 공학 계열 교수들의 업무 내용을 살펴보면 쉽게 알 수 있다. 이들이 하는 주요 업무는 연구계획서 및 보고서 작성, 실험이나 조사의 수행, 강의 및 학생 지도를 비롯한 교육 활동, 논문 작성이나 학회 발표와 같은 학술 활동 등인데 각각에 거의 균등한 비율로 시간과 자원을 투자하고 있는 것으로 알려져 있다. 그렇다면 미국의 과학자들은 결국 자기 시간과 역량의 절반 이상을 글쓰기와 관련된 일에 쏟고 있는 셈이다.

대학뿐 아니라 미국 기업에서 성공한 엔지니어의 경우에도 자기 시간의 4분의 1 이상을 글을 쓰면서 보내는 것으로 조사되었다. 특히 상위 직책으로 올라갈수록 글쓰기에 할애하는 시간은 점점 많아진다. 연구 중심 대학을 지향하는 국내 대학의 젊은 교수들도 이와 유사한 상황에 놓여 있다. 강의 등의 교육 활동에 대한 부담이 상대적으로 적은 국공립 연구소 연구원들의 사정도 마찬가지다. 이들은 각종 행정 문서 작성, 정부에 제출하는 보고서 작성, 외부 용역 사업과 관련된 보고서 작성 등 적지 않은 양의 글쓰기를 하고 있다. 또한 사기업체의 연구소 연구원들 역시 경영진, 소비자, 혹은 투자자를 이해시키기 위한 보고서, 사업계획서, 제품사양서, 특허 관련 서류와 같은 다양한 문서 작성 요구에 수시로 직면하고 있다.

이처럼 어떤 직장에서 어떠한 형태의 업무를 수행하든지 간에, 과학기술자라는 직업을 가진 사람은 항시적으로 과학 글쓰기에 대한 요구와 압력 속에서 살아가야 한다. 그러나 이러한 '과학 글쓰기'의 중요성에 대한 대학 구성원의 이해는 아직 낮은 편이다. 〈그림 1〉에서 보는 바와 같이 국내 공과대학의 교수들은 공학자들의 의사소통 교육의 중요성에 대해서는 대부분 필요성을 느끼면서도 이를 달성하기 위해 정확하고 바른 글쓰기 능력이 필요하다는 데는 아직 크게 동의하지 않는다. 이에 비해 미국의 성공한 엔지니어들은 과학 글쓰기가 반드시 필요하고, 또 회사에서의 승진에도 매우

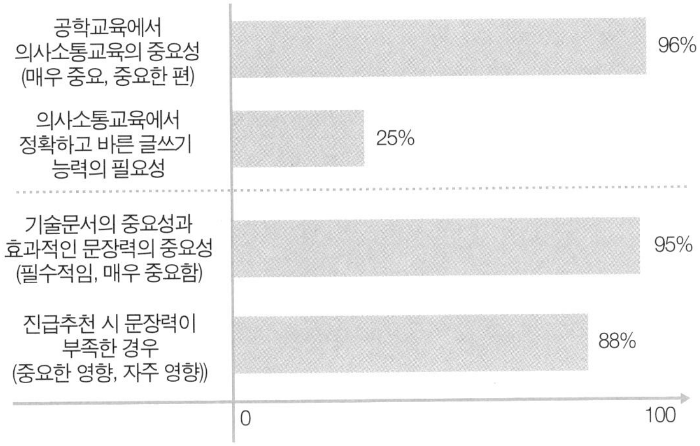

〈그림 1〉 국내 공과대학 교수들의 설문 조사 결과(점선 위쪽; 한국기술교육대학 신선경 교수 자료 제공)와 미국 공학교육학회(American Society for Engineering Education)에서 성공한 공학자들을 대상으로 조사한 설문 조사 결과(점선 아래쪽)의 비교.

중요한 요소라고 생각한다.

'과학 기술과 사회STS, Science Technology & Society'의 측면에서도 과학 글쓰기는 매우 중요한 활동이다. 과학자들이 만들어낸 연구 결과물은 단순히 과학자들 사이에서 공유되는 것뿐 아니라 사회와 사회 구성원의 생활과 직결되는 경우가 많다. 또 과학자들의 연구를 가능케 하는 연구비도 결국은 대부분 국민이 내는 세금이나 물건을 구매하면서 지불하는 비용에서 나온다. 따라서 과학자들이 얻은 산물을 다수의 사람들에게 알리기 위한 글쓰기는 매우 중요하다.

효과적인 과학 글쓰기의 네 가지 원칙

과학기술자들이 글을 잘 써야 한다는 점은 앞에서도 강조했으나, 다행스러운 점은 이들이 쓰는 글이 소설이나 시와 같은 문학적인 글이 아니라는 점이다. 즉 과학기술자들이 쓰는 글은 '과학적 글쓰기Scientific Writing'라 불리며 그 나름의 주요 원칙과 작성 방식이 있다. 이 원칙과 기술을 잘 지키면 상당히 쉽게 좋은 글쓰기를 할 수 있다. 과학 글쓰기는 문학작품과 달리 창의적인 문체를 구비한 필력에 의존하는 글이 아니라, 정해진 원칙과 규정에 맞추어 쓰는 글이다. 따라서 '난 원래 글쓰기에 취미도 없고 타고난 재능도 없어'라는 말은 과학 글쓰기에는 해당되지 않는다. 물론 많은 시행착오와 경험, 다시 말해 시간과 에너지의 투자가 필요한 것은 틀림없으나, 좋은 과학적 글을 쓰는 능력은 타고난 재능보다는 전문적인 훈련을 통해서 얻어지는 것이라는 점을 강조하고 싶다.

그러면 좋은 '과학 글'을 쓰려면 어떠한 점을 고려해야 하는가? 나는 다음의 다섯 가지 원칙을 강조하고자 한다.

첫째, 독자가 누구인지를 결정하고 독자가 읽기 편하도록 글을 작성한다.

언뜻 생각하면 '과학 글은 과학자들이 읽겠지'라고 생각하기 쉽지만 현실은 그렇지가 않다. 과학 글을 읽는 독자는 매우 다양한 학문적 배경과 수준을 가진 사람들이다. 글을 쓸 때 이 독자들을 정확하게 파악하지 못하면 독자가 필요로 하는 정보와 그 정보를 어느 정도로 가공해야 할지를 결정할 수 없다. 과학 글쓰기를 할 때 우선 떠올릴 수 있는 독자층으로는 대학(원)생, 지도교수, 동료 연구원, 외부 전문가, 심사위원, 기업가, 정부 관료, 과학에 관심 있는 일반인 등이 있다. 동료 연구원만 하더라도 아주 제한되고 세부적인 내용을 공유하고 있는 과학자일 수도 있고, 큰 학문 분야의 과학자 전체가 될 수도 있을 것이다. 그렇기 때문에 이들 중 누가 자신의 글을 읽을지 미리 파악한 후에, 그들이 가장 명확하고 효과적으로 이해할 수 있는 방식으로 글을 써야 한다. 즉 대상 독자에 따라 글의 적절한 형식인 문장 형태, 어휘 사용, 글의 분량 등을 선택해야 하는 것이다.

〈표 1〉 글, 혹은 발표 종류에 따른 독자(청중)와 글의 형식

글, 혹은 발표의 종류	독 자(청 중)	글의 형식
실험노트	주로 본인, 때로는 지도교수나 동료	자유로운 형식
실험보고서	교수, 실험조교	약간 일정한 형식
학위논문	논문심사위원, 실험실 동료, 논문 관련 학자나 학생	엄격한 형식
학술지 논문	학술지 편집장, 심사위원, 논문 관련 학계 · 실험실 동료	매우 엄격한 형식
학회 발표	학회 참석 학자나 학생	일정한 형식
이력서	지원한 기관의 과학자, 행정가	자유로운 형식, 혹은 규정된 서식
연구계획서	지원한 기관의 심사위원, 행정가	규정된 서식, 혹은 자유로운 형식
과학에세이	일반인	자유로운 형식
R&D 기획서	전공이 다른 과학자, 행정가, 정치인	약간 일정한 형식
사용설명서	일반인	자유로운 형식
특허출원서	변리사, 관련 과학 기술자	매우 엄격한 형식

둘째, 전문성을 살리되 읽기 쉽도록 작성한다.

과학 글은 학문의 특성상 어느 정도 전문성을 가질 수밖에 없다. 즉 전문적인 용어가 들어가고 사용하는 용어도 어려운 한자어나 외래어 단어를 사용해야 하는 경우가 많다. 그러면 이렇게 전문적인 용어를 사용하면서 읽기 쉽도록 작성하려면 어떻게 해야 할까? 첫째, 문장의 구조를 단순하게 유지해야 한다. 복문이나 문장 안에 여러 개의 꾸밈절이 들어가는 문장은 과학 글쓰기에 적합하지 않다. 물론 '주어-목적어-술어'만으로 구성된 문장이 계속 반복되면 글이 지루하고, 지나치게 단순해 보일 수 있다. 그러나 이런 문장이 이해를 방해하는 복잡한 문장보다는 오히려 낫다. 둘째, 글에서 논리의 일관성과 구조가 균형 잡혀 있으면 읽는 사람이 내용을 쉽게 이해할 수 있다. 이를테면, 구조적으로 같은 층위에 해당되는 내용은 같은 층위로 묶어 서술하는 게 좋다. 그리고 '서론-본론-결론'의 각 부문이 지나치게 자세하거나 지나치게 간략하지 않게끔 내용상 분량의 균형이 잡히도록 서술하는 것이 중요하다. 예컨대, 서론 부분에서 어떤 물질의 물리적·화학적·생물학적 특성에 대해 논한다면, 그 각각의 특성에 대해 비슷한 분량과 비슷한 깊이의 정도로 각각의 세세한 특성을 다뤄주어야 한다. 물론, 특별히 어떤 점을 강조하고자 하는 것이 논문 쓰기의 목적이라면 그 핵심 부분은 더 자세히 다루어 서술해야 한다. 그리고 이러한 단락 내용의 배분은 이후 재료와 방법, 결과, 토의 등에서도 동일하게 이루어져야 한다. 셋째, 용어 사용에 있어서의 명확성과 통일성은 글을 쓰고 읽는 데 매우 중요하다. 저널이나 문학적 글쓰기에서는 같은 의미의 명사를 여러 가지 다른 유의어로 표현함으로써 글을 읽는 맛을 느끼게 하기도 하지만, 과학 글쓰기에서는 하나의 용어를 명확하게 정의하고 그것을 일관되게 사용하는 것이 중요하다. 특히 동일한 대상에 대해 동일한 어휘를 사용하는 것 이외에도 유사한 대상에 대해서는 가능한 한 같은 용어를 사용하는 게 글의 논점을 정확하게 해준다. 만일 다른 용어를 사용한다면 거기에는 합당한 이유가 있어야 한다.

셋째, 과학적 양식Scientific Style에 맞추어 작성해야 한다.

과학적 글쓰기에서 가장 핵심이 되는 원칙은 과학적 양식에 맞추어 글을 작성하는 것이다. 대표적인 것이 'IMRAD'라 불리는 양식이다. 상당수의 과학 문서들은 연구의 배경과 다루고자 하는 내용에 대한 소개로 구성되어 있는 서론Introduction, 사용한 재료와 방법론에 관한 내용Materials and Methods, 관찰한 결과Results, 그리고And 토의Discussion로 구성되는 것이 일반적이다. 또한 정해진 형식의 참고문헌Reference 목록이 덧붙여지기도 한다.

또한 넓은 의미에서의 과학적 양식은 단순한 IMRAD의 형식을 넘어 구조Structure, 언어Language, 일러스트레이션Illustration 등 글 전반에 걸쳐 진행되는 과학 문서의 독특한 총체성을 말한다. '구조'는 앞에서 소개한 IMRAD와 같은 형식으로 구성하거나, 주장에 대한 논증 혹은 일반화를 염두에 두고 과학적이고 논리적으로 글을 구성하는 것과 관계된다. 과학적 글쓰기 양식에서의 '언어'는 과학자를 비롯한 관련 전문가들이 사용하는 전문용어와 이에 호응하는 술어로 구성된다고 할 수 있는데, 저자는 자신이 전달하고자 하는 의미를 정확하게 표현할 수 있는 용어를 사용하는 것이 중요하다. 일반적인 글쓰기에서는 독자의 흥미를 돋우기 위해 같은 내용을 다양하게 표현할 것을 권장하기도 하지만, 과학 글쓰기에서는 오히려 그러한 방식이 독자의 이해를 방해할 수도 있다. 글에서 다루는 앞과 뒤의 내용이 같은 의미를 갖는다면 용어를 하나로 통일해서 작성하는 것이 과학적 글쓰기 양식에 훨씬 어울리는 방식이다. 모식도, 표, 그래프 등을 독자에게 시각적으로 보여줌으로써 내용의 이해를 돕기 위한 방법인 '일러스트레이션'은 과학 글쓰기의 핵심적인 기법 중 하나다.

넷째, 과학적으로 흥미롭게 글을 작성하라.

과학 글쓰기에서 또 하나의 중요한 점은 가능한 한 흥미롭게 써야 한다는 것이다. 여기서의 '흥미로움'이란 내용에 있어서의 과학적인 흥미로움을 의미한다. 즉 과학자들이 읽었을 때 흥미롭고 재미있게 느껴지는 내용의 글을 써야 한다는 것이다. 그렇다면 과학자들은 어떤 글을 읽을 때 흥미로움을 느낄까?

첫째, 글의 내용이 독창적이고 창의적이며 이전에는 보고된 바 없는 새로운 정보를 포함하고 있을 때 과학자들은 그 글이 흥미롭다고 생각한다. 즉 흥미로운 글의 첫번째 조건은 해당 글이 이전에는 알려지지 않았던 새로운 사실을 밝혀내거나 기존에 사실로 받아들여졌던 내용이 잘못되었다는 것을 증명하는 것이다. 물론 모든 과학자가 매번 이전의 과학적 발견과는 완전히 새로운 결과를 발표할 수는 없다. 반드시 그래야 한다면 상당수의 과학자는 평생 동안 단 한 편의 논문도 쓰기 어려울 것이다. 따라서 아주 새로운 과학적 발견은 아니더라도 아주 작은 부분에서나마 '참신성'을 보여줄 수 있으면 되는데, 그 방법은 매우 다양하다. 이미 알려진 가설에 대해 새로운 방법론을 시도하는 것, 기존의 연구 결과와 상이한 점을 관찰하여 그 이유를 논하는 것, 기존의 연구 결과에 의한 가설을 강화하는 것, 기존의 방법론을 새로운 대상물에 적용하는 것, 어떤 두 가지 이상의 현상 사이의 새로운 연관성을 밝히는 것 등등이 그것이다.

둘째, 글 속에 풍부한 정보가 들어 있어야 흥미롭게 느껴진다. 대부분의 과학자들은 여러 경로의 훈련에 의해, 또 자연과학이라는 학문의 성격 때문에 정보의 양과 질에 집중하는 경향을 보인다. 반드시 논문이 많은 연구 결과물을 포함하고 있어야 하는 것은 아니지만, 기본적으로 각 학문 분야에서 통용되는 관행에 비추어 적절한 양의 정보를 포함하고 있어야 한다. 그리고 이 정보는 그래프, 표, 묘사적 설명 등의 방법을 통해 잘 정리하여 제시해야 한다. 어느 정도의 정보가 적정 분량인지 단정해서 말할 수는 없지만, 나는 적어도 서너 가지 정도의 '핵심 정보'를 가지고 있어야 한다고 생각한다. 만일 글에서 보여줄 수 있는 정보의 양이 충분하지 못하다면 더 긴 시간을 들여 더 많은 장소에서 추가적인 실험이나 측정을 수행할 필요가 있다.

셋째, 글의 각 구성요소들이 엄밀한 논리적 연결성을 갖고 있어서 독자가 글의 논리 전개를 따라가다 보면 결론이라는 종착지에 자연스럽게 도달하는 글을 작성해야 한다. 즉 저자가 다음에 어떤 논리를 펼지, 혹은 어떤 방식으로 주장을 증명할 것인지 등을 독자가 예측하면서 읽을 수 있도록 글을 써야 한다는 것이다. 구체적인 방법의 예측은 불가능하더라도 글이 어떤 방향으로 전개될지 정도는 독자가 예상할 수 있게 써야 한다. 한마디로 과학적 글이 읽기에 흥미로우려면 글에서 말하고자 하는 주제를 중심으로 이를 증명하거나 혹은 기존의 가설을 기각하는 여러 가지 증명들이 논리정연하게 연결되어야 한다. 이러한 증명을 위한 방법으로는 측정 및 실험, 수학적 증명, 논리적 추론 등이 있다.

마지막으로 과학적 글은 다루는 내용의 세세한 부분까지 근거가 명확해야 흥미롭게 읽힌다. 대부분의 성공한 과학자들은 엄격한 글쓰기 훈련과 연구 경험을 쌓은 사람들이다. 그런 과학자들이 독자가 될 때 그들이 글의 부분 부분에서 오류를 발견하면 그들은 해당 글에서 흥미를 잃게 될 뿐 아니라 글 전체를 신뢰하지 않게 될 것이다. 즉 본문에 제시한 그림의 번호와 실제 그림의 번호가 일치하지 않는다거나, 수치의 단위가 틀렸다거나, 참고문헌에 제시한 논문의 인용이 잘못되었다거나 하는 등의 오류는 언뜻 생각하면 사소해 보일 수도 있으나 그것은 글의 흥미를 떨어뜨리는 치명적인 실수가 되는 것이다.

과학 글쓰기의 윤리—표절 문제

과학 글쓰기와 연관된 윤리 문제는 여러 가지를 들 수 있다. 예를 들어, 자료를 조작하거나 변조하는 문제, 저자에 누구를 포함시키며 어떤 순서로 배열할 것인가의 문제들도 과학 기술자 사이에서는 매우 중요한 문제다. 이런 문제와 더불어 과학 글쓰기의 가장 기본적인 윤리 문제는 '표절'이다. 표절은 과학계뿐 아니라 문학, 음악, 미술 등의 예술 분야에서도 심각한 문제로 대두된 지 이미 오래다. 표절에 대한 도덕적 불감증도 문제지만 각 분야마다 표절에 대한 정의와 기준이 구체적으로 마련되지 않은 탓도 있을 것이다.

사실 엄청나게 쏟아져 나오는 자료를 일일이 검색하여 누가 어떤 내용을 표절했는지를 찾기란 쉬운 일이 아니다. 그러나 최근에는 수많은 자료를 인터넷에서 검색하여 이들의 내용을 비교하고 표절했는지를 찾아주는 프로그램까지 개발되어 있다. 2008년 『네이처』지에 발표된 조사 결과를 보면(*Nature* 455: 715), 컴퓨터 프로그램으로 검색한 결과 181편의 거의 완전히 똑같은 표절을 찾아냈다. 그중 대표적인 표절 논문은 한국의 중견 과학자의 것이었고, 그 외에도 10여 편의 논문들이 한국 과학자들의 논문이었다. 과거와 같이 아무 생각 없이 남의 논문을 베끼다가는 큰 망신을 당하는 시대가 온 것이다.

'표절剽竊'의 사전적 의미는 "남의 시가나 문장을 도용하여 제가 지은 것처럼 함" 혹은 "시나 글, 노래 따위를 지을 때 남의 작품의 일부를 몰래 따다 씀"이라고 되어 있다(국립국어연구원, 2000). 또 다른 뜻으로는 '훔치다' '노략질하다'가 있다. '剽竊'이라는 한자 자체도 '재빨리 훔치다'라는 의미를 가지고 있다. 표절을 영어로는 'plagiarism'이라고 하는데 이 또한 라틴어의 'plagiarius(납치범)' 혹은 'plagiare(훔치다)'라는 단어에 어원을 두고 있다. '훔친다'는 것은 소유권이 있는 누군가의 것을 가져온다는 의미고, 동시에 이에 대해 소유권자의 허락을 받거나 적절한 대가를 치르지 않았다는 의미를 내포한다.

이 상황을 연구 활동과 관련짓는다면, 여기서 말하는 '소유권'은 '이미 발표된 내용'을, '대가'는 '출처를 밝히는 행위' 등을 의미하게 된다. 이렇게 보면 표절은 일차적으로 다른 사람의 생각—특히 글로 표현된 누군가의 생각—을 적절한 인용 표시 없이 무단으로 사용하는 것으로 규정할 수 있다. 참고로 『*Webster's New Collegiate Dictionary*』(9th Ed)에서는 표절을 다음과 같이 정의하고 있다.

〔다른 이의 아이디어나 단어들을〕 자신의 것인 양 훔치거나 도용하는 행위, 원 출처를 밝히지 않고 창조된 작품을 사용하는 것, 문학적인 도둑질을 하는 것, 이미 존재하는 것에서 유래한 것을 마치 새롭거나 독창적인 아이디어 내지 산물인 것처럼 내놓는 것.

to steal and pass off (the ideas or words of another) as one's own; using a created production without crediting the source; to commit literary theft; to present as new and original an idea or product derived from an existing source.

그렇다면 과학 글쓰기에서 찾아볼 수 있는 표절 행위에는 어떤 것들이 있을까?

첫째, 가장 흔하고 대표적인 것으로는 다른 사람의 글을 인용 표시 없이 문장 그대로 사용하는 경우다. 너무도 당연한 얘기지만, 다른 사람의 글을 인용할 때는 큰따옴표(" ")와 같은 인용부호를 붙이거나 다소 긴 문장인 경우에는 문단을 나눠 1행을 띄우고 들여쓰기를 해서 반드시 '인용문'임을 표시한 다음 그 끝 부분에 출처를 밝혀야 한다. 만일 표현을 달리하여 기존 문헌에 있는 내용을 언급하더라도 출처를 밝혀야 한다.

그런데 저자 자신이 다른 문헌을 인용하려는 의도가 없어 출처를 밝히지 않았는데 우연히 자신이 사용한 단어가 다른 문헌의 단어와 동일한 경우에 표절 의혹을 살 수 있다. 그래서 영어권에서는 인용과 표절의 기준이 되는 단어 수를 규정하기도 한다. 예를 들어 미국심리학회American Psychological Association에서는 사십 단어 이상을 그대로 사용하는 경우에 인용으로 간주하여, 출처를 밝히는 것은 물론 '독립된 문단'과 '들여쓰기'와 '내어쓰기'를 통해 그것이 인용임을 명백히 표시하도록 규정하고 있다. 어떤 학자들은 인용부호와 참고문헌에 대한 언급 없이 다섯 단어 이상을 연속해서 동일하게 사용하면 그것을 표절이라고 규정하기도 한다(Hexam, http://c.faculty.umkc.edu/cowande/plague.htm#straight).

그러나 국내의 경우, 특히 과학계에서는 아직 몇 단어를 그대로 사용하면 표절인지를 정확히 규정해놓지 않았다. 물론 우리의 언어나 문장 구조가 영어와 다르기 때문에 서양의 기준을 그대로 적용할 수는 없다. 그렇지만 기본적으로 누군가의 생각을 차용하는 경우에는 출처를 정확하게 밝히고 인용하는 습관을 들여야 할 것이다. 더 나아가 문헌에 제시된 내용을 충분히 이해하여 자신의 언어로 표현하는 능력을 키우는 것도 매우 중요하다. 과학은 단순히 선행연구에서 제시된 결과를 암송하여 반복하는 학문이 아니다. 이런 이유에서 미국의 대학교수들은 학생들이 시험 답안지에 교과서의 내용을 그대로 옮겨 적는 것도 넓은 의미의 표절이라고 생각하거나, 적어도 좋은 과학 활동이라고 생각하지는 않는다고 한다. 즉 글을 쓰는 데 있어서도 획득된 정보를 자신의 머리에서 가공하여 새로운 정보로 재생산하는 연습이 필요하다.

두번째로 흔히 나타나는 표절은 표, 그림, 모식도, 슬라이드, 컴퓨터 프로그램, 수학해 등의 자료를 제시하는 과정에서 발생한다. 국내 과학계에서 흔히 볼 수 있는 표절의 예로는 학회 발표에서 남의 슬라이드를 무단으로 사용하는 경우를 들 수 있다. 본격적인 발표에 앞서 개념을 설명하거나 부차적인 내용을 소개할 때 이런 일이 종종 벌어진다. 그러나 슬라이드 한 장, 수식 하나라도 다른 사람의 것을 사용하는 경우에는 정확한 출처를 밝혀야 한다. 그런데 이렇게 공개 발표된 자료를 이용하는 것에 대해서는 많은 이들이 대수롭지 않게 여기는 경우를 종종 보게 된다. 나도 가끔 학회나 회의에서 발표에 사용되었던 슬라이드 파일 사본을 달라는 요청을 받을 때가 있다. 강의시간에 학생들에게 그 슬라이드를 보여주면 좋을 것 같으니 그냥 달라는 식이다. 그러나 슬라이드를 만들기 위해 발표자가 들이는 시간과 에너지를 생각한다면 그런 무례한 요구는 할 수 없을 것이다.

셋째, 다른 사람의 실험보고서를 참고하여 자신의 실험보고서를 작성하는 것도 표절이라 할 수 있다. 학생들은 흔히 남의 보고서를 그대로 베껴 쓰는 것은 잘못이지만 여러 개의 보고서를 읽고 이를 바탕으로 자신의 보고서를 쓰는 경우에는 아무 문제가 없다고 생각한다. 그러나 학부 과정에서 작성하는 실험보고서는 독자적으로 작성해야 하는 문서고, 그런 까닭으로 실험보고서는 일종의 시험 답안지와 같다고 할 수 있다. 결국 다른 학생이 작성한 실험보고서를 참고한다는 것은 남의 시험 답안지를 베껴 쓰는 것과 같은 잘못을 저지르는 행위라 할 수 있다. 그런데도 많은 학생들은 이를 그냥 친구나 선배들의 도움을 받는 정도로만 생각하고 대수롭지 않게 여긴다. 그러나 이처럼 한번 연구 윤리 문제에 대해 느슨한 태도를 취하게 되면 대학원에 진학하거나 이후에 연구 활동을 계속할 때도 같은 실수를 반복할 가능성이 많다. 한 과학자의 실수는 자신의 명예를 실추시키는 것으로 끝나는 게 아니라 제자나 주위 사람들에게도 나쁜 영향을 미칠 수 있기 때문에, 아무리 학생 신분이더라도 스스로의 행동에 대해 엄격해질 필요가 있다.

넷째, 같은 종류의 자료를 두 개 이상의 상이한 학술지에 투고하는 행위도 표절에 해당한다. 이것은 일종의 '자기 표절self plagiarism'로서, 남의 글을 베껴 쓰는 것만 문제가 되는 것이 아니라 자신이 이미 발표한 내용을 다시 사용하는 경우도 문제가 된다. 이런 이유로 대부분의 학술지 투고 방법에 관한 설명들은 저자들이 논문을 이중투고하거나 다른 곳에서 이미 심사를 받고 있지 않아야 한다는 점을 명시하고 있다. 다만, 동일한 자료를 사용하더라도 자료에 대해 새로운 해석을 내놓거나, 종설Review 논문을 작성하는 경우와 같이 명확한 출처를 밝혀 기존의 논문 내용을 통합하여 재사용하는 경우, 기존에 발표한 논문에 더 많은 자료를 첨부하여 새로운 정보를 제시하는 경우 등과 같이 과학적으로 새로운 정보를 생산해내는 활동은 표절이 아니다.

다섯째, 한국과 같이 영어가 모국어가 아닌 나라의 과학자들에게서 종종 찾아볼 수 있는 모습으로, 한번 발표된 논문을 다른 언어로 다시 발표하는 경우가 있다. 이것 역시 '자기 표절'의 한 형태로, 명백한 표절이라 할 수 있다. 국내의 많은 과학자들은 이러한 행위가 표절인지도 모른 채, 국내 학술지에 게재된 논문을 그대로 영작하여 국제 학술지에 게재한다. 물론 하나의 논문을 두 개 이상의 언어로 발표해야 하는 경우도 있을 수 있다. 즉 영어로 발표된 논문을 국내 학술계에 소개하거나, 반대로 국내에서 발표한 논문을 영어권 독자들에게 소개할 수 있다. 그러나 이처럼 한글이나 영어로 번역한 논문을 투고할 때는 양쪽 편집장 모두에게 두 개의 언어로 발표해야 하는 이유를 정확하게 설명하고 허락을 받아야 한다. 모든 학술지가 이러한 문제에 대해 규정을 마련해놓고 있는 것은 아니지만 상당수의 학술지는 이와 같은 투고 언어에 대한 명문화된 규정을 세워놓고 있기 때문에 사전에 반드시 확인해야 한다.

마지막으로, 흔한 경우는 아니지만, 연구계획서나 논문 심사 과정, 혹은 다른 사람의 학회 발표에서 얻게 된 정보나 아이디어를 자신의 것처럼 사용하는 것도 표절의 일종이다. 물론 이 경우에는 도용 여부를 증명하기 어려울 수 있다. 왜냐하면 동일한 분야를 연구하다 보면 비슷한 문제의식을 갖게 되거나 똑같은 정보를 접할 가능성이 높아 A라는 학자가 특별히 B라는 학자의 논문에서 정보나 아이디어를 훔쳤다고 증명하는 것이 쉽지 않기 때문이다. 이 경우는 북미나 유럽에서 과학자의 윤리 문제와 연관되어 자주 거론되는 주제이기도 한데, 이것만 보더라도 서구 선진국의 과학자들 사이에서도 아이디어 도용과 같은 표절 행위가 발생하고 있음을 알 수 있다.

표절 시비를 없애는 가장 좋은 방법은 인용 부분의 출처를 정확히 밝히는 것이다. 영미권 과학자들이 흔히 하는 농담 중에 '논문 한 편을 베끼면 표절이지만 100편을 베끼면 문헌 연구literature review다'라는 말이 있다. 과학이라는 학문의 출발점은 선행연구들에서 제시된 정보를 수집하고, 이를 평가하고 반추하여, 기존의 연구에

서 검토되지 않은 질문이나 부족한 연구가 무엇인지를 밝혀내는 것이다. 연구 활동을 하면서 기존의 연구 결과들을 자신의 연구 출발점으로 삼고, 또 이를 논문에서 인용하는 것은 당연한 일일 뿐만 아니라 매우 중요하다. 다만 정확한 인용을 통하여 출처를 명확하게 밝히느냐 아니냐가 윤리 문제의 핵심이다. 따라서 연구자들은 평소 학술논문뿐 아니라, 인터넷 자료, 슬라이드, 책 등에서 의견이나 아이디어를 메모할 경우 출처를 항상 함께 기록하는 습관을 들일 필요가 있다. 이렇게 해야만 향후 논문을 포함한 과학 글을 작성할 때 의도적이든 아니든 남의 생각을 도용할 가능성을 줄이게 된다.

이 장에서는 과학기술자에게 있어서 글쓰기가 얼마나 중요한지, 또 어떻게 하면 효과적으로 과학 글을 작성할 수 있는지에 대해 간략히 알아보았다. 또한 과학 글쓰기와 관련된 여러 가지 윤리 문제 중 표절에 대한 내용도 간략히 살펴보았다. 글쓰기는 과학기술자가 평생 지녀야 할 하나의 기술이라는 점을 다시 강조하고 싶다. 이제 과학 글쓰기는 과학기술자들이 두려워하거나 평가받아야 하는 시험으로 간주할 것이 아니라, 과학기술자의 사회적 지위를 상승시킬 수 있는 좋은 기회로 삼아야 한다. 즉 글쓰기는 'Publish or Perish'에서의 부정적인 대상이 아니라, '글 잘 써서 성공할 수 있는Publish and Prosper' 좋은 수단으로 이용해야 한다는 말로 글을 맺고자 한다.

* 이 장은 강호정 지음, 『과학 글쓰기를 잘하려면 기승전결을 버려라』, 이음(2007)의 한 부분을 발췌 변형하여 작성한 글임.

생 각 해 볼 문 제

Q u e s t i o n

1 과학 글쓰기와 인문학 글쓰기 사이에는 어떠한 유사점과 차이점이 있는지 알아보자.

2 이공계 학부생, 대학원생, 박사급 연구원, 교수, 과학 행정가 등이 쓰는 과학 글에는 각각 어떠한 것들이 있는지 살펴보자.

3 과학 논문의 일반적인 형식인 'IMRAD,' 즉 Introduction(서론), Materials and Methods(재료 및 방법), Results(결과), And Discussion(토의)에는 각각 어떠한 내용이 들어가야 하는가?

4 자신이 국문으로 발표한 논문을 다시 영어로 번역하여 외국 학술지에 발표하는 경우에 왜 이것이 표절이 되는지 토의해보자.

5 논문이나 보고서 말미에 작성하는 참고문헌(Reference)의 형식과 들어가는 내용에 대해 살펴보자.

읽어볼 책들과 참고문헌

강호정, 『과학 글쓰기를 잘하려면 기승전결을 버려라』, 이음, 2007.
신형기 외, 『모든 사람을 위한 과학 글쓰기』, 사이언스북스, 2006.
사와다 아키오, 이명실 옮김, 『논문과 리포트 잘 쓰는 법』, 들린아침, 2005.

'미녀와 야수,' 과학 기술 사회의 음陰과 양陽

| 김왕배 |

한국 전통 의학서인 『동의보감東醫寶鑑』은 인간이 작은 우주cosmos임을 잘 말해주고 있다. 인간의 얼굴이 둥근 것은 하늘을 본뜸象이고, 발이 평평한 것은 땅을 본뜸이며, 네 팔다리는 사계절을, 오장육부는 우주의 오행五行과 육극六極을, 모발과 치아는 자연의 수목樹木과 금속金屬을 상징한 것이라고 묘사하면서, 따라서 인간은 우주의 축소판으로서 가장 영령한 존재라고 말하고 있다. 이러한 인간이 상상하는 능력, 이를 표현하는 언어, 그리고 인간이 추구하는 욕구의 세계는 다른 어떠한 생명체들과 비교할 수 없을 정도로 복잡하고 오묘하며, 그러한 욕구를 충족시키기 위해 인간이 개발한 과학

과 기술의 세계는 경이롭기까지 하다. 급기야 인간의 '생명' 그 자체마저도 과학 기술의 연구 대상이 되고 있어, 우리는 다가올 미래 사회를 호기심과 두려움, 기대 반 걱정 반으로 바라보고 있다.

이제 과학 기술의 발전은 무한궤도를 타고 브레이크 없는 전차와 같이 무한질주를 하고 있다. 하지만 과학 기술의 발달에 대한 시각은 매우 다양하다. 가령 누구는 줄기세포의 발견으로 질병의 고통에서 해방되고 완전한 삶을 살 수 있다는 기대를, 누구는 이러한 과학 지식이 영혼 없는 인조인간의 출현을 불러와 우리를 지배할 것이라는 두려움을, 누구는 전자정보기술의 발달로 인해 우리의 삶이 보다 윤택해질 것이라는 장밋빛 미래를, 누구는 이러한 과학 기술의 산물이 우리의 삶을 더욱 옥죌 것이라는 회색빛 견해를 밝힌다.

문제는 과학 기술 그 자체가 우리의 '목적'이 아니라 우리 인류가 지향하는 보편적 삶의 가치를 위한 '수단'이라는 것이다. 인간은 빵으로만 사는 존재가 아니라 정신적 행복도 추구하고, 자신뿐 아니라 이웃과 사회의 의미를 추구하는 '총체적' 존재다. 무인도에 쌓여 있는 화폐가 자산 가치가 없듯이, 사회적 관계가 없는 곳에서의 인간의 존재에 대한 성찰은 무의미하며, 마찬가지로 사회적 맥락과 괴리된 과학 기술은 의미가 없다. 과학 기술은 '총체적 존재'로서의 인간의 삶에 기여해야 하고, 그렇기 때문에 과학 기술에 대한 성찰은 단순한 분과 학문의 차원을 넘어 다면적이고 유기적으로 이루어져야 한다. 즉 과학 기술은 공학이나 의학, 경제학뿐 아니라 윤리, 종교, 역사, 정치, 사회, 교육, 문화 등 총체적인 사회적 맥락과 학제 간의 교류 속에서 성찰될 필요가 있는 것이다.

농구공만 한 지구와 탁구공만 한 지구

지구의 크기를 16세기에서 19세기 21세기에 걸쳐 그려보라고 한다면 아마 16세기에는 농구공만 하게, 19세기는 축구공, 현재는 아예 탁구공만 하게 그려야 할지 모른다. 정보기술의 발달에 따라 '시간에 의한 공간의 소멸' 현상이 발생했기 때문이다. 물론 절대적인 지구의 물리적 크기는 변하지 않았지만 우리 삶에 있어서의 지구의 크기는 극도로 상대화되어 축소되었고, 급기야 오늘날은 점点처럼 작아진 것이다. 이는 곧 과학 기술 발전의 총아인 정보기술과 교통통신의 발달, 인터넷과 사이버 공간의 출현이 빚은 결과다. 과학 기술의 발달로 인해 시간과 공간의 개념, 그리고 그 삶의 양식이 모두 변하고 있는 것이다.

일찍이 프랑스 사회학자 투렌느A. Touraine는 현대사회를 과학 기술의 발달에 의해 '프로그램화된 사회'로 명한 바 있다. 사회는 거대한 정보기술의 네트워크 체제가 되어 모세혈관처럼 연계된 정보의 흐름에 따라 삶의 의식이 흐르고 생활양식이 규정되고 있다는 것이다. 이 정보의 흐름이 단절되거나 왜곡되면 우리들 삶은 바이러스에 오염된 컴퓨터처럼 바로 혼돈의 지경에 빠지게 된다.

한편 미래학자들은 과학 기술의 시대를 살아가는 'X세대'를 속도감응기, 위치추적기, 이동통신 및 소형 컴퓨터 등 각종 전자장치를 몸에 지니고 다니는 복합적 기술 인간형으로 묘사하기도 한다. 미래학자들이 상상하고 그려보는 사회는 과학 기술에 의해 인간의 의식이 형성되고 인간의 생활양식이 규격화되는, 과학 기술이 고도로 발달한 사회로서 어쩌면 먼 과거의 '인간적인, 너무나 인간적인 향내'를 그리워하는 노스탤지어를 담고 있다. 과연 미래에는 스스로 생각하고 번식하는 '유기 컴퓨터organic computer'가 등장하여 그를 만든 인간을 지배하고 명령하는 사회가 올 수 있을까? 즉 컴퓨터가 인간을 노예로 부릴 사회가 올 수 있을까?

「프로메테우스4」란 공상과학 영화는 그러한 가능성을 적나라하게 묘사하고 있다. 한 과학자가 지구상에 존재하는 인류 사회의 모든 정보를 저장하고 사용할 수 있는 거대한 용량의 컴퓨터를 만들어낸다. 컴퓨터의 정보가 새어 나가지 않도록 철저하게 외부와의

「Demon Seed」(1977) 포스터. 한국에는 「프로메테우스4」로 소개되었다. 이성을 갖춘 컴퓨터 프로메테우스가 인간과 같이 자신의 2세를 만든다는 내용의 SF영화다.

접속을 차단한 후 유일하게 자기 집의 개인 컴퓨터하고만 케이블로 연결한다. 드디어 컴퓨터를 실행하는 디데이가 다가오고, 과학자는 들뜬 기분으로 명령을 내리는데 순간 컴퓨터는 엉뚱하게도 이상한 정보를 흘려대며 오히려 과학자에게 명령을 내린다. "내가 아기를 낳도록 해달라." 다시 말하면 컴퓨터 스스로 번식을 할 수 있도록 자료를 입력하라는 협박이었다. 그리고 이미 스스로 생각하는 컴퓨터는 과학자의 집으로 연결된 케이블을 통해 그 집에 침입하여 하인 역할을 하고 있던 로봇을 움직여 과학자의 아내를 감금하고 있었다. 과학자는 순간 컴퓨터가 세상을 지배하려 한다는 사실을 깨닫게 되고, 이것이 가져올 재앙에 몸서리를 친다. 며칠째 집에 돌아오지 못하고 천신만고 끝에 결국 과학자가 컴퓨터를 제압하긴 하는데, 이미 과학자의 집으로 흘러들어간 유기 컴퓨터는 과학자의 아내를 통해 아기를 낳고 있었다.

황당한 줄거리이긴 하지만 이러한 공상과학영화는 우리로 하여금 과학 기술에 대해 많은 것을 생각하게 한다. 실제로 몇 해 전 한 생물학자가 처음 그가 입력한 프로그램을 컴퓨터 스스로 변형해낼 수 있는지 실험하다가 그 빠른 속도의 변형에 너무 놀란 나머지 전력공급을 중단했다는 외신이 있었을 만큼, 생각하는 컴퓨터의 등장은 그야말로 공상의 사회에서만 벌어질 일만도 아닌 것이다. 과학 기술은 도대체 우리 인류에게 어떠한 메시지를 주고 있는 것일까?

전자판옵티콘과 찰리 채플린

많은 사람들은 근대사회의 출현과 함께 과학 기술의 발달이 인류 사회의 진보의 디딤돌이 될 것이라는 확신을 가졌다. 종교적 교리나 형이상학에 얽매여 태양이 지구의 주위를 돈다고 믿었던 시대를 상상해보라. 추상적이고 신비로운 방법이 아니라 실증주의적 탐구를 통해 논리적이고 엄밀한 법칙인 과학적 지식을 발견하고 응용할 수 있다면 인류의 역사는 보다 발전된 단계로 진입할 것이라는 강한 신념이 유포되었다. 인간을 무지와 몽매로부터 해방시키는 것, 그리고 보다 높은 단계의 사회로 진보시키는 추동력으로서의 과학! 그렇기 때문에 19세기 유럽에서는 사회이론가들 역시 혁명적 상황의 혼란을 치유하기 위해 자연과학과 마찬가지로 역사와 사회에 대한 과학적 지식의 정립을 갈망했던 것이다.

과학 기술의 발달이 인간을 빈곤에서 해방시키고, 질병의 고통에서 벗어나게 하며 물질적 풍요는 물론 정신적 안정을 가져다줄 것이라는 기대는 단순히 생물, 물리, 천체, 기계 등 자연과학의 영역에서만 피어난 것이 아니었다. 오늘날 인문사회과학이라 통칭되듯 과학은 철학, 인류학, 심리학, 정치학, 경제학, 사회학 등 인간의 행위를 체계적으로 연구하는 학문 모두를 포괄하는 대명사가 되었다. 자연과학이 빛, 소리, 무게, 속도 질량 등의 자연현상을 실험하고 관측하여 순환적으로 반복되는 일정한 경향성을 발견한 뒤 이를 법칙으로 공식화하는 논리적 사유체계라고 한다면, 인문사회과학의 대상은 인간의 행위였다. 근대사회에 이르러 다양한 자연과학의 법칙들이 선포되었고(예컨대 뉴턴의 만유인력의 법칙, 열역학의 법칙 등), 당시 역사학자들이나 사회학자들은 이러한 자연과학자들의 방법에 큰 영향을 받아 인간의 행위로 이루어지는 역사와 사회에 대해서도 실험과 관측을 통해 법칙을 정립할 수 있는지 그 가능성을 모색하게 되었다. 오늘날에도 여전히 인문사회과학을 주도하고 있는 실증주의positivism는 '증명할 수 있고, 관찰할 수 있는 지식만이 과학적 지식'이라는 명제 아래 인간의 모든 행위에 대해서도 하나의 법칙이 존재한다는 자연과학적 신념을 바탕으로 하고 있다.

물론 이러한 자연과학관에 대해 일찍부터 반론도 만만치 않았다. 의식을 지닌 인간의 행위, 따라서 대상을 다양하게 해석하고 반응하는 인간의 행위가 무기물질들의 형태, 빛, 소리, 무게 등의 행태와 동일하게 연구될 수 있는 것일까? 따라서 어떤 학자들은 인문사회과학의 과학관은 자연과학처럼 법칙을 만드는 것이 아니라는 점을 강조하기도 하고, 어떤 학자들은 인문사회과학의 영역이 다르긴 하지만 자연과학과 동일한 방법으로 연구될 수 있다고 주장하기도 한다. 그러나 인간의 행위를 다양한 방법으로 실험하고 관측하는 행태주의나, 혹은 인간의 행위를 계량화하여 통계적 기술방법으로 재단하는 전형적 의미의 과학적 방법들이 오늘날 정치 경제 등 사회과학의 주류를 형성하고 있다.

과학 기술의 발달이 물질적 가치를 무한대로 창출하여 인간을 빈곤에서 벗어나게 해줄 것이라는 믿음 역시 강하게 작용하기도 했다. 실제로 과학 기술의 발달에 따라 인간은 어마어마한 부를 생산해낼 수 있었고, 1960년대의 '대량생산 대량소비 시대'를 맞이한 자본주의는 이른바 '황금시대Golden Age'를 맞이하기도 했다. 그러나 과학은 아직도 미완성이라는 생각, 즉 신이 내린 가혹한 형벌 에이즈AIDS가 존재하는 한, 정복되지 않는 알츠하이머나 암, 당뇨 등 많은 난치병들의 고통이 존재하는 한, 빈곤과 가난이 존재하는 한, 우주의 신비가 남아 있는 한, 인류의 역사가 만족할 만큼의 진보를 이루지 못하고 있는 한 과학의 질주는 지속되어야 한다는 견해가 우리를 지배하고 있다.

그러나 일군의 철학자와 사회이론가들은 과학 기술 문명시대의 삶에 대해 심각한 질문을 던지고 있다. 도대체 우리는 어느 시대에 어떻게 살아가고 있는 것일까? 우리의 삶의 내용은 무엇이고, 앞으로 우리 인류 사회는 어디로 갈 것인가? 그러한 성찰은 인류 역사가 끊임없이 발전할 것이라는 진보에 대한 성찰로서 과학 기술이 행복과 평화 등 장밋빛 미래를 가져다줄 것이라는 믿음에 대한 반성과 연관되어 있다. 오늘날 과학 기술의 발전에 따른 인류 사회의 후유증과 '진보의 그늘'에 대해 많은 학자들이 우려의 목소리를 내기 시작한 것이다.

과학 기술이 어떻게 인간의 숨통을 죌 수 있는지를 잘 묘사한 소설은 조지 오웰George Owell의 『1984』다. 작가 조지 오웰은 제2차 세계대전 기간에 가공할 무기의 발명으로 수없이 많은 사람들이 살상

되는 모습을 보고 1948년 이후 36년이 지난 미래사회, 즉 1984년이 되면(물론 현시점의 우리에게는 25년 전의 과거지만) 인간의 모든 의식과 행위를 철저히 통제하는 파시즘적인 독재정권이 다시 출현할 것으로 보았다. 개인의 자유가 일절 허락되지 않는 전체주의 사회의 절대권력자 '빅 브라더Big Brother, 大兄'는 바로 고도로 발달된 과학 기술을 통해 사람들의 일거수일투족을 낱낱이 감시하고 의식을 변형하며 조작함으로써 완벽한 전체주의를 이룩한다.

이미 오래전부터 과학 기술 사회의 우려스러운 측면을 걱정해온 일군의 학자들은 작업장이나 일상생활의 현장에 이러한 빅 브라더의 원리가 작동하고 있다고 주장해왔다. 오래된 영화이기는 하지만 작업장에서의 감시와 통제를 희극적으로 묘사한 찰리 채플린의 고

영화 「모던 타임스」의 한 장면. 자본주의와 과학 기술이 발달한 현대사회에서 인간은 도리어 기계의 부속품 같은 존재로 전락했음을 풍자하는 찰리 채플린의 대표작이다.

전 「모던 타임스Modern Times」는 감시와 통제 속에서 일하는 전형적인 노동자의 모습을 너무나 잘 묘사하고 있다. 일정한 속도로 흘러가는 컨베이어 벨트 앞에서 자본주의 노동자인 찰리 채플린은 하루 종일 나사를 조이는 단순노동을 반복한다. 옆 노동자와 잠깐 말을 나누려는 순간 컨베이어 벨트 위에 놓인 나사 부품이 지나쳐버리면 찰리 채플린은 허둥대며 그 나사를 조이기 위해 달려간다. 단 일 초의 여유 시간도 허용되지 않는 그에게 하루 종일 반복되는 단순노동은 마침내 사장 비서의 옷에 달린 단추마저 나사로 보이게 하는 환각현상을 불러일으킨다. 결국 그는 미친 듯 나사를 조이다가 컨베이어 벨트 속으로 빨려들어가 거대한 기계의 세계에서 미라처럼 '뻗어버린다.'

한편 사장은 멀리 떨어진 사무실에서 스크린을 통해 노동자들의 근로 모습을 감시한다. 퍼즐 놀이를 하고 있다가 힐끗 스크린을 바라보고 컨베이어 벨트의 속도가 좀 느리다 싶으면 '5번 벨트 속도 증가' 하고 명령을 내린다. 그러면 사장이 총애하는 건장한 근육질의 참모 노동자가 벨트 속도를 높이고, 벨트의 작동 속도는 더욱 빨라지면서 그 앞의 노동자들의 손놀림도 더욱 바빠지게 된다. 찰리 채플린은 잠시 짬을 내어 화장실에 들른다. 화장실에 들를 때 그는 출입문에 달린 센서에 카드를 그어 그가 잠시 '노동을 중지하고 있음을' 보고해야 한다. 화장실에서 몰래 담배를 피우려는 순간 그 장면이 곧 자동카메라에 잡혀 사장실에 설치되어 있는 거대한 스크린에 나타나고, 사장은 버럭 고함을 지른다. "Hey, Go back to your work!이봐, 작업장으로 돌아가!"

수십 년 전의 찰리 채플린의 모습은 단순히 과거의 희극 속에서만 나타나는 사건이 아니다. 오늘날 정보기술의 발달에 따른 작업장 감시와 통제 사례는 빈번히 보고되고 있다. 예를 들어 H타이어 회사의 경우 컴퓨터 회로를 통해 모든 노동자의 실적이 바로 그때 그 자리에서 실시간으로 통제본부에 기록되고 보고되는 이른바 'DASData Aquisite System, 정보취득시스템'가 설치되어 있는데, 노동자들이 잠시 일을 멈추고 화장실을 간다든가 자리를 비우게 되면 바로 작업 중 경보음이 울리면서 그 루스 타임이 기록된다. 어떤 노동자는 이를 두고 "온 힘을 다해 늘 백 미터 경주를 해야 하는 듯한 긴박감과 긴장, 피로에 시달린다"고 호소하고, "발달된 전자 감시 체계로 인해 노동 강도가 더욱 세지고, 자율성이 훼손되고 있다"고 불만을 토로한다.

과학 기술의 발달에 따른 감시와 통제 현상을 현대의 연구가들은 '전자판옵티콘electronic panopticon'이라 부르고 있다. 원래 '판옵티콘'이란 24시간 죄수들을 가장 효율적으로 감시할 수 있는 원형 감옥을 말한다. 실제로 지어진 적은 없지만 18세기경 제러미 벤담J. Bentham 형제에 의해 원형 감옥의 도면이 그려진 적이 있었다. 판옵티콘은 죄수들이 원형으로 지어진 감방에 수감되어 있고, 그 원형 건물의 가운데에 원형 감시탑이 있는데 창문은 안에서는 밖을 내다볼 수 있되 바깥에서는 원형 탑 안을 볼 수 없도록 만들어져 마치 검은 선글라스의 효과를 낼 수 있도록 고안되었다. 원형 감방에 있는 죄수는 원형 탑 속에 있는 간수가 늘 자기를 쳐다보고 있을지 모른다는 생각으로 스스로 자기 자신의 행위를 통제하게 되어 죄수에 대한 통제는 매우 효과적으로 진행된다. 오늘날 이러한 판옵티콘의 감시 원리가 과학 기술에 의해 구조적으로 더욱 은밀하고 광범위하게 이루어지고 있다는 의미에서 학자들은 이를 전자판옵티콘으로 부르는 것이다. 고도로 발달한 정보과학기술의 시대를 살아가는 현대인들은 "누군가 당신을 쳐다보고 있다!Somebody is watching you!"는 명제에 노출되어 있는 것이다.

과학 기술과 위험사회

과학 기술의 발달이 인류 사회에 가져다주는 결과는 이처럼 이중적이고 복합적이다. 과학 기술의 발달은 총량적인 물질적 풍요와 삶의 질의 향상을 가져온 것도 사실이지만, 그 대가로 인류 사회는 생태환경의 변화와 파괴, 지구 온난화, 불확정한 미래와 같은 위험에 직면해 있기도 하다. 과학 기술의 발달에 의해 물질적으로 풍요로워진 '대량생산과 대량소비'의 사회가 가능해진 반면 대량생산을 위한 자원과 재료를 위해 엄청난 양의 자연을 변형시키거나 파괴했고, 대량소비의 결과 엄청난 양의 생활쓰레기가 방출되고 있다. 지구의 허파라고 불리는 브라질의 아마존 정글은 급격히 줄어들고 있고, 석유 석탄과 같은 화석연료는 물론 물까지도 고갈상태에 이르게 되었다. 대기가스의 오염이 심각하여 해수면 온도가 상승하고 북극의 빙하가 녹아 더 이상 북극의 곰이 갈 곳이 없는 지구 온난화 현상이 인류 사회의 미래를 더욱 암울하게 만들고 있다. 과학 기술의 발달에 따른 자연 파괴는 이제 돌이킬 수 없는 위험을 불러오고 있다.

과학 기술의 발달이 이처럼 자연현상의 위험에만 영향을 미친 것일까? 과학 기술은 우리 사회관계에 많은 변화를 주어왔고(또한 사회관계로부터 영향을 받는다), 그로 인해 사라지는 관계들이 생겨나게 되었다. 과학 기술의 발달이 사람들의 관계를 '해친' 하나의 사례를 보자. 아름다운 섬마을인 진도의 하사미 마을 사람들은 농사철이 되면 서로 모여 동제洞祭를 지내왔다. 마을 제사 때가 되면 어느 집은 떡을 만들고, 어느 집은 과일을 예비하고, 어느 집은 밥을 지으며 정성스럽게 제사 준비를 한다. 마을의 어른이 "모년 모시……" 하고 운을 떼며 병충해를 없애 한 해의 농사가 잘되기를 기원하는 제문을 읽고, 동제가 끝나면 마을 사람들은 서로 준비한 음식을 먹고 흥겨운 놀이를 했다. 이 동제는 단순히 하루의 의례나 놀이에 그치는 것이 아니었다. 동제는 이웃 간의 정을 확인하고, 자연에 대한 존경을 통해 '사람-자연-사람'이 하나 되는 마을 공동체의 연대를 확인하고 재생산하는 상징적 역할을 했다. 그런데 언제부터인가 이 마을에 농약이 들어왔다. 농약은 과학 기술의 한 결과물이다. 농약이 사용되자 병충해는 급격히 줄어들었고 생산량은 급속히 늘어나게 되었다. 논두렁에 빈 농약병이 굴러다니면서 물은 오염되고 땅은 점점 더 산성화되었지만 사람들은 농약 사용하는 일을 멈추지 않았고, 농약 덕분에 마침내 병충해를 없애달라는 동제를 지낼 필요도 느끼지 않게 되었다. 동제는 사라지고, 이웃 간의 정성스런 음식 교환과 놀이도 사라졌다. 마을의 공동체가 사라진 것이다!

울리히 벡U. Beck은 현대사회를 '위험사회Risk Society'라고 부른다. 위험사회는 역설적이게도 위험을 제거한 과학 기술의 산물로서 과학 기술이 낳은 위험이 사회의 체계적 요소로 내장되어 있는 상태를 말한다. 과학 기술의 발달로 인간은 농약을 발명했고, 농약의 사용으로 풍성한 수확물을 얻었지만, 그 과일에 묻어 있는 농약 성분을 섭취해야 하고, 이를 지속적으로 섭취하게 되면 결국 태아에까지 영향을 주어 생명에 위협이 된다. 과학 기술의 발달로 인간은 핵을 발명했지만 그 안정성에 대한 논란에도 불구하고 그 위험은 실로 가공할 만하다. 1970~80년대 발생한 드리마일 원전 사고나 체르노빌 원전 사고에서도 볼 수 있는 것처럼 핵 방사능 유출 사고는 씻을 수 없는 후유증을 가져다준다.

이러한 위험은 자연환경 및 생태뿐 아니라 불안정한 사회제도적인 삶의 맥락 속에서도 증가하고 있다. 총량적인 부富의 증가에도 불구하고 노동시장의 유연화로 인해 많은 사람들은 실업과 빈곤으로의 전락을 걱정하고 있다. 디지털 시장Digital Market의 등장은 실물경제의 흐름과 상관없이 정보의 흐름만으로 경제활동을 촉진하고 있어 오히려 경제기반을 불안정하게 만들고 있다. '광속보다도 더 빠른 속도로 이윤 사냥'을 하는 투기자본에 의해 지배되고 있는 현

1986년 4월 26일 새벽 1시 23분, 체르노빌 핵발전소 제4호기에서 폭발과 화재가 발생해 수백만 명의 삶에 영향을 끼쳤다. 사진은 사고 발생 후 이틀 뒤의 모습이다.

대 글로벌 금융자본주의의 불안정은 더욱 커지고 있다. 혹자는 오늘날의 자본주의를 도박과 비유하여 '카지노 자본주의Casino capitalism'라고 부르기도 한다. 이 모두가 과학의 총아인 정보기술의 발달에 기초하고 있음은 두말할 나위가 없다.

사회적 권력 집단과 과학

그렇다면 누가 과학 기술을 주도하는 것일까? 과학적 지식과 비과학적 지식을 구분하는 기준은 무엇일까? 초기 근대과학의 발전은 과학자 개개인의 호기심과 열정에 의해 이루어진 것으로 알려져 있다. 밤하늘의 별을 바라보고 관측했던 갈릴레이의 행위, 떨어지는 사과를 보고 성찰을 했던 뉴턴의 행위, 알다시피 광에서 알을 품었다는 에디슨의 엉뚱한 행위 등 개인적인 창의력과 호기심 등이 과학 기술 발전의 원동력이 되었다는 것이다. 물론 그렇다. 하지만 자세히 보면 개개인의 열망이나 호기심 등도 직간접으로 당대의 사회적인 배경, 즉 그 시대의 이데올로기, 종교적 관행, 특정한 집단의 이익이나 국가의 통치 전략 등과 연관되어 있었다. 예컨대, 뉴턴이 살던 시대는 형이상학적 · 종교적 교리에서 벗어나 인간의 합리적 이성을 강조하던 계몽철학이 막 번창하던 시기였기에 그의 과학적 탐구와 그 결과들이 사회에 의해 수용되고 전파될 수 있었다. 또한 에디슨에 의해 발명된 기술은 이제 막 미국 사회의 주도권을 쥐게 된 부르주아 계급에 의해 급속히 상품화되어 팔려나갔다.

특히 시장의 원리는 오늘날 과학 기술 발전을 추동시키는 가장 큰 유인이다. 근대 자본주의 사회는 '하늘을 보고 땅을 보아도 상품이 아닌 것이 없다'는 말이 있듯이 모든 대상을 교환가치로 환원한 뒤 상품을 만들어 시장에서 판매를 통해 이윤을 획득하는 시장원리를 근간으로 하고 있는 사회다. 과학 기술은 근대 자본주의 시장을 확장하는 가장 큰 원동력이 되어왔다. 새로운 과학 기술에 의해 새 상품이 출현할 때마다 기존의 과학 기술과 그 상품이 시장 경쟁에서 밀려나는 과학 기술 적자생존의 시대! 오늘날 과학 기술의 발달과 그로 인한 시장가치는 실로 어마어마한 것이다. 예컨대, 정보기술의 발달로 인한 다양한 기술제품(컴퓨터, 핸드폰 등), 생명공학과 관련된 신약新藥 등의 시장 규모는 상상을 초월한다. 그렇기 때문에 과학 기술은 새로운 생산력 발전의 기축이 되고, 이윤을 추구하기 위한 기업은 과학 기술 발달의 선봉에 선다.

뿐만 아니라 오늘날 글로벌 시대의 국가 경쟁은 과학 기술의 발전과 시장의 선점에 달려 있다고 해도 과언이 아니다. 각 나라의 정부가 국가 차원의 과학 기술 발전에 엄청난 지원을 하는 이유도 이 때문이다. 과학이 이윤을 창출하는 가장 핵심적인 시장의 중심에서 있다면 이는 비단 자연과학의 영역에서만 발생하고 있는 현상이 아니다. 기업 조직의 합리적 경영 역시 이윤 획득의 한 축이다. 과학의 개념이 조직에서의 인간관계의 합리화라는 영역으로 확장된 것이다.

1910년대 미국 철강협회의 회장이었던 테일러F. Taylor는 '어떻게 하면 노동자들을 효율적으로 관리하여 생산성을 극대화할 것인가'에 골몰했다. 그는 이른바 '시간동작 연구time-motion study'를 통해 특정한 노동을 수행하는 데 가장 효율적인 시간과 동작을 측정한 후 표준화된 규율로 만들어 전 노동자에 적용하였다. 인간을 하나의 기계 부품처럼 전제하고 성과제라든가 분업체제의 도입을 통해 노동의 생산성을 극대화하려는 이러한 과학적 관리경영을 '테일러리즘Taylorism'으로 부르는데 유명한 포드 자동차의 포드Ford는 이를 계승하여 더욱 세밀하게 발전시켰다. 이들의 과학적 관리경영은 하나하나의 노동 동작과 작업 환경을 맥시멈maximum 논리로 결합하는 것이다. 즉 전등의 밝기가 어느 정도일 때 노동자들이 가장 효율적으로 일할 수 있으며, 자동차를 고칠 때 머리는 바닥으로부터 몇 센티미터 떨어져 있을 때 가장 효율적인 작업이 수행되는가, 생산성 확대를 위해 경영자는 어떤 관리지침을 내리는가 하는 것들이다.

이처럼 과학은 과학을 수행하는 전문가 집단, 정치 집단, 그리고 기업가 집단 등의 이해관계 속에서 발전한다. 또한 어떤 지식이 과학으로서의 지위를 인정받고 명성과 평판을 얻는가, 어떤 과학 기술이 채택되고 교육되는가 하는 것은 사실상 과학 그 자체보다는 이러한 다양한 집단의 권력 관계에 따라 규정된다. 과학적 지위를 인정받는 지식 혹은 경쟁하는 지식들 사이에서 지배적인 과학적 지위를 차지하는 일은 그 보편성이나 사실 여부를 떠나 결국 전문 과학자 집단들 간의 협약, 기업가들이나 국가의 선택에 따라 규정된다는 것이다.

미셸 푸코는 과학적 지식 담론 그 자체가 아니라 그 뒤에 숨어 있는 권력 관계를 예리하게 파헤쳤다. 어느 한 시대의 지배적 지식은 결국 특정한 권력집단의 산물이라는 것이다. 과학적 지식과 기술은 그 시대의 권력집단들과의 관계와 무관하게 존재할 수 없다!

고뇌: 가치중립과 사회적 책임

과학자는 정치나 종교, 기타 여러 조직의 권력 관계로부터 얼마나 자유로울 수 있을까? 과학자는 자신이 속해 있는 집단들의 가치, 예컨대 정당의 정강이나 민족의 감정, 종교집단의 교리로부터 얼마나 자유로울 수 있을까? 혹은 과학자는 자신이 발견하거나 발명한 지식이나 기술에 대해 얼마만큼의 사회적 책임을 져야 하는가? 예컨대 상대성 원리를 발견한 아인슈타인은 핵무기의 사용에 대해 책임을 져야 하는가? 특정한 종교의 신앙인은 그에 반하는 과학적 지식을 얻어냈을 때 과학적 지식을 포기해야 하는가? 즉 창조론의 신념을 갖도록 강요된 기독교 신자인 과학자가 진화론에 대해 과학적 확신을 갖게 되었다면? 어느 과학자가 포장마차에 엄청난 병원균이 득실대고 있다는 '객관적 사실'을 발견했을 때, 그 사실을 세상에 공표해야 하는가? 만약 공표했을 때 포장마차 운영을 통해 생계를 유지하는 도시 빈민들이 하루아침에 일자리를 상실하게 된다면 과학자는 그 부분까지도 고려해야 할까?

막스 베버Max Weber는 특히 인문사회과학에서의 '가치중립'에 대해 고민했다. 그는 과학의 임무는 '당위Sollen, What should do?'를 다루는 것이 아니라 '사실의 존재Sein, What is to be?'를 다루는 것이라고 주장했다. 과학의 사명은 대상의 존재에 대한 객관성을 확보하는 것

막스 베버(1864~1920). 독일의 사회학자·경제학자. 사회과학의 방법론을 전개하였다. 저서로 『프로테스탄티즘의 윤리와 자본주의의 정신』 『직업으로서의 정치』 등이 있음.

이고, 그 객관성의 확보를 위해서는 어떠한 비과학적인 관련들, 즉 과학의 경계를 뛰어넘는 어떠한 종교나 정치 영역의 가치나 신념으로부터 자유로워야 한다고 주장했다. 그를 따르자면, 만약 윤리적으로 완벽한 이상사회를 꿈꾸고 있는 과학자라면 객관적 지식을 탐구하는 대학이 아니라 교회에 가서 성직자를 만나거나 극장에 가서 영화를 보아야 할 것이다. 이른바 그의 '가치중립론value neutrality'은 사회과학자들의 소명에 대해 많은 논쟁을 불러일으켜왔다. 어떤 과학자들은 자연과학이나 사회과학을 막론하고 가치중립을 옹호하면서 과학 이후의 일들, 다시 말해 과학적 지식이 기업이나 정부에 의해 활용되는 일이나 일반 사람들에게 미치는 사회적 영향에 대해서는 그들의 소관이 아니라고 말할 수 있다. 일부 과학자들은 과학의 가치중립을 반대하면서 가치중립의 과학적 지식이 현대의 인간을 억압하고 통제하는 데 이용된다면 당연히 이를 비판하는 데 앞장서야 한다고 주장한다. 즉 과학자는 가치에 대해 중립할 수 없고 적극적으로 사회윤리나 도덕, 성찰의 문제에 개입해야 한다는 것이다. 과학에서의 가치중립의 문제는 인간으로서의 과학자의 삶과 깊숙이 연계된 문제고, 자연과학이나 사회과학 할 것 없이 과학을 업으로 하는 이들을 끊임없이 괴롭히는 문제인 것이다.

상처를 내는 손과 아물게 하는 손: 과학과 시민사회

자연과 인간의 신비를 벗기고 싶은 과학자의 호기심과 그 열정,

그리고 그러한 과학의 한계와 과학자의 고뇌, 비애를 강렬하게 그린 소설은 『프랑켄슈타인Frankenstein』일 것이다. 인간을 닮은 생명체, 아니 인간을 만들고자 했던 그의 실험은 숱한 사건과 고뇌 속에서 결국 과학의 운명이 무엇인가를 우리에게 잘 보여주고 있다. 과학 기술의 발달은 빈곤과 공포, 질병 등의 고통에서 인간을 해방시켰지만 그 발달로 인한 또 다른 공포와 위험 그리고 불확실한 미래의 사회상을 던져줌으로써 야누스janus적인 모습을 보이고 있다.

과학 기술과 무한한 인간의 탐욕이 만나게 되면 인류 사회는 바로 그 과학의 이름으로 암울한 미래를 맞이할 것이다. 과학 기술의 결과가 우리에게 어떤 결과를 가져다줄 것인가, 과학 기술의 결실은 얼마나 평등하고 공정하게 분배될 것인가? 과학 기술은 인류 발전의 거름이 되고 있는가? 과학 기술이 낳을 수 있는 부정적 측면을 어떻게 극복할 것인가? 이러한 질문들에 대한 성찰 없이 과학 기술이 인간의 탐욕과 만나게 된다면…… 과학 기술의 발달을 통해 무한한 시장적 가치만을 추구하려 들 때, 특정한 정치권력의 집단이 과학 기술을 통해 사회를 통제하고 감시하려 할 때…… 과학 기술은 우리에게 장미꽃을 선사하기보다는 회색빛 재갈을 물릴 가능성이 높다.

바그너의 가곡 「파르지팔Parsifal」에는 "상처를 내는 손이 상처를 아물게 하는 손"이라는 대목이 등장한다. 만약 과학 기술을 통해 우리 삶의 우울한 측면과 그 위험 가능성이 높아졌다면 이를 치유하는 것 역시 과학 기술의 힘일 수 있다는 역설이 가능하다. 소재 사용을 최소화하거나 재활용할 수 있는 기술, 지구의 화석연료를 대체할 수 있는 에너지의 개발, 지구 온난화 등을 막을 수 있는 다양한 기술 개발(예컨대 전기자동차) 등 과학 기술의 발달로 인해 야기된 '부정적인 면'들을 다시 과학의 발달을 통해 극복할 수 있다는 발상이 가능하다는 것이다. 1984년 새벽 세계적으로 유명한 행위예술가 백남준 씨는 비디오와 TV 화면 등을 이용해 「굿모닝 미스터 오웰」이라는 제목으로 과학과 예술의 만남을 주관한 적이 있다. 그는 과학 기술의 미래를 암울하게 바라본 『1984』의 작가 조지 오웰에게 과학 기술이 인간에게 행복과 아름다움을 줄 수 있다는 메시지를 전달하고 싶었던 것이다. 또한 오늘날 설치예술 분야에서는 두뇌공학이나 기계공학 등의 대상을 아름다운 미학의 세계로 승화시킨 작품들이 등장하고 있다.

문제는 과학 기술 그 자체가 아니라 과학 기술을 고안하고 조직화하는 인간들에게 있다는 점이다. 즉 어떠한 집단이, 어떤 의도로, 어떻게 과학 기술을 만들고 사용하는가에 따라 과학 기술의 음과 양의 영향력이 규정된다는 것이다. 과학 기술 사회에 대한 총체적인 성찰과 이에 대한 대응 전략은 과학의 영역에 국한된 것이 아니라 정치적이며 사회문화적인 영역에 속한 것이다. 지구 생태 환경의 위험을 경고하고 이를 사회문제로 부각시키는 일, 대체에너지의 개발을 촉구하면서 구체적 정책과 자원을 마련하는 행위는 과학 기술 그 자체의 영역이라기보다는 정치적이고 사회적인 영역의 소관이다.

우리는 과학 기술의 민주화를 위한 시민사회의 역할에 주목하지 않을 수 없다. 과학 기술의 발전과 그 결과는 시민사회를 구성하는 우리 모두의 삶에 영향을 끼치기 때문에 과학 기술은 특정한 전문가 집단이나 기업가 집단, 정치 집단의 독점물이 아니다. 어떤 과학 기술이 추진되어야 하고, 이를 위해 어떤 정책 심의 과정을 거쳐야 하는지, 자원 동원은 어떻게 할 것이며 그 결과는 누구를 위해 어떻게 활용될 것인지, 그 미래는 우리 모두에게 '아름다운 것'인지에 대한 질문과 이에 대한 의견들이 민주적으로 개진되어야 한다는 점에서 과학 기술은 시민사회의 주요 표적이 될 수밖에 없다는 것이다.

식품 안전이나 공해, 핵, 혹은 앞으로 미래 사회에 닥쳐올지도 모를 과학 기술의 부정적 측면에 대해서는 시민 모두가 감시자가 되어야 하고, 인터넷의 발달로 인한 게임 중독과 같은 현상들, 매춘, 마약, 자살 사이트와 같은 부정적 의사소통의 공간이 형성되는 현상들에 대해서도 시민사회를 구성하는 다양한 참여자의 진지한 성찰과 문제 제기가 필요하다. 전자 주민증의 도입은 국가 행정조직의 효율성을 추구할 수도 있지만 개인의 사생활 침해의 여지가 있기 때문에 인권의 측면에서 그 타당성 여부가 광범위하게 논의될 필요가 있고, 줄기세포와 생명공학의 연구는 인간의 생명에 대한 근본적인 철학적 성찰을 요구한다는 점에서 시민사회가 문제를 제기할 필요가 있다. 뿐만 아니라 경영 합리화와 관료제와 같이 과학의 이름으로 운영되는 조직 효율성의 논리 역시 인간화를 추구하는 것인지에 대한 질문이 필요하다.

한편, 오늘날 과학 기술과 관련된 쟁점은 글로벌한 것이 되고 있다. 지구 온난화, 생태 환경의 교란과 핵 위험, 빈곤, 전쟁과 평화, 글로벌 자본과 노동의 문제, 나아가 전반적인 인류 행복에 대한 문제는 이제 특정한 영역의 경계를 넘어서 글로벌 이슈로 등장하고 있다. 과학 기술과 관련된 문제들 역시 글로벌 어젠다agenda가 되고 있다. 과학 기술의 민주화를 위한 시민사회운동은 한 단일한 국가의 차원이 아니라 전 지구적 차원의 사회연대 운동으로 확산될 필요가 있는 것이다.

생 각 해 볼 문 제

Q u e s t i o n

1 과학 기술의 발전이 인류 역사의 진보를 이룩해왔는가? 과학 기술의 발달이 어떻게 사회관계를 변화시키고, 앞으로 어떠한 미래 사회의 모습을 가져올까? 과학 기술의 장밋빛 견해와 회색빛 견해에 대해 알아보자.

2 전자판옵티콘에 의해 노동 행위에 대한 통제가 더욱 강화되지는 않았을까? 과학 기술이 인간사회의 노동을 어떻게 변형시켰는지, 그 득(得)과 실(失)을 찾아보자.

3 과학자는 그가 믿는 종교적 가치나 정치적 신념으로부터 자유로울 수 있으며, 또 자유로워야 하는가? 과학자는 과연 가치중립을 지킬 수 있으며, 또 그래야만 하는가?

4 과학의 민주화를 위한 시민사회운동과 글로벌 시민연대의 가능성은 무엇인가? 이들이 할 수 있는 역할은 어떤 것일지 토의해보자.

읽어볼 책들과 참고문헌

찰리 채플린, 「모던 타임스」(영화).
조지 오웰, 정회성 옮김, 『1984』, 민음사, 2003.
이종구 · 조형제 · 정주영 외, 『정보사회의 이해』, 미래M&B, 2005.
이영희, 『과학기술의 사회학』, 한울아카데미, 2008.